软件开发系列教程

深入浅出 C#
（视频教学版）

赵云　编著

中国水利水电出版社
www.waterpub.com.cn

·北京·

内容提要

　　《深入浅出 C#（视频教学版）》从 C#编程语言的基础知识开始讲起，循序渐进地讲解 C#编程语言的内容，即便没有任何编程经验也可以轻松读懂。如果您对其他编程语言有一定的了解，一定会觉得这些内容非常熟悉。本书采取由浅入深的方式进行讲解，结合大量示例使读者能够更好地进行程序编写的实践，巩固所学知识。

　　本书以 C# 8.0 为依托，全面介绍了编程常识、C#编程语言的语言结构及数据类型等基础知识，控制台应用程序的开发、Windows 应用程序的开发及 Web 应用程序的开发；详细阐述了目前常见的正则表达式技术、XML 和 JSON 技术、文件和流操作，以及数据库开发技术。书中介绍了大部分常用的.NET Framework 库，使读者对 C# 8.0 应用程序的开发有一个全面的了解。

　　《深入浅出 C#（视频教学版）》内容全面翔实，结构严谨合理，覆盖了 C# 8.0 的大部分知识，不论是对初学 C#的应用程序开发人员，还是对 C#应用程序开发有一定经验的开发人员，都会起到有益的帮助。本书可作为 C# 语言爱好者、Windows 应用程序开发人员的参考用书，也可作为中高等院校或者相关培训机构的教学用书。

图书在版编目（CIP）数据

深入浅出C#：视频教学版 / 赵云编著. -- 北京：
中国水利水电出版社, 2023.8
软件开发系列教程
ISBN 978-7-5226-1481-6

I. ①深… II. ①赵… III. ①C语言－程序设计

IV. ①TP312.8

中国国家版本馆CIP数据核字(2023)第064554号

丛　书　名	软件开发系列教程
书　　　名	深入浅出 C#（视频教学版） SHENRU-QIANCHU C# (SHIPIN JIAOXUE BAN)
作　　　者	赵云　编著
出版发行	中国水利水电出版社 （北京市海淀区玉渊潭南路 1 号 D 座　100038） 网址：www.waterpub.com.cn E-mail: zhiboshangshu@163.com 电话：（010）62572966-2205/2266/2201（营销中心）
经　　　售	北京科水图书销售有限公司 电话：（010）68545874、63202643 全国各地新华书店和相关出版物销售网点
排　　　版	北京智博尚书文化传媒有限公司
印　　　刷	河北文福旺印刷有限公司
规　　　格	190 mm× 235 mm　16 开本　26 印张　642 千字
版　　　次	2023 年 8 月第 1 版　2023 年 8 月第 1 次印刷
印　　　数	0001—3000 册
定　　　价	89.80 元

前　言

在计算机语言迅猛发展的这些年，.NET 也有了新的发展势头。.NET Framework 有了年轻的兄弟.NET Core。C#也迅速流行开来，成为使用.NET Framework 的桌面、Web、云和跨平台开发人员无可争议的选择。他们选择 C#的一个原因是其继承了 C/C++简洁明了的语法，这种语法简化了以前给程序员带来困扰的一些问题。尽管作了这些简化，但 C#仍保持了 C/C++原有的功能，所以现在没有理由不从 C/C++转向 C#。C#语言并不难，也非常适合开发人员学习基本编程技术。易于学习，再加上.NET Framework 的功能，使 C#可以成为开始编程生涯的绝佳选择。

本书特色

（1）示例丰富，通过大量代码示例进行讲解。书中每介绍一个知识点都会给出一个配有详细注释的代码示例，并详细介绍了代码编写的整个过程，在示例的最后还附有运行结果，为读者的学习提供了便利。

（2）结构合理。不但为广大的初学者提供了翔实的基础知识介绍，而且为有一定编程经验的读者提出了阅读建议及下一步阅读的重点。没有编程经验的读者可以按顺序阅读本书，获得系统全面的指导。

（3）内容新颖。本书在全面介绍 C#的基础上着重介绍了 C# 8.0 的最新特性，并为这些新的特性提供了翔实的代码示例。编程工具也介绍了功能最为强大、版本最新的 Visual Studio 2022。

本书内容

本书所介绍的知识紧扣实用性的主题，考虑到读者学习的难度，介绍了 C# 8.0 中读者最需要学习的知识，并合理地安排了本书的结构，便于读者上手。

本书对于初学者来说是一本非常好的教程，从如何创建项目出发，逐渐介绍了各种复杂的应用，并在书中合适的位置介绍了一些常用的编程技巧、编程建议，以及一些常用的编程工具和软件，使读者能够得到全面的实践。

本书以 C# 8.0 为依托，全面介绍了编程常识、C#的语言结构及数据类型等基础知识，控制台应用程序的开发、Windows 应用程序的开发及 Web 应用程序的开发。书中介绍了大部分常用的.NET Framework 库，使读者对 C# 8.0 应用程序的开发有一个全面的了解。此外，本书附赠 5 章电子书内容，介绍了 Windows 窗体应用程序的进阶开发和 ASP.NET 应用程序开发，其中介绍了几乎所有常用的控件，便于读者快速掌握 C# 8.0 应用程序开发的技巧。

本书以 C# 8.0 为依托，介绍了目前常见的正则表达式技术、XML 技术及数据库开发技术。这些技术在多数的应用程序中都有应用，熟练掌握这部分技术对于提升编程水平有很大的帮助。在本书的后半部分介绍了数据库技术和 Windows 窗体应用程序的结合用法，以及数据库技术和 Web 应用程序的结合用法，并给出了代码示例，全面讲解了应用程序开发的全过程。

本书内容覆盖了 C# 8.0 的大部分知识，尽管我们尽力保证文本或代码中不出现错误，但错误总是难免的，如果您在书中找到了错误，如拼写错误或代码错误，请告诉我们，我们将非常感激。

本书读者对象

- 大学/大专/中专学生
- 社会培训人员
- 做毕业设计的学生
- C#语言爱好者
- Windows 应用程序开发人员
- .NET Framework 应用程序开发人员

本书资源下载

本书提供教学视频、PPT 课件、实例的源码文件和课后习题的答案，并附赠 5 章 C#编程开发实战的电子书内容。读者请使用手机微信"扫一扫"功能扫描下面的二维码，或者在微信公众号中搜索"人人都是程序猿"，关注后输入 C#2302 至公众号后台，获取本书的资源下载链接。将该链接复制到计算机浏览器的地址栏中，根据提示进行下载。

微信公众号：人人都是程序猿

致谢

本书能够顺利出版，是作者、编辑和所有审校人员共同努力的结果，在此表示深深的感谢。同时，祝福所有读者在职场一帆风顺。

编　者

目　录

深入浅出 C#（视频教学版）

以下内容为附赠的电子书，请依照图书前言说明下载后进行学习

电子书目录

第 1 章　.NET 应用程序和编程工具

本章将讲述使用最新版本的 C#语言所要了解的基础知识，以及 Windows 应用程序理想的编程环境——Visual Studio 2022，介绍如何使用 Visual Studio 2022。

1.1　.NET 术语

1.1.1　.NET Framework

.NET Framework 是一种技术，支持生成和运行 Windows 应用与 Web 服务。.NET Framework 包括公共语言运行库（CLR）和.NET Framework 类库。公共语言运行库是.NET Framework 的基础。可将运行时看作一个在执行时管理代码的代理，它提供内存管理、线程管理和远程处理等核心服务，还强制实施严格的类型安全，可提高安全性和可靠性的其他形式的代码准确性。事实上，代码管理的概念是运行时的基本原则。以运行时为目标的代码称为托管代码，而不以运行时为目标的代码称为非托管代码。类库是一个综合性的面向对象的可重用类型集合，可使用它开发多种应用，这些应用包括传统的命令行或图形用户界面（GUI）应用，还包括基于 ASP.NET 提供的最新创新的应用（如 Web Forms 和 XML Web Service）。

.NET Framework 可由非托管组件承载，这些组件将公共语言运行库加载到它们的进程中并启动托管代码的执行程序，从而创建一个同时利用托管和非托管功能的软件环境。.NET Framework 不仅提供了若干个运行时主机，还支持第三方运行时主机的开发。

🔊 说明

.NET Framework 4.8 是.NET Framework 的最后一个版本，后续不会再发布新版本。

1.1.2　.NET Core

.NET Core 是新的.NET 框架，所有的新技术都使用它，此框架是开源的，可以在 GitHub 上找到它。运行库是 CoreCLR 库，包含集合类的框架、文件系统访问、控制台和 XML 等都在 CoreFX 库中。

.NET Core 是以模块化的方式设计的。该框架被分成数量很多的 NuGet 包，这样做就不用处理所有的包，而可以使用元包引用一起工作的小包。.NET Core 更新很快，即使更新运行库，也不会影响现有的应用程序。

注意

为了使用.NET Core 开发应用程序，微软公司创建了新的命令行实用程序.NET Core CLI。

1.1.3　.NET Standard

.NET Standard 不是一个实现，而是一个标准。该协定规定了需要实现哪些应用程序接口（Application Programming Interface，API）。.NET Framework、.NET Core 和 Xamarin 实现了这个标准。

标准是有版本的，在每个版本中都添加了额外的 API。根据需要的 API 可以选择库的标准版，需要检查所选平台是否符合所需版本的标准。

1.1.4　NuGet 包

NuGet 包是一个 ZIP 文件，其中包含程序集（或多个程序集）、配置信息和 PowerShell 脚本。使用 NuGet 包的原因如下。

（1）早期，程序集是应用程序的可重用单元。添加对程序集的一个引用，以使用自己代码中的公共类型和方法，虽然现在一些程序集必须如此做，但是使用库可能不仅意味着要添加一个引用并使用它，其中可能还有些配置需要更改，或需要利用脚本的一些特性。

（2）容易找到。它不仅可以从微软公司官方网站上找到，还可以通过第三方找到。NuGet 包可以在 NuGet 服务器上获得，或者通过 Visual Studio 项目的引用获得，如图 1.1 所示。

图 1.1　NuGet 包管理器

1.1.5　命名空间

可用于.NET 的类组织在名称以 System 开头的命名空间中。表 1.1 描述的命名空间提供了层次结构的思路。

表 1.1 命名空间的层次结构

名　称	说　明
System.Collections	集合的根名称空间
System.Data	访问数据库的名称空间
System.Diagnostics	诊断信息的根名称空间
System.Golbalization	该名称空间包含的类用于全球化和本地化应用程序
System.IO	文件 I/O 的名称空间，其中的类访问文件和目录，包括读取器、写入器和流
System.Net	核心网络的名称空间
System.Threading	线程和任务的根名称空间

1.1.6　公共语言运行库

与 Java 虚拟机（Java Virtual Machine，JVM）类似，CLR 也是一个运行时环境。CLR 负责内存分配和垃圾回收，也就是通常所说的资源分配，同时保证应用和底层系统的分离。总而言之，它负责.NET 库开发的所有应用程序的执行。

CLR 负责的应用程序在执行时是托管的，即技术资料中经常出现的 managed 一词。托管代码带来的好处是跨语言调用、内存管理、安全性处理等。CLR 隐藏了一些与底层操作系统打交道的环节，使开发人员可以把注意力放在代码所实现的功能上。非 CLR 控制的代码即非托管（unmanaged）代码，如 C++等，这些语言可以访问操作系统的低级功能。

垃圾回收（Garbage Collection）是.NET 一个很重要的功能，尽管这种思想在其他语言中也有实现。这个功能保证应用程序不再使用某些内存时，这些内存就会被.NET 回收并释放。这种功能被实现以前，这些复杂的工作主要由开发人员实现，而这正是导致程序不稳定的主要因素之一。

垃圾回收带来的负面影响就是.NET 会频繁检查内存单元。虽然精确地得到监视程序运行的开销目前还不能实现，但由此带来的性能降低也得到了微软的承认。这种性能的降低总体来说还是可以忍受的，来自微软的消息也不断指出这种消耗的降低。

在托管的 CLR 环境中运行代码，其运行机制如图 1.2 所示。

图 1.2　CLR 运行机制示意图

一个典型的.NET 程序的运行过程主要包括以下几个步骤。

（1）选择编译器。为获得公共语言运行库提供的优点，必须使用一个或多个针对运行库的语言编译器。

（2）将代码编译为 Microsoft 中间语言（IL）。编译器将源代码编译为 IL 并生成所需的元数据。

（3）将 IL 编译为本机代码。在执行时，实时（JIT）编译器将 IL 编译为本机代码。在此编译过程中，代码必须通过验证过程，该过程检查 IL 和元数据以查看是否可以将代码确定为类型安全。

（4）运行代码。公共语言运行库提供使执行能够发生以及可在执行期间使用各种服务的结构。

1.2　C#简介

1.2.1　什么是 C#

C#是本书所讲述的语言，也是.NET 平台上最重要的语言之一。C#语言源于 C/C++，是微软专门为.NET 设计的语言。C#和.NET Framework 同时出现与发展。由于 C#出现较晚，汲取了许多其他语言的优点，解决了许多问题。

简单来看，C#只是.NET 开发的一种语言。但事实上 C#是.NET 开发中最好的一种语言，这是由 C#自身的设计决定的。作为专门为.NET 设计的语言，C#不仅结合了 C/C++语言强大灵活的特点和 Java 语言简洁的特性，还汉取了 Delphi 语言和 Visual Basic 语言具有的易用性。因此，C#是一种使用简单、功能强大、表达力丰富的全新语言。

1.2.2　C#应用程序类型和技术

可以使用 C#创建控制台应用程序，本书中的绝大多数例子都是使用控制台应用程序实现的，但是对于实例程序，控制台应用程序并不常用。下面介绍可以使用 C#编写的常见的几种不同类型的应用程序。

1. 数据访问

数据访问是所有应用程序类型都使用的技术。

文件和目录可以使用简单的 API 调用进行访问，但简单的 API 调用对于有些场景而言又不够灵活。使用流 API 有很大的灵活性，也可以使用 XML 或 JSON 格式序列化完整对象。

为了读取和写入数据库，可以直接使用 ADO.NET，也可以使用抽象层——Entity Framework Core，Entity Framework Core 提供了从对象层次结构到数据库的关系的映射。

2. Windows 应用程序

对于创建 Windows 应用程序，选择 UWP 技术，如果要支持 Windows 7 这样的旧操作系统版本，可以使用 WPF 技术。

3. Web 应用程序

ASP.NET Core MVC 基于模型-视图-控制器模式，更容易进行单元测试。它还允许把编写用户界面的代码与 HTML、CSS、JavaScript 清晰地分离，只在后台使用。

4．Web API

Web API 是建立 REST 风格的 HTTP 服务的理想框架，支持移动设备和浏览器等多种客户端。

1.2.3 为什么选用 C#

通过前面的介绍可知，C#可以实现大多数程序员需要的功能。应用 C#，可以进行 Windows 应用程序、Windows 控件库、Web 应用程序、Windows 服务、Web 服务、报表应用程序、Office 等的开发。同时，C#还具有大多数程序员需要的特性：功能强大、语法简单、文档齐全、支持良好。

这里就不一一列举选用 C#的理由了，在本书之后的内容中读者将逐渐感受到 C#的优点。

1.3 编 程 工 具

Visual Studio 2022 是理想的 Windows 应用程序的编程环境，提供了非常丰富的工具集，能创建在 Windows 上运行的各种规模的 C#项目，甚至可以无缝使用其他语言，如 C++、F#、Visual Basic 等。

1.3.1 安装 Visual Studio 2022

从 Visual Studio 2017 开始就提供了全新的安装程序，它可以很容易地安装所需的产品。使用安装程序，可以选择开发应用程序所需的工作负荷，如图 1.3 所示。

图 1.3　Visual Studio 2022 安装界面

启动 Visual Studio 2022 后，显示如图 1.4 所示的起始页（读者的起始页可能不同）。

图 1.4 Visual Studio 2022 起始页

单击"创建新项目"选项，打开如图 1.5 所示的界面，即可根据需要创建项目。或者可以直接在下拉列表中进行快速选取，如图 1.6 所示。

图 1.5 快速选取项目界面

选择一个选项后单击"下一步"按钮，弹出如图 1.7 所示的界面。输入应用程序的名称，选择存储项目的路径，为解决方案输入一个名称（解决方案可以包含多个项目），然后单击"下一步"按钮。

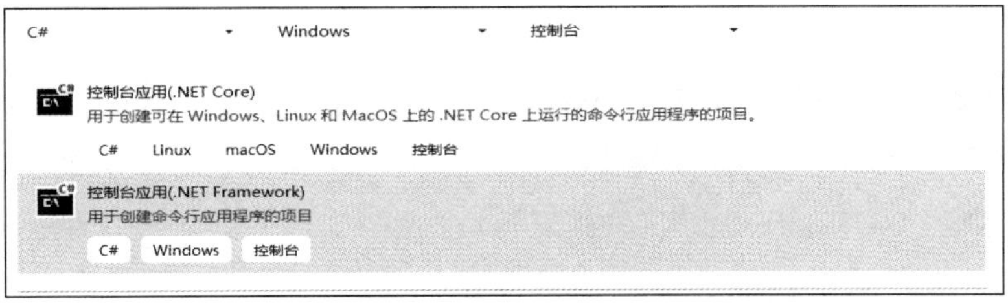

图 1.6　新建项目界面

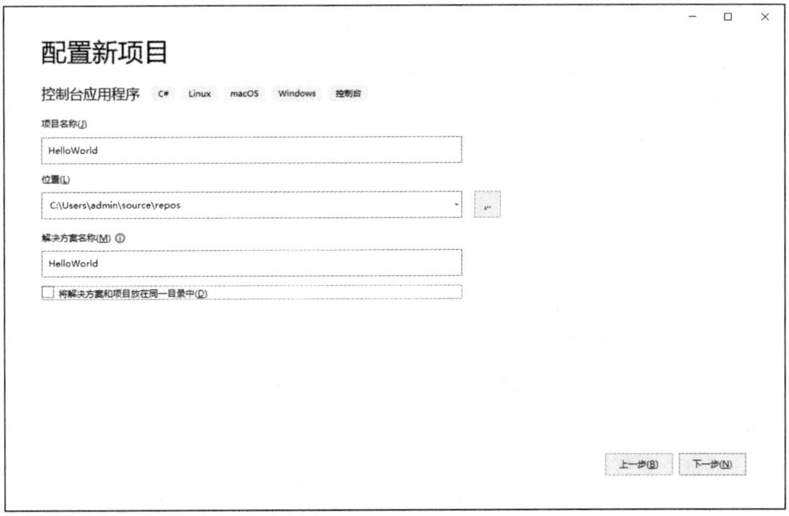

图 1.7　配置新项目界面

如图 1.8 所示，单击“创建”按钮，新项目就创建成功了。

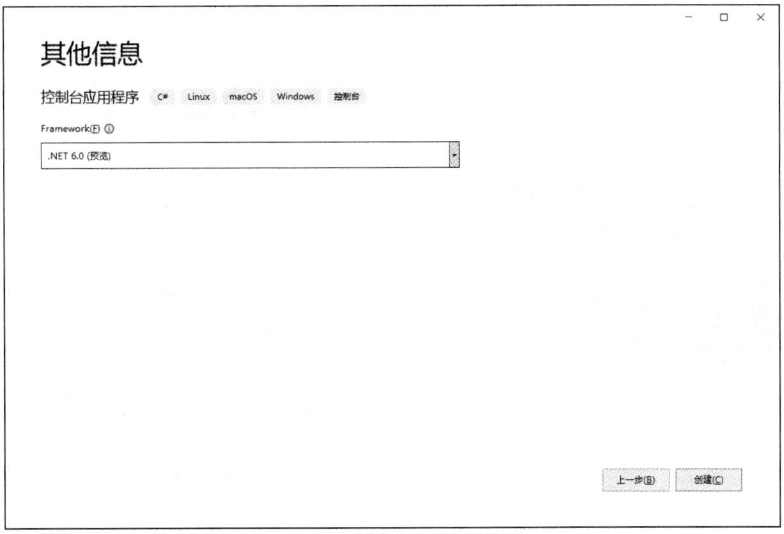

图 1.8　创建项目界面

确定选择的是"控制台应用（.NET Framework）"，而不是"控制台应用（.NET Core）"。.NET Core 模板用于构建能在其他操作系统上运行的可移植应用程序，并不具备完整的 .NET Framework 功能。

1.3.2 使用解决方案资源管理器

在解决方案资源管理器中，可以看到解决方案、属于解决方案的项目以及项目中的文件，可以选择能进入类或类成员的源代码文件，如图 1.9 所示。

下面我们大致了解一下解决方案资源管理器中列出的文件。

（1）解决方案"HelloWorld"：该文件位于最顶级，每个应用程序中都有一个。一个解决方案可以包含多个项目。因此，Visual Studio 利用解决方案文件组织项目。在文件资源管理器中，该文件的实际名称为 HelloWorld.sln。

（2）HelloWorld：C#项目文件，每个项目文件都引用一个或多个包含项目源代码及其他内容的文件。在文件资源管理器中实际名称是 HelloWorld.csproj。

（3）Properties：展开该文件夹，其中的 AssemblyInfo.cs 是用于给程序添加"特性"的特殊文件。

（4）引用：该文件夹包含的是已编译好的程序集的引用。

（5）App.config：应用程序配置文件。

（6）Program.cs：C#源代码文件。

在解决方案资源管理器中，选中一项并右击，会弹出该项的上下文菜单，如图 1.10 所示。可用的菜单项取决于选择的内容，其中有一个菜单项是用于编辑项目文件的，即带有.csproj 扩展名的文件。

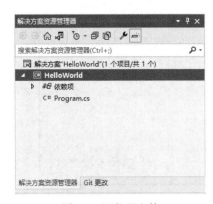

图 1.9　源代码文件　　　　　　　　　　　　图 1.10　上下文菜单

1.3.3 配置项目属性

为了配置项目属性，单击项目文件下的 Properties，或者选择"项目"菜单下的"HelloWorld 属性"，如图 1.11 所示。打开图 1.12 所示的视图，在这里配置项目的不同设置，如要使用的目标框架、应用程序类型、启动对象、图标等。

图 1.11　配置项目属性　　　　　　　　图 1.12　应用程序界面

📢 **注意**

在对项目属性进行更改时，需要确保在对话框顶部选择正确的配置。如果只是使用 Debug 配置更改 C#编译器的版本，则在使用新的 C#语言特性时，构建版本代码就会失败。

1.3.4 Visual Studio 编辑器

Visual Studio 编辑器非常强大。它提供了智能感知功能，该功能可以在按下 Tab 键时，调用方法和属性直接完成输入。在输入时进行编译，可以立即看到有错误的语法，并使用下划线标识出来。将鼠标悬停在下划线的文本上时，会弹出包含错误描述的提示框。

1.3.5 错误列表窗口

错误列表窗口是一个非常有用的窗口，它有助于根除代码中的错误。当代码中存在错误时，可以双击该窗口中显示的错误信息，之后光标就会自动跳转到源代码中出错的地方，这样就可以快速纠正错误。错误列表窗口如图 1.13 所示。

图 1.13　错误列表窗口

1.3.6　调试功能

要调试应用程序，可以在编辑器左侧的灰色区域创建断点，如图 1.14 所示。创建断点后，即可启动调试器。到达一个断点时，可以使用 Debug 工具栏，如图 1.15 所示，以进入、结束或退出方法，也可以显示下一条语句。将鼠标悬停在变量上，可以查看当前值。还可以在 Locals 和 Watch 窗口中检查变量设置，也可以在应用程序运行时更改值。

图 1.14　创建断点　　　　　　　图 1.15　Debug 工具栏

1.4　总　　结

本章简单介绍了.NET 应用程序和 C#语言，然后简单介绍了 Visual Studio 的主要部分的相关知识，以及如何使用 Visual Studio 2022 创建项目。

1.5　习　　题

（1）.NET Framework 的最后一个版本是什么？

（2）请简述 C#和.NET 的关系。

（3）一个典型的.NET 程序的运行过程主要包括哪几个步骤？

（4）NuGet 包的本质是什么？

第 2 章　编程基础知识

扫一扫，看视频

在学习 C#编程语言的基础构件块前，先来了解一下 C#的最小程序结构，以便学习接下来的章节。本章将介绍编程的一些基础知识，为后续章节的学习打好关键基础。

2.1　控制台应用程序

通过第 1 章的介绍，我们对 C#及其编程工具应该已经有了大致了解，下面将编写一个"Hello World！"应用程序，开启我们的 C#编程之旅。

2.1.1　"Hello World！"应用程序

启动 Visual Studio 2022，根据第 1 章的步骤创建一个新的 ConsoleApp1 项目。在 Program.cs 文件中定义了 Program 类，其中包含 Main()方法。在 Main()方法中添加代码，如图 2.1 所示，然后在控制台输出。

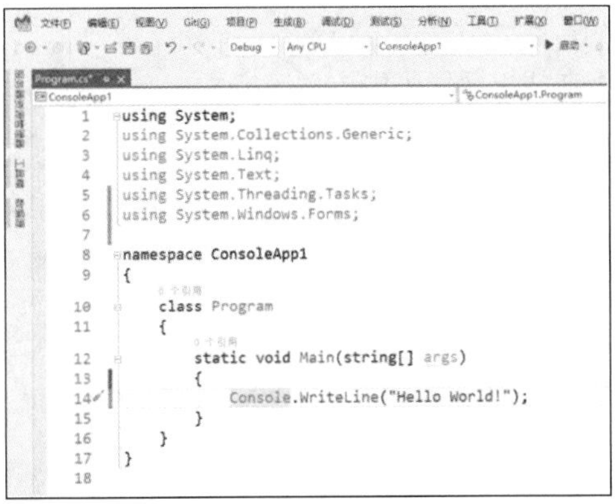

图 2.1　代码主界面

下面解释一下 C#源代码，使读者对 C#语言有一个基本的了解。

2.1.2　基本语法

语句是执行操作的命令，如计算值、存储结果或向用户显示信息等。C#代码由一系列语句构成，而且它们遵循良好定义的规则集，这些规则描述语句的格式和结构就称为语法。

C#与其他 C 风格的语言一样，语句都以分号（;）结尾，语句可以写在多个代码行上，不需要使用续行字符。

使用大括号（{}）将语句组合为块。

C#语言是一种强类型语言，也就是在编写代码时是区分大小写的，即 student 与 Student 是两个不同的变量。

2.1.3　注释

在 C#中还有一种常见的语句——注释，它并非严格意义上的 C#代码，却是非常重要的，它有助于其他开发人员在阅读时理解代码，而且可以用于为其他开发人员生成代码的文档。当给代码添加描述性文本时，编译器会自动忽略这些内容。

1．源文件中的内部注释

C#在源文件内部添加注释的方式有两种：单行注释（//…）和多行注释（/*…*/）。

单行注释中的任何内容，从"//"开始一直到行尾的内容都会被编译器所忽略，如图 2.2 所示。

```
//在控制台上输出hello world!
Console.WriteLine("hello world!");
```

图 2.2　单行注释

多行注释中"/*"和"*/"之间的所有内容都会被忽略。也就是说，不能在多行注释中包含"*/"组合，因为这会被当作注释的结尾。

实际上，可以把多行注释放至一行代码中：

```
Console.WriteLine(/*输出*/"hello world!");
```

但是像这样的内联注释在使用时应当小心。不过，这样的注释在调试时是非常有用的。例如，在运行代码时要临时使用另一个值：

```
DoSomething(Hight,/*Width*/100);
```

◀》 注意

字符串字面值中的注释字符会按照一般的字符来处理。

2．XML 文档

除了 C 风格的注释，C#还有一个非常出色的功能：根据特定的注释自动创建 XML 格式的文档说明。这些注释都是单行注释，但是都以 3 条斜杠（///）开头，而不是通常的两条斜杠。在这些注释中，可以把包含类型和类型成员的文档说明的 XML 标记放在代码中。

编译器可以识别的所有标记见表 2.1。

表 2.1　注释标记及其说明

标　记	说　明
<c>	把一行中的文本标记为代码，如<c>int i=10;</c>
<code>	把多行内容标记为代码
<example>	标记为一个代码示例
<exception>	说明一个异常类
<include>	包含其他文档说明文件的注释
<list>	把列表插入文件
<para>	建立文本的结构
<param>	标记方法的参数
<paramref>	表明一个单词是方法的参数
<permission>	说明对成员的访问
<remarks>	给成员添加描述
<returns>	说明方法的返回值
<see>	提供对另一个参数的交叉引用
<seealso>	提供描述中的"参见"部分
<summary>	提供类型或成员的简短小结
<typeparam>	用在泛型类型的注释中，以说明一个类型的参数
<typeparamref>	类型参数的名称
<value>	描述属性

下面向 Program.cs 文件中添加一些 XML 注释。

```
/// <summary>
/// 这个方法是两个 int 类型的数相加
/// </summary>
/// <param name="x">加数</param>
/// <param name="y">加数</param>
/// <returns>返回相加的和</returns>
static int Add(int x, int y) => x + y;
```

2.1.4　使用命名空间

命名空间提供了一种组织相关类和其他类型的方式。与文件或组件不同，命名空间是一种逻辑组合，而不是物理组合，以防止命名冲突。在 C#文件中定义类时，可以把它包括在命名空间中。

1．命名空间的声明

namespace 关键字用于声明一个命名空间。此命名空间范围允许组织代码并提供了创建全局唯一类型的方法。代码如下。

```
using System;
namespace TestProgram
{
```

```
class Program
{
//…
    }
}
```

在命名空间中可以声明类、接口、结构、枚举、委托命名空间。

2. 命名空间的使用

把一个类型放在命名空间中，可以有效地为这个类型指定一个较长的名称，该名称包括类型的名称空间，名称之间用点(.)隔开，最后是类名。如上述所示的例子中，Program 类的全名是 TestProgram.Program。这样有相同短名的不同类型就可以在同一个程序中使用了。全名常常称为完全限定的名称。

3. 嵌套的命名空间

在命名空间中声明命名空间，各命名空间用"."分隔，代码如下。

```
namespace TestProgram. TestPro
{
    class Program
    {
    }
}
```

相当于

```
namespace TestProgram
{
    namespace TestPro
    {
        class Program
        {
        }
    }
}
```

📢 注意

不允许声明嵌套在另一个命名空间中的多部分命名空间。而且命名空间与程序集无关。同一个程序集中可以有不同的命名空间，也可以在不同的程序集中定义同一个命名空间中的类型。

4. using 语句

using 语句本身不能访问另一个命名空间中的名称。除非命名空间中的代码以某种方式链接到项目上，或者代码是在该项目的源文件中定义的，或者是在链接到该项目的其他代码中定义的，否则就不能访问其中包含的名称。如果包含命名空间的代码链接到项目上，那么无论是否使用 using 语句，都可以访问其中包含的名称。using 语句便于我们访问这些名称，减少代码量，提高可读性。

提示

在 C# 6 中新增了 using static 关键字。这个关键字允许把静态成员直接包含到 C#程序的作用域中。

using 关键字的另一个用途是给类和命名空间指定别名，如果命名空间的名称非常长，又要在代码中多次引用，但不希望该命名空间的名称包含在 using 语句中（如避免类名冲突），就可以给该命名空间指定一个别名，语法如下。

```
using alias=NamespaceName;
```

命名空间别名的修饰符是 "::"。

【代码示例】命名空间别名的使用。

```
using System;
using Introduction = CSharp.Namespace.Example;

namespace NamespaceSample
{
    class Program
    {
        static void Main(string[] args)
        {
            Introduction::NamespaceExample example = new Introduction.NamespaceExample();
            Console.WriteLine(example.GetNamespace());

            Console.ReadLine();
        }
    }
}

namespace CSharp.Namespace.Example
{
    class NamespaceExample
    {
        public string GetNamespace()
        {
            return this.GetType().Namespace;
        }
    }
}
```

【运行结果】

```
CSharp.Namespace.Example
```

2.2 预定义数据类型

本节讨论 C#中可用的数据类型。与其他语言相比，C#对其可用的数据类型及其定义有严格的描述。

C#的数据包括值类型数据和引用类型数据。从概念看，其区别是值类型直接存储其值，引用类型存储对值的引用。如果想要深入了解，那么读者可查阅高级编程。本节主要介绍值类型数据，随后将逐步介绍其使用方法和注意事项。

C#中常用的预定义值类型数据见表 2.2。

表 2.2　预定义值类型数据

CTS 类型	名　称	说　明	取 值 范 围
System.Boolean	bool	表示 true 或 false	true 或 false
System.Byte	byte	8 位无符号的整数	$0\sim255$（$0\sim2^8-1$）
System.SByte	sbyte	8 位有符号的整数	$-128\sim127$（$-2^7\sim2^7-1$）
System.Decimal	decimal	128 位高精度十进制数表示法	$-79\,228\,162\,514\,264\,337\,593\,543\,950\,335\sim$ $79\,228\,162\,514\,264\,337\,593\,543\,950\,335$（$\pm1.0\times10^{-28}\sim\pm7.9\times10^{28}$）
System.Double	double	64 位双精度浮点数	$-1.79769313486232E308\sim1.79769313486232E308$ （$\pm5.0\times10^{-324}\sim\pm1.7\times10^{308}$）
System.Single	float	32 位单精度浮点数	$-3.40282347E+38\sim3.40282347E+38$（$\pm1.5\times10^{-45}\sim\pm3.4\times10^{38}$）
System.Int16	short	16 位有符号的整数	$-32768\sim32767$（$-2^{15}\sim2^{15}-1$）
System.UInt16	ushort	16 位无符号的整数	$0\sim65\,535$（$0\sim2^{16}-1$）
System.Int32	int	32 位有符号的整数	$-2\,147\,483\,648\sim2\,147\,483\,647$（$-2^{31}\sim2^{31}-1$）
System.UInt32	uint	32 位无符号的整数	$0\sim4\,294\,967\,295$（$0\sim2^{32}-1$）
System.Int64	long	64 位有符号的整数	$-9\,223\,372\,036\,854\,775\,808\sim9\,223\,372\,036\,854\,775\,807$ （$-2^{63}\sim2^{63}-1$）
System.UInt64	ulong	64 位无符号的整数	$0\sim18\,446\,744\,073\,709\,551\,615$（$0\sim2^{63}-1$）
System.Char	char	表示一个 16 位的（Unicode）字符	U+0000~U+FFFF

C#支持两种预定义的引用类型：object 和 string，见表 2.3。

表 2.3　预定义引用类型数据

CTS 类型	名　称	说　明
System.Object	object	根类型，其他类型都是从它派生而来的（包括值类型）
System.String	string	Unicode 字符串

C#认可的基本预定义类型并没有内置于 C#语言中，而是内置于.NET Framework 中。例如，在 C#中声明一个 int 型的数据时，声明实际上是.NET 结构 System.Int32 的一个实例。这种操作意义深远，如要把 int i 转换为 string，可以编写以下代码。

```
string s=i.ToString();
```

应该强调的是，这种便利语法的背后并没有性能损失。因此，以上是我们列出的 13 个预定义值类型数据和它对应.NET 类型（CTS 类型）的名称。

此外还要提醒读者注意，sbyte、ushort、uint 和 ulong 这 4 种数据类型并不被.NET 平台上的其他语言支持，如 Visual Basic.NET。因此，在程序中使用以上几种类型的数据时应提前考虑到与其他语言之间互相调用的问题。

2.3 标 识 符

标识符是对程序中的各个元素进行标识的名称。这些元素包含命名空间、类、方法和变量等。标识符区分大小写，所以 inform 和 Inform 是不同的变量。

确定在 C#中可以使用什么标识符有以下几条规则。

（1）标识符必须以字母或下划线开头。

（2）只能使用字母（大写或小写）、数字和下划线。

（3）不能把 C#关键字用作标识符。

C#的关键字见表 2.4。

表 2.4　C#的关键字

abstract	event	new	struct
as	explicit	null	switch
base	extern	object	this
bool	false	operator	throw
break	finally	out	true
byte	fixed	override	try
case	float	params	typeof
catch	for	private	uint
char	foreach	protected	ulong
checked	goto	public	unchecked
class	if	readonly	unsafe
const	implicit	ref	ushort
continue	in	return	using
decimal	int	sbyte	virtual
default	interface	sealed	volatile
delegate	internal	short	void
do	is	sizeof	while
double	lock	stackalloc	
else	long	static	
enum	namespace	string	

2.4 总 结

本章介绍了 C#的基本语法，包括编写简单的 C#程序需要掌握的基本知识。C#语法与 C/C++语法类似，但是仍然存在一些差别。

2.5 习 题

（1）指出下列不合法的变量名。

    A．12floor

    B．_floor

    C．long

    D．Long

    E．wrox.com

（2）下列注释方式是否正确？

    A．//指示指定字符串中位于指定
    位置处的字符是否属于空格类别
```
Console.WriteLine(Char.IsWhiteSpace(str, 5));
```

    B．/*指示指定字符串中位于指定
    位置处的字*/符是否属于空格类别*/
```
Console.WriteLine(Char.IsWhiteSpace(str, 5));
```

    C．/*指示指定字符串中位于指定
    位置处的字符是否属于空格类别*/
```
Console.WriteLine(Char.IsWhiteSpace(str, 5));
```

（3）能作为 C#程序的基本单位是（   ）。

    A．字符   B．语句   C．函数   D．源程序文件

第3章 变量、运算符和表达式

扫一扫，看视频

　　C#语言是在 C/C++的基础上发展而来的，因此在语法形式上有些类似。掌握 C#的基本语法是学好 C#语言的前提。同时，C#语言是一种强类型语言，要求每个变量都必须指定数据类型。所以，本章将从几个简单的部分开始，向读者介绍 C#的语法知识。

　　C#的数据种类比较多，读者暂时可以只进行大概的了解，在实际应用时再查阅相关的资料。当然，随着不断的使用，要达到较为熟悉的程度。

3.1 变　　量

　　第 2 章讲述了 C#中可用的数据类型，本节来介绍变量。变量（Variable）是 C#编程中不可或缺的内容，使用变量可以更容易地完成程序的编写。变量可理解为存放数据的容器，并且将值存放到变量中时要为变量指定数据类型。

3.1.1　变量的声明

　　C#规定，使用变量前必须声明。声明的变量同时规定了变量的类型和变量的名字。变量的声明采用以下规则。

```
datatype identifier;
```

　　使用未声明的变量是不会通过程序的编译的。C#中并不要求在声明变量时同时初始化变量，即为变量赋初值，但为变量赋初值通常是一个好习惯。

　　C#中可以声明的变量类型并不仅限于 C#预先定义的那些。因为 C#有自定义类型的功能，开发人员可以根据自己的需要建立各种特定的数据类型以便于存储复杂的数据。声明变量非常简单，下面的代码声明了一个整型变量 a。

```
int a;
```

还可以在声明变量的同时为变量赋初值。

```
int a=10;
```

如果在一条语句中声明和初始化多个变量，那么所有的变量都具有相同的数据类型。

```
int b = 1, c = 2;
```

要声明类型不同的变量，需要使用单独的语句。在多个变量的声明中，不能指定不同的数据类型。

```
int x = 1;
```

```
bool y=true ;
```

每个变量都有自己的名称，但 C#规定不能使用任意的字符作为变量名。变量的命名约定是经常讨论到的话题，也存在着许多争议。尽管这种命名规则不是必需的，但一个好的变量命名可以使程序更易理解，更方便维护。

常用的命名方法有两种，一种是 Pascal 命名法（帕斯卡命名法）；另一种是 Camel 命名法（驼峰命名法）。Pascal 命名法是指每个单词的首字母大写；Camel 命名法是指第一个单词小写，从第二个单词开始每个单词的首字母大写。下面给出 Pascal 命名法和 Camel 命名法的例子。

Pascal 命名法：

- MyData
- CreateDate
- World

Camel 命名法：

- myData
- createDate
- world

变量的命名规则有以下几条。

（1）变量的命名遵循 Camel 命名法，尽量使用能描述变量作用的英文单词。例如，存放学生姓名的变量可以定义成 name 或 studentName 等。

（2）变量名称不建议过长，最好是 1 个单词，最多不超过 3 个单词。

（3）变量名称不能使用 C#的关键字（见表 2.4）。

几个正确的变量名：intA、M_data、_D123；几个错误的变量名：123data、float、int-a。另外需要注意的是，C#区分大小写，在使用变量时必须按照正确的大小写引用。例如，下面的变量虽然仅有大小写的区别，但在 C#中代表不同的变量：mydata、MyData、MYDATA。

3.1.2 变量的初始化

变量的初始化是 C#强调安全性的一个例子。C#编译器需要用某个初始值对变量进行初始化，之后才能在操作中引用该变量。简单地说，就是给变量赋值。下面分别声明两个变量，并对其进行赋值。

```
int a = 0;      //定义整型变量a，并为其赋初值0
double b;       //定义双精度型变量b，未赋初值
```

赋值时需要按照变量的类型给相应的变量赋值，以下代码将产生错误。

```
int c=3.8;
```

由于已声明 c 为 int 类型，不能对其赋 double 类型值。编译器会直接提示该代码错误。

但以下代码在编译时不会产生错误。

```
double d=4;
```

以上两个例子涉及 C#中数据类型转换的问题，C#支持 int 类型向 double 类型的隐式转换，但不支持 double 类型向 int 类型的显式转换。

将上述产生错误的代码进行以下修改后可正常运行。

```
int c = (int)3.8;
```

此处为显式转换，将 3.8 强制转换为 int 类型后赋给 c，语句执行后 c 的值为 3。

上述第三处代码实际上相当于以下代码。

```
double d = (double)4;
```

此处语句执行后 c 的值为 4.0。进行显式转换的另一种方法就是使用 Convert 类，Convert 类提供了许多常用的转换方法，见表 3.1。

表 3.1　Convert 类的常用方法及其说明

方　　法	说　　明
ToBase64CharArray()	将 8 位无符号整数数组的子集转换为使用 Base 64 数字编码的 Unicode 字符数组的等价子集
ToBase64String()	将 8 位无符号整数数组的值转换为等效的 String 表示形式（使用 Base 64 数字编码）
ToBoolean()	将指定的值转换为等效的布尔值
ToByte()	将指定的值转换为 8 位无符号整数
ToChar()	将指定的值转换为 Unicode 字符
ToDateTime()	将指定的值转换为 DateTime
ToDecimal()	将指定的值转换为 Decimal 数字
ToDouble()	将指定的值转换为双精度浮点数字
ToInt16()	将指定的值转换为 16 位有符号整数
ToInt32()	将指定的值转换为 32 位有符号整数
ToInt64()	将指定的值转换为 64 位有符号整数
ToSByte()	将指定的值转换为 8 位有符号整数
ToSingle()	将指定的值转换为单精度浮点数字
ToString()	将指定的值转换为等效的 String 表示形式
ToUInt16()	将指定的值转换为 16 位无符号整数
ToUInt32()	将指定的值转换为 32 位无符号整数
ToUInt64()	将指定的值转换为 64 位无符号整数

在进行数据类型的转换编程时，最好显式给出转换的类型。这样既方便程序的阅读和维护，也不易导致错误。由于 C# 的数据类型众多，关于数据类型转换的内容此处就不一一介绍了。感兴趣的读者可以查阅相关数据类型的介绍。

3.1.3　类型推断

类型推断使用 var 关键字。声明变量的语法有些变化：使用 var 关键字替代实际的类型。编译器可以根据变量的初始化值"推断"变量的类型。例如：

```
var number = 0;
```

就变成：

```
int number = 0;
```

即使 number 从来没有声明为 int 类型，编译器也可以确定，只要 number 在其作用域内就是 int 类型。编译后上述两句代码是等价的。

【代码示例】

```
using System;

namespace TestProgram
{
    class Program
    {
        static void Main(string[] args)
        {
            var name = "lily";
            var number = 25;
            var result = true;

            Console.WriteLine($"name 的数据类型是: {name.GetType()}");
            Console.WriteLine($"number 的数据类型是: {number.GetType()}");
            Console.WriteLine($"result 的数据类型是: {result.GetType()}");

            Console.ReadLine();
        }
    }
}
```

【运行结果】

```
name 的数据类型是: System.String
number 的数据类型是: System.Int32
result 的数据类型是: System.Boolean
```

类型推断需要遵循以下规则。

（1）变量必须初始化。否则，编译器就没有推断变量类型的依据。

（2）初始化器不能为空。

（3）初始化器必须放在表达式中。

（4）不能把初始化器设置为一个对象，除非在初始化器中创建一个对象。

3.1.4 常量

顾名思义，常量就是其值在使用过程中不会发生变化的变量。在声明和初始化变量时，在变量前面加上关键字 const，就可以将该变量指定为一个常量，如下所示。

```
const int a = 120;
```

常量具有以下特点。

（1）常量必须在声明时初始化。指定了其值后，就不能再改写。

（2）常量的值必须在能编译时用于计算。因此，不能用从变量中提取的值初始化常量。如果需要这么做，应该使用字段。

（3）常量总是隐式静态的。但是不需要在声明时包含修饰符 static。

使用常量的优势如下。

（1）易于阅读。

（2）常量使程序易于修改。

（3）常量更容易避免程序出现错误。

3.2　运算符和表达式

运算符是每种编程语言中必备的符号，如果没有运算符，那么编程语言将无法实现任何运算。运算符主要用于执行程序代码运算，如加法、减法、大于、小于等。

下面将介绍运算符及其优先级。

3.2.1　C#中的可用运算符

数值类型的常用操作即为数值计算，计算的直接手段就是数学表达式。运算符是表达式的组成部分，本小节将介绍运算符的相关内容，其中主要介绍数学运算符。运算符按其处理操作数的不同大致分为三类：一元运算符、二元运算符和三元运算符。这三种分类分别处理1～3个操作数。

C#提供大量运算符，这些运算符是指定在表达式中执行哪些操作的符号。C#预定义通常的算术运算符和逻辑运算符以及各种其他运算符。通常允许对枚举进行整型运算，如==、!=、<、>、<=、>=、binary +、binary −、^、&、|、~、++、−以及 sizeof。此外，很多运算符可被用户重载，由此在应用到用户定义的类型时要更改这些运算符的含义。C#中的主要运算符见表 3.2。

表 3.2　C#中的主要运算符

类　别	运　算　符
算术运算符	+、−、*、/、%
逻辑运算符	&、|、^、!、~、&&、||、true、false
字符串连接运算符	+
增量、减量运算符	++、−−
移位运算符	<<、>>
比较运算符	==、!=、<、>、<=、>=
赋值运算符	=、+=、−=、*=、/=、%=、&=、|=、^=、<<=、>>=、??
成员访问运算符（用于对象和结构）	.
索引运算符（用于数组和索引器）	[]
数据类型转换运算符	()
条件运算符（三元运算符）	?:
委托连接和删除运算符	+、−
对象创建运算符	new
类型信息运算符	as、is、sizeof、typeof

类　别	运　算　符
溢出异常控制运算符	checked、unchecked
间接寻址和地址运算符	*、–>、&、[]
命名空间别名限定符	::
空合并运算符	??

📢 **注意**

有 4 个运算符（sizeof、*、–>、&）只能用于不安全代码。还要注意，sizeof 运算符在.NET Framework 1.0 和 1.1 中使用，它需要不安全模式。自从.NET Framework 2.0 以来，就没有这个运算符了。

有关数学应用的运算符是读者最为熟悉的运算符之一，它与数学语言中的应用基本相同。另外，关于其他运算符的使用，将会在以后的学习中陆续讲到，读者不必为如此多的运算符感到困惑。

3.2.2　表达式

表达式是可以进行计算且结果为单个值、对象、方法或命名空间的代码片段。表达式可以包含文本值、方法调用、运算符及其操作数，或简单名称。简单名称可以是变量、类型成员、方法参数、命名空间或类型的名称。

表达式可以使用运算符，而运算符又可以将其他表达式用作参数，或者使用方法调用，而方法调用的参数又可以是其他方法调用，因此表达式既可以非常简单，也可以非常复杂。

上面的定义详细地说明了表达式的用途。事实上，前面讲到的变量的初始化和赋值就是表达式的一种，如

```
int a = 5;
```

表达式的构成可以十分复杂，下面是一个较长的表达式。

```
double b = ((5+3)*9/2)^2/(3*6+8)-6;
```

事实上，表达式可以复杂得多，但笔者并不推荐程序中出现复杂的表达式。复杂的表达式将影响程序的可读性，并有可能带来难以发现的错误。

如前面的定义所述，表达式还可以包括方法调用等。本小节所关注的表达式暂时只由运算符和操作数构成，其他内容读者可以暂时不予理会。

3.2.3　运算符的优先级

表达式的计算并不是简单的从左往右，它还受到运算符的优先级的约束。运算符的优先级描述见表 3.3。表顶部的运算符有最高的优先级（即在包含多个运算符的表达式中，最先计算该运算符）。

表 3.3　C#运算符的优先级

类　　别	运　算　符
初级运算符	[]、x++、x--、new、typeof、sizeof、checked、unchecked
一元运算符	+、-、!、~、++x、--x
乘、除运算符	*、/、%
加、减运算符	+、-
移位运算符	<<、>>
关系运算符	<、>、<=、>=、is
比较运算符	==、!=
位逻辑与	&
位逻辑异或	^
位逻辑或	|
条件与	&&
条件或	||
条件	?:
赋值	=、*=、/=、%=、+=、-=、<<=、>>=、&=、^=、|=

表 3.3 中没有提到括号，括号的作用是忽略优先级。在复杂的表达式中，应避免利用运算符的优先级生成正确的结果，使用括号指定运算符的执行顺序，可以使代码更加整洁，避免出现潜在的冲突。

3.2.4　实例

本小节将给出几个实例，配合前面讲过的知识。介绍实例前，将先介绍一个实用工具。对于一些简单的程序，Visual Studio 2022 这个庞大的工具显得有些大材小用，而且比较耗费时间。而使用记事本编写代码和命令行编译的方法又过于复杂，此处向读者介绍一个简单易用的工具——Snippet Compiler，供读者在学习的过程中使用。

在搜索引擎中搜索 Snippet Compiler 找到相应的下载链接，下载安装后即可使用，由于过程比较简单，此处就不进行详细的步骤说明了，其界面如图 3.1 所示。

Snippet Compiler 是一个免费软件，它提供了一个支持语法高亮的代码编辑器及部分 Visual Studio 2005 的功能。但是，Snippet Compiler 不能进行可视化的 Windows 应用程序开发，Snippet Compiler 中提供了几个简单的模板可供使用，使用者还可以定义自己的模板。虽然其功能有限，但对于初学者来说是一个不可多得的工具。

打开 Snippet Compiler 后，程序会自动选择打开一个 Default.cs 的模板。可以直接在此模板上编写代码。以下代码是一个完整的可以直接全部复制到 Snippet Compiler 中运行的类。

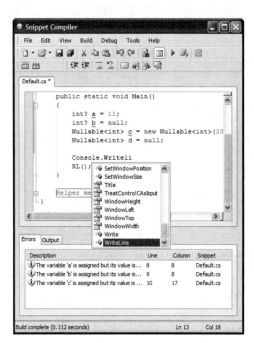

图 3.1　Snippet Compiler 界面

【代码示例】

```csharp
using System;

public class Temp
{
    public static void Main()
    {
        //声明整型变量a和b，并初始化
        int a = 5;
        int b = 6;

        //声明双精度型变量c和d，并初始化
        double c = 5.0;
        double d = 6.0;

        Console.WriteLine($"{a} + {b} = { a + b }");        //计算a+b并输出
        Console.WriteLine($"{a} - {b} = { a - b }");        //计算a-b并输出
        Console.WriteLine($"{a} * {b} = { a * b }");        //计算a*b并输出
        Console.WriteLine($"{a} / {b} = { a / b }");        //计算a/b并输出
        Console.WriteLine($"{c} / {d} = { c / d }");        //计算c/d并输出
        Console.WriteLine($"{a} ^ {b} = { a ^ b }");        //计算a^b并输出
        Console.WriteLine($"{a} % {b} = { a % b }");        //计算a%b并输出
        Console.WriteLine($"{a}++ = { a++}");               //计算a++并输出
        Console.WriteLine($"a = {a}");                      //输出a的当前值
        Console.WriteLine($"{b}-- = { b--}");               //计算b--并输出
        Console.WriteLine($"b = {b}");                      //输出b的当前值
        Console.WriteLine($"++{a} = {++a}");                //计算++a并输出
        Console.WriteLine($"--{b} = {--b}");                //计算--b并输出
```

```
        RL();
    }

//以下代码是 Snippet Compiler 中默认提供的几个函数，后面有具体的解释
#region Helper methods

private static void WL(object text, params object[] args)
{
    Console.WriteLine(text.ToString(), args);
}

private static void RL()
{
    Console.ReadLine();
}

private static void Break()
{
    System.Diagnostics.Debugger.Break();
}

#endregion
}
```

这里给出一些必要的说明。#region 到#endregion 之间的代码。这是 Snippet Compiler 模板中提供的代码，它提供了 WL()、RL()以及 Break()几个方法。WL()是简化的 Console.WriteLine()方法；RL()是不带参数的 Console.ReadLine()方法；Break()是 System.Diagnostics.Debugger.Break()方法。Snippet Compiler 提供了这几个常用方法的简单调用办法，使用者就不必输入长长的方法名了。

#region 可以在使用 Visual Studio 代码编辑器的大纲显示功能时指定可展开或折叠的代码块。在 Snippet Compiler 中也是如此。#region 块必须以#endregion 指令终止。#region 块不能与#if 块重叠。但是，可以将#region 块嵌套在#if 块内，或将#if 块嵌套在#region 块内。

上述#region 到#endregion 之间的代码在折叠时显示为图 3.2 所示的效果。

图 3.2　代码折叠部分

按 F5 键运行上述代码，运行结果如下。

```
5 + 6 = 11
5 - 6 = -1
5 * 6 = 30
5 / 6 = 0
5 / 6 = 0.8333333333333
5 ^ 6 = 3
5 % 6 = 5
5++ = 5
a = 6
6-- = 6
b = 5
++6 = 7
--5 = 4
```

运行结果中有两个地方需要注意。

（1）数学意义上相等的两个数分别使用 int 型变量做除法和 double 型变量做除法时，得到的结果可能不相同。例如，由于 5 和 6 都为 int 型，做除法后得到的结果系统只保留其整数部分，所以结果为 0。

（2）a++和++a 的区别：当 a++和++a 单独占一行时，它们的作用都是 a=a+1。当它们用于表达式的内部时，a++表示先运算再加 1；++a 则表示先加 1 再运算。

观察下面两句代码。

```
Console.WriteLine($"{a}++ = { a++}");
Console.WriteLine($"a = {a}");
```

第一句代码的执行结果为 5++ = 5，这是一个看起来似乎错误的结果，下面分析一下原因。a++在参与运算时会先将 a 的值参与运算，然后再进行自增运算。因此，第一句代码会得到上述结果，然而下一句输出 a 的结果则为 6。

++a 的运算顺序与 a++不同，++a 是先执行自增运算，然后再将自增运算的结果参与运算。

--a 与 a--的差别同样如此，请读者注意。

下面给出一个示例，该示例实现了求解一元二次方程的功能。

【代码示例】

```
using System;

public class Temp
{
    static void Main(string[] args)
    {
        //定义操作所需的整数和双精度数
        int a = 1;
        int b = -5;
        int c = 6;
        double x1, x2;

        //求 delta 的值
        double delta = (b * b) - 4 * a * c;

        //分别求一元二次方程的两个根
        x1 = (-b + Math.Sqrt(delta)) / 2 * a;
        x2 = (-b - Math.Sqrt(delta)) / 2 * a;
```

```
            //输出 delta 和两个根的值
            Console.WriteLine($"delta is { delta }");
            Console.WriteLine($"The first root is { x1}");
            Console.WriteLine($"The second root is { x2}");
            Console.ReadLine();
        }
    }
```

该示例求解了一个一元二次方程 $x^2-5x+6=0$，运行结果如下。

```
delta is 1
The first root is 3
The second root is 2
```

这个示例中还存在许多问题，如不能判断方程是否有解、不能判断是否有重根等。有兴趣的读者可以在掌握了相应知识后完善本示例。

本示例并不复杂，但此处介绍一下 Math 类。上述代码中用到了 Math.Sqrt()方法求 delta 的平方根。Math 类为三角函数、对数函数和其他通用数学函数提供常数与静态方法。

Math 类的常用字段及其说明见表 3.4。

表 3.4　Math 类的常用字段及其说明

字　　段	说　　明
E	表示自然对数的底，它由常数 e 指定
PI	表示圆的周长与其直径的比值，它通过常数 π 指定

Math 类的常用方法及其说明见表 3.5。

表 3.5　Math 类的常用方法及其说明

方　　法	说　　明
Abs()	返回指定数字的绝对值
Acos()	返回余弦值为指定数字的角度
Asin()	返回正弦值为指定数字的角度
Atan()	返回正切值为指定数字的角度
Atan2()	返回正切值为两个指定数字的商的角度
BigMul()	生成两个 32 位数字的完整乘积
Ceiling()	返回大于或等于指定数字的最小整数
Cos()	返回指定角度的余弦值
Cosh()	返回指定角度的双曲余弦值
DivRem()	计算两个数字的商，并在输出参数中返回余数
Exp()	返回 e 的指定次幂
Floor()	返回小于或等于指定数字的最大整数
IEEERemainder()	返回一指定数字被另一个指定数字相除的余数
Log()	返回指定数字的对数
Log10()	返回指定数字以 10 为底的对数
Max()	返回两个指定数字中较大的一个

方　法	说　明
Min()	返回两个指定数字中较小的一个
Pow()	返回指定数字的指定次幂
Round()	将值舍入到最接近的整数或指定的小数位数
Sign()	返回表示数字符号的值
Sin()	返回指定角度的正弦值
Sinh()	返回指定角度的双曲正弦值
Sqrt()	返回指定数字的平方根
Tan()	返回指定角度的正切值
Tanh()	返回指定角度的双曲正切值
Truncate()	计算一个数字的整数部分

有数学知识基础的读者可以更容易了解 Math 类中各个字段和方法，因为它们在编程中的使用和在数学语言中的使用是大致相同的，就像代码中 Math.Sqrt()方法的使用一样简单。此处就不进行一一的讲解了，感兴趣的读者可以查阅相关文档。

【代码示例】一些常用的数学函数的用法。

```
using System;

namespace Temp
{
    class Program
    {
        static void Main(string[] args)
        {
            //定义整数 a，并求其绝对值
            int a = -5;
            Console.WriteLine(Math.Abs(a));

            //定义 b 为 π/3，并求其正弦值和余弦值
            double b = Math.PI/3;
            Console.WriteLine(Math.Sin(b));
            Console.WriteLine(Math.Cos(b));

            //定义整数 c，并求其与 a 相比时的最大值和最小值
            int c = 3;
            Console.WriteLine(Math.Min(a,c));
            Console.WriteLine(Math.Max(a,c));

            Console.ReadLine();
        }
    }
}
```

【运行结果】

```
5
0.866025403784439
0.5
-5
3
```

3.3 总 结

变量、运算符、表达式是编程语句的主要构成部分。本章讲述了数值计算中常用的两个类型，虽然简单，但可以为初学者提供一个快速入门的方法。

3.4 习 题

（1）设变量 t 是 int 型，下列不正确的赋值语句是（　　）。

    A．++t;

    B．n1=(n2=(n3=0));

    C．k=i==m;

    D．a=b+c=1;

（2）若有以下定义和语句：

    int a=5;

    a++;

此处表达式 a++的值是（　　）。

扫一扫，看视频

第 4 章　Char、String 和 StringBuilder

本章将介绍另外的变量类型，分别是字符 Char 和字符串 String。两者看起来大同小异，实际上是两个完全不同的数据类型，Char 是 C#提供的字符类型，是一个可以用来存储字符数据的变量类型；String 是 C#提供的字符串类型，是一个可以用来存储一串字符数据的变量类型。字符串是值为文本的 String 类型对象。文本在内部存储为 Char 对象的有序只读集合。它们的共同点就是都是变量类型，都是用来存储字符的。

尽管现在的编程语言对文字的处理已经非常方便易用，本章还是要用很多的篇幅介绍它们，希望读者能熟练掌握本章的内容。

4.1　字符类 Char

在.NET Framework 中，字符总是表示为 16 位 Unicode 代码值，这简化了国际化应用程序的开发。每个字符都表示为 System.Char 结构（一个值类型）的一个实例。

（1）Char 类在 C#中表示一个 Unicode 字符。

（2）Char 类只定义一个 Unicode 字符。

下面就从最基本的 Char 开始学习。

4.1.1　Char 的定义

相信读者对变量的定义已经非常熟悉了，此处不再赘述。字符的定义也同样简单，就是保存单个字符的值。Char 类型的字面量是用单引号括起来的，下面直接给出代码实例。

```
char chA = 'A';            //定义一个字符型变量 chA，并为其赋初值为'A'
char ch1 = '1';            //定义一个字符型变量 ch1，并为其赋初值为'1'
```

◁)) 注意

Char 的定义中明确说明了它仅仅表示一个 Unicode 字符。

Unicode 是目前计算机中通用的字符编码，它为针对不同的语言中的每个字符设定了统一且唯一的二进制编码，用于满足不同语言进行跨平台的文本转换、处理的要求。Unicode 标准定义了超过 110 万个码位。码位是一个整数值，范围为 0～U+10FFFF（十进制 1114111）。一些码位分配给字母、符号或表情符号，其他码位分配给控制文本或 character 显示方式的操作，如换行符。很多码位尚未经分配。Unicode 从 1990 年提出到现在的广泛应用已经经历了 30 多年的时间。

4.1.2　Char 的使用

Char 类为开发人员提供了许多实用的方法，表 4.1 给出了这些方法的简单说明。

表 4.1　常用 Char 方法及其说明

使用 System.Char 方法	说　　明
CompareTo()、Equals()	比较 Char 对象
ConvertFromUtf32()	将码位转换为字符串
对于单个字符：Convert.ToInt32(Char) 对于代理项对或字符串中的字符：Char.ConvertToUtf32()	将 Char 对象或代理项对转换为码位
GetUnicodeCategory()	获取字符的 Unicode 类别
IsControl()、IsDigit()、IsHighSurrogate()、IsLetter()、IsLetterOrDigit()、IsLower()、IsLowSurrogate()、IsNumber()、IsPunctuation()、IsSeparator()、IsSurrogate()、IsSurrogatePair()、IsSymbol()、IsUpper()、IsWhiteSpace()	确定字符是否在特定的 Unicode 类别中，如数字、字母、标点、控制字符等
GetNumericValue()	将 Char 中表示数字的对象转换为数值类型
Parse()、TryParse()	将字符串中的字符转换为 Char 对象
ToString()	将 Char 对象转换为 String 对象
ToLower()、ToLowerInvariant()、ToUpper()、ToUpperInvariant()	更改 Char 对象的大小写

可以看到，Char 提供了非常多的实用方法，其中以 Is 和 To 开头的比较重要。以 Is 开头的方法大多为判断 Unicode 字符是否为某个类别，以 To 开头的方法主要是将某个字符转换为其他 Unicode 字符。下面对上述部分方法的调用提供代码示例。

【代码示例】

```
using System;

namespace Sample
{
    class Program
    {
        public static void Main()
        {
        Console.WriteLine($"CompareToSample()方法的输出结果为：");
        CompareToSample();

        Console.WriteLine($"----------------------------------------");
        Console.WriteLine($"EqualsSample()方法的输出结果为：");
        EqualsSample();

        Console.WriteLine($"----------------------------------------");
        Console.WriteLine($"ToLowerSample()方法的输出结果为：");
        ToLowerSample();

        Console.WriteLine($"----------------------------------------");
        Console.WriteLine($"ToUpperSample()方法的输出结果为：");
        ToUpperSample();

        Console.WriteLine($"----------------------------------------");
        Console.WriteLine($"ToStringSample()方法的输出结果为：");
```

```
            ToStringSample();

            Console.WriteLine($"----------------------------------------");
            Console.WriteLine($"IsNumberSample()方法的输出结果为: ");
            IsNumberSample();

            Console.WriteLine($"----------------------------------------");
            Console.WriteLine($"IsSeparatorSample()方法的输出结果为: ");
            IsSeparatorSample();

            Console.WriteLine($"----------------------------------------");
            Console.WriteLine($"IsWhiteSpaceSample()方法的输出结果为: ");
            IsWhiteSpaceSample();

            Console.ReadLine();
        }

/// <summary>
/// 比较两个 Char 对象: 一个有符号数字, 指示此实例在排序顺序中相对于 value 参数的位置
/// 大于 0: 此实例位于 value 之后
/// 0: 此实例在排序顺序中的位置与 value 相同
/// 小于 0: 此实例位于 value 之前
/// </summary>
public static void CompareToSample()
{
    char chA = 'A';
    char chB = 'B';

    Console.WriteLine(chA.CompareTo('A'));
    Console.WriteLine('b'.CompareTo(chB));
    Console.WriteLine(chA.CompareTo(chB));
}

/// <summary>
/// 比较两个对象是否相等, 相等为 true, 不相等为 false
/// </summary>
public static void EqualsSample()
{
    char chA = 'A';
    char chB = 'B';

    Console.WriteLine(chA.Equals('A'));
    Console.WriteLine('b'.Equals(chB));
}

/// <summary>
/// 指示 Unicode 字符是否属于空格类别。是空格为 true, 不是空格为 false
/// </summary>
public static void IsWhiteSpaceSample()
{
    string str = "black matter";

    Console.WriteLine(Char.IsWhiteSpace('A'));

    //指示指定字符串中位于指定位置处的字符是否属于空格类别
    Console.WriteLine(Char.IsWhiteSpace(str, 5));
}
```

```csharp
/// <summary>
/// 将 Unicode 字符的值转换为它的小写等效项
/// </summary>
public static void ToLowerSample()
{
    Console.WriteLine(Char.ToLower('A'));
}

/// <summary>
/// 将 Unicode 字符的值转换为它的大写等效项
/// </summary>
public static void ToUpperSample()
{
    char[] chars = { 'e', 'E', '6', ',', 'ж', 'ä' };
    foreach (var ch in chars)
        Console.WriteLine($"{0} --> {1} {2}", ch, Char.ToUpper(ch),
                        ch == Char.ToUpper(ch) ? "(Same Character)" : "");
}

/// <summary>
/// 将此实例的值转换为等效的字符串表示形式
/// </summary>
public static void ToStringSample()
{
    char ch = 'a';
    Console.WriteLine(ch.ToString());
    Console.WriteLine(Char.ToString('b'));
}

/// <summary>
/// 指示 Unicode 字符是否属于数字类别。是数字为 true，不是数字为 false
/// </summary>
public static void IsNumberSample()
{
    string str = "non-numeric";

    Console.WriteLine(Char.IsNumber('8'));

    //指示指定字符串中位于指定位置处的字符是否属于数字类别
    Console.WriteLine(Char.IsNumber(str, 3));
}


/// <summary>
/// 指示 Unicode 字符是否属于分隔符类别。是分隔符为 true，不是分隔符为 false
/// </summary>
public static void IsSeparatorSample()
{
    string str = "twain1 twain2";

    Console.WriteLine(Char.IsSeparator('a'));

    //指示指定字符串中位于指定位置处的字符是否属于分隔符类别
    Console.WriteLine(Char.IsSeparator(str, 6));
}
    }
}
```

【运行结果】

```
CompareToSample()方法的输出结果为:
0
32
-1
------------------------------------------
EqualsSample()方法的输出结果为:
true
false
------------------------------------------
ToLowerSample()方法的输出结果为:
a
------------------------------------------
ToUpperSample()方法的输出结果为:
e --> E
E --> E (Same Character)
6 --> 6 (Same Character)
, --> , (Same Character)
ж --> Ж
? --> ?
------------------------------------------
ToStringSample()方法的输出结果为:
a
b
------------------------------------------
IsNumberSample()方法的输出结果为:
true
false
------------------------------------------
IsSeparatorSample()方法的输出结果为:
false
true
------------------------------------------
IsWhiteSpaceSample()方法的输出结果为:
false
true
```

运行结果不难解释，没有 C#编程语言基础的读者也可以判断这些字符的类型。希望读者熟悉这些方法的使用方法。

4.1.3　转义字符

C#采用反斜杠 "\" 作为转义字符。例如，定义一个字符，而这个字符是单引号，如果不使用转义字符，就会产生错误。转义字符就相当于一个电源变换器，电源变换器通过一定的手段获得所需的电源形式，如交流电变为直流电、高电压变为低电压、低频变为高频等。转义字符也是如此，它是将字符转换为另一种形式的操作，或是将无法一起使用的字符进行组合。

注意

转义字符 "\"（单个反斜杠）只针对后面紧跟着的单个字符进行操作。

如果按照以下定义方式，则会产生错误。

```
char ch =''';
```

仅仅是此一处错误，Visual Studio 2022 将会产生图 4.1 所示的 4 个错误提示。

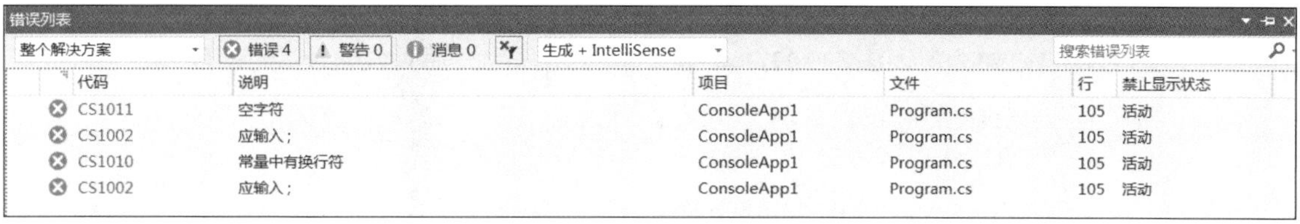
错误列表
整个解决方案
错误 4
警告 0
消息 0
生成 + IntelliSense
搜索错误列表
代码 说明 项目 文件 行 禁止显示状态
CS1011 空字符 ConsoleApp1 Program.cs 105 活动
CS1002 应输入; ConsoleApp1 Program.cs 105 活动
CS1010 常量中有换行符 ConsoleApp1 Program.cs 105 活动
CS1002 应输入; ConsoleApp1 Program.cs 105 活动

图 4.1　错误提示列表

此处也可以看到另外一个问题，作为开发人员，一定要尽量保证程序的准确性。把希望寄托于编程工具或开发环境的提示，在某些时候是不可靠的。例如本例，4 个错误提示都不能有效地帮助读者查找错误。

事实上，定义一个为单引号的变量只需做以下调整。

```
char ch = '\'';
```

若要定义一个反斜杠字符，则需要以下代码。

```
char a = '\\';
```

此外，还有其他转义字符，见表 4.2。

表 4.2　转义字符序列及其说明

转义字符序列	说　明
\'	单引号
\"	双引号
\\	反斜杠
\0	空
\a	警告
\n	回车换行
\t	横向跳到下一制表位置
\v	竖向跳格
\b	退格
\r	回车
\f	换页
\ddd	1～3 位八进制数所代表的字符
\xhh	1～2 位十六进制数所代表的字符

这些转义字符读者在实际编程过程中可能会经常用到。下面的代码示例使用 Console.Write()方法实现 Console.WriteLine()方法的功能。

【代码示例】转义字符的使用。

```
using System;
using System.Collections.Generic;
using System.Text;
```

```
namespace Chap4
{
    class Program
    {
        static void Main(string[] args)
        {
            //直接使用 WriteLine()方法输出一行
            Console.WriteLine($"This is the first !");

            //使用转义字符"\n"输出换行符
            Console.Write($"This is the second !\n");

            //使用转义字符"\n"输出两个句子
            Console.Write($"This is the third !\nThis is the fourth !");
            Console.ReadLine();
        }
    }
}
```

【运行结果】

```
This is the first!
This is the second !
This is the third !
This is the fourth !
```

从运行结果来看，通过使用换行转义字符，Console.Write()方法所实现的功能和 Console.WriteLine() 方法是相同的。

4.1.4　字符的比较

字符与数值一样，是可以进行大小比较的。其大小关系是根据 ASCII 表定义的，可打印的 ASCII 字符见表 4.3。

表 4.3　可打印的 ASCII 字符

ASCII 码	字　符	ASCII 码	字　符	ASCII 码	字　符
32	space	65	A	98	b
33	!	66	B	99	c
34	"	67	C	100	d
35	#	68	D	101	e
36	$	69	E	102	f
37	%	70	F	103	g
38	&	71	G	104	h
39	'	72	H	105	i
40	(	73	I	106	j
41	)	74	J	107	k
42	*	75	K	108	l

续表

ASCII 码	字　符	ASCII 码	字　符	ASCII 码	字　符
43	+	76	L	109	m
44	,	77	M	110	n
45	−	78	N	111	o
46	.	79	O	112	p
47	/	80	P	113	q
48	0	81	Q	114	r
49	1	82	R	115	s
50	2	83	S	116	t
51	3	84	T	117	u
52	4	85	U	118	v
53	5	86	V	119	w
54	6	87	w	120	x
55	7	88	X	121	y
56	8	89	Y	122	z
57	9	90	Z	123	{
58	:	91	[	124		
59	;	92	\	125	}
60	<	93	]	126	~
61	=	94	^	127	DEL
62	>	95	_		
63	?	96	`		
64	@	97	a		

　　表 4.3 只列出了可打印的 ASCII 字符，此处可打印字符的意思是能在键盘上找到的字符。0～31 号字符属于特殊字符且不可打印，因此没有列出。这 32 个特殊字符见表 4.4，供感兴趣的读者查阅。

表 4.4　特殊的 ASCII 字符

ASCII 码	字　符	ASCII 码	字　符
0	空	16	数据链路转义
1	头标开始	17	设备控制 1
2	正文开始	18	设备控制 2
3	正文结束	19	设备控制 3
4	传输结束	20	设备控制 4
5	查询	21	反确认
6	确认	22	同步空闲
7	震铃	23	传输块结束
8	退格	24	取消
9	水平制表符	25	媒体结束

ASCII 码	字　符	ASCII 码	字　符
10	换行/新行	26	替换
11	竖直制表符	27	转义
12	换页/新页	28	文件分隔符
13	回车	29	组分隔符
14	移出	30	记录分隔符
15	移入	31	单元分隔符

【代码示例】字符的比较。

```
using System;
using System.Collections.Generic;
using System.Text;

namespace Chap4
{
    class Program
    {
        static void Main(string[] args)
        {
            //定义用于比较的字符
            char a = '1';
            char b = '2';
            char c = 'A';
            char d = 'B';
            char e = 'a';
            char f = 'b';

            Console.WriteLine($"a < b is { a < b }");        //比较 a 和 b 的大小
            Console.WriteLine($"b < c is { b < c }");        //比较 b 和 c 的大小
            Console.WriteLine($"c < d is { c < d }");        //比较 c 和 d 的大小
            Console.WriteLine($"d < e is { d < e }");        //比较 d 和 e 的大小
            Console.WriteLine($"e < f is { e < f }");        //比较 e 和 f 的大小

            Console.ReadLine();
        }
    }
}
```

【运行结果】

```
a < b is true
b < c is true
c < d is true
d < e is true
e < f is true
```

可以看到，C#中的字符进行比较时显示出了不同的大小，并且可以注意到小写字符 a 和大写字符 A 的大小是不同的。

【代码示例】在某些特定的场合中，程序需要忽略字符的大小写进行比较。

```
using System;
using System.Collections.Generic;
using System.Text;
```

```
namespace Chap4
{
    class Program
    {
        static void Main(string[] args)
        {
            //定义一个大写字母 A 和小写字母 a
            char a = 'A';
            char b = 'a';

            //在考虑大小写的情况下比较 A 和 a
            Console.WriteLine($"Case Sensitive a < b is { a < b }");

            //在不考虑大小写的情况下比较 A 和 a
            Console.WriteLine($"Non Case Sensitive a = b is { Char.ToUpper(a) ==
Char.ToUpper(b)}");

            Console.ReadLine();
        }
    }
}
```

【运行结果】

```
Case Sensitive a < b is ture
Non Case Sensitive a = b is true
```

可以看到，通过 Char.ToUpper()方法将字符转换为相同的大小写后再进行比较即可。程序的运行结果也体现了这一点。

4.2　字符串类 String

字符串将文本表示为 UTF-16 代码单元的序列。字符串类是表示文本的重要类，大多数文本的操作都通过字符串类及其方法实现。在使用 C#编程时字符串是十分常用的一种数据类型，如用户名、邮箱、家庭住址、商品名称等信息都需要使用字符串类进行存取。在任何一个软件中对字符串的操作都是必不可少的，掌握好字符串的操作将会在编程中起到事半功倍的效果。下面将逐一讲述字符串类的内容。

4.2.1　概述

在开始介绍字符串的内容前我们要知道，一个 String 代表一个不可变（immutable）的顺序字符集。String 直接派生自 Object，所以它是一个引用类型。因此，String（字符串数组）总是存在于堆中，不会存在于栈中。.NET Framework 中表示字符串的关键字为 string，它是 String 类的别名。string 类型表示 Unicode 字符的字符串。字符串是不可变的（即只读），字符串对象一旦创建，其内容就不能更改。

事实上，在之前的代码中已经很多次使用了字符串类型的变量，只是笔者没有说明，以下代码中就使用了字符串变量。

```
Console.WriteLine($"Hello World !");
```

"Hello World!" 就是一个字符串，字符串的定义方法如下。

```
string a = "Hello World!"
```

此时 a 即是一个字符串变量。

4.2.2　String 与 Char

字符串是 Unicode 字符的有序集合，用于表示文本。String 对象是 System.Char 对象的有序集合，用于表示字符串。String 对象的值是该有序集合的内容，并且该值是不可变的。

我们需要了解字符串不可变的几点好处。

（1）它允许在字符串上执行任何操作，而不实际更改字符串的内容。

（2）在操作或访问字符串时不会发生线程同步问题。

（3）CLR 可通过一个 String 对象共享多个完全一致的 String 内容。这样能减少系统中的字符串属性，从而节省内存，这就是"字符串留用"技术的目的。

从上述描述中不难看出字符串与字符的关系——字符构成了字符串。现在我们需要引入一个新的概念——索引。索引是 Char 中（不是 Unicode 字符）的对象的位置，是从 0 开始的非负数字，从字符串中的第一个位置开始，就是索引为 0 的位置。这样我们就可以通过索引值获取字符串中的某个字符了。

【代码示例】从字符串中获得相应位置的字符。

```
using System;
using System.Collections.Generic;
using System.Text;

namespace Example
{
    class Program
    {
        static void Main(string[] args)
        {
            //定义字符串 "Hello World!"
            string a = "Hello World!";

            //定义字符 b 和 c，分别赋值为字符串 a 的第一个和第二个字符
            char b = a[0];
            char c = a[1];

            //输出字符串 a 的第一个和第二个字符
            Console.WriteLine($"The first character of string a is {b}");
            Console.WriteLine($"The second character of string a is {c}");

            Console.ReadLine();
        }
    }
}
```

代码中采取在字符串变量后面加一对中括号，并在中括号中给出索引顺序的方法获得相应的字符。这是数组变量通用的索引方法，在后面的章节中会讲到。

a[0]获得的是字符串 a 中的第一个字符，依次类推。

【运行结果】

```
The fist character of sting a is H
The second character of string is e
```

代码并不复杂，但说明了字符串和字符的关系，希望读者用心体会。

显然可以看到，"Hello World!"字符串中有 12 个字符，字符串的长度可以用 String.Length()方法获得。

【代码示例】获得字符串长度。

```
using System;
using System.Collections.Generic;
using System.Text;

namespace Example
{
    class Program
    {
        static void Main(string[] args)
        {
            //定义字符串 a，并为其赋初值为"Hello World! "
            string a = "Hello World!";

            //通过字符串的 Length 属性获得字符串的长度，并将其输出至控制台中
            Console.WriteLine($"The length of a is { a.Length }");

            //分别获得 a 的倒数第一个和倒数第二个字符
            char b = a[a.Length - 2];
            char c = a[a.Length - 1];

            //输出获得的字符
            Console.WriteLine($"The 11th character of string a is {b}");
            Console.WriteLine($"The 12th character of string a is {c}");

            Console.ReadLine();
        }
    }
}
```

程序将输出字符串 a 的长度和其倒数第一个与倒数第二个字符。

【运行结果】

```
The length of a is 12
The 11th character of string a si d
The 12th character of string a is !
```

值得注意的是，代码中取得最后一个字符时用到的索引是字符串 a 的长度减 1，这是由于字符串的索引是由 0 开始造成的。希望读者注意这种细微的差别。

当代码中出现如 a[a.Length]这样的索引错误时，Visual Studio 2022 将在运行时抛出异常，出现图 4.2 所示的提示。

图 4.2　索引超界的异常

这种 IndexOutOfRangeException 异常说明当前索引值超出了最大索引值。可以知道 a 总共有 12 个字符，其最大索引为 11，而 a.Length 为 12，产生上述错误理所当然。

4.2.3　字符串的查找

有了 4.2.2 小节的基础，读者可以毫不费力地写出一个查找字符串中字符的程序。读者可以采用顺序比较的办法在字符串中查找相应的字符。事实上，.NET Framework 早已提供了相应的方法，见表 4.5。

表 4.5　字符串查找常用的方法及其说明

方　　法	说　　明
IndexOf()	报告一个或多个字符在此字符串中的第一个匹配项的索引
IndexOfAny()	报告指定的 Unicode 字符数组中的任意字符在此字符串中的第一个匹配项的索引位置
LastIndexOf()	报告指定的 Unicode 字符或 String 在此字符串中的最后一个匹配项的索引位置
LastIndexOfAny()	报告指定的 Unicode 字符数组中的一个或多个字符在此字符串中的最后一个匹配项的索引位置

【代码示例】使用上述方法在字符串"Hello World!"中查找字符 'o'。

```
using System;
using System.Collections.Generic;
using System.Text;

namespace Example
{
    class Program
    {
        static void Main(string[] args)
        {
            //分别定义字符串 a 和字符 b，并分别为其赋初值为"Hello World! "和 'o'
            string a = "Hello World!";
            char b = 'o';

            //搜索字符 'o' 在字符串"Hello World!"中第一次出现的位置
            int position1 = a.IndexOf(b);
```

```
        //搜索字符'o'在字符串"Hello World!"中最后一次出现的位置
        int position2 = a.LastIndexOf(b);

        Console.WriteLine($" The first o in "Hello World!" is at{ position1}");
        Console.WriteLine($" The last o in "Hello World!" is at{ position2}");

        Console.ReadLine();
    }
  }
}
```

代码中仅利用 String.IndexOf()和 String.LastIndexOf()方法寻找字符'o'在字符串"Hello World!"中的位置。不难看出第 1 个 'o' 是该字符串中的第 5 个字符；同理，第 2 个 'o' 是第 8 个字符。

【运行结果】

```
The first o in "Hello World!" is at 4.
The last o in "Hello World!" is at 7.
```

运行结果显示的值与预想的值并不吻合。原因是此处查找所得是索引值，而索引值是从 0 开始排序的，希望读者注意。

4.2.4 字符串的比较

与字符一样，字符串也提供了比较的方法。通常字符串的比较通过 String.Compare()方法进行。String.Compare()方法的介绍见表 4.6。

表 4.6 字符串比较的重载方法及其说明

方　　法	说　　明
String.Compare(String, String)	比较两个指定的 String 对象
String.Compare(String, String, Boolean)	比较两个指定的 String 对象，忽略或考虑它们的大小写
String.Compare(String, String, StringComparison)	比较两个指定的 String 对象。参数指定比较是使用当前区域性还是固定区域性，是忽略还是考虑大小写，是使用字排序规则还是序号排序规则
String.Compare(String, String, Boolean, CultureInfo)	比较两个指定的 String 对象。比较时忽略或考虑大小写，并使用特定于区域性的信息影响比较结果
String.Compare(String, Int32, String, Int32, Int32)	比较两个指定 String 对象的子字符串
String.Compare(String, Int32, String, Int32, Int32, Boolean)	比较两个指定 String 对象的子字符串，忽略或考虑大小写
String.Compare(String, Int32, String, Int32, Int32, StringComparison)	比较两个指定 String 对象的子字符串。参数指定比较是使用当前区域性还是固定区域性，是考虑还是忽略大小写，是使用字排序规则还是序号排序规则
String.Compare(String, Int32, String, Int32, Int32, Boolean, CultureInfo)	比较两个指定 String 对象的子字符串。比较时忽略或考虑大小写，并使用特定于区域性的信息影响比较结果

可以看到，String.Compare()方法的使用说明非常详细，而且并不复杂。例如，String.Compare(String, String)比较两个字符串，并且返回一个 int 值来表明关系。

```
public static int Compare(string strA, string strB)
    {
        return CultureInfo.CurrentCulture.CompareInfo.Compare(strA, strB,
            CompareOptions.None);
    }
```

表 4.7 给出了上述方法的返回值。

表 4.7 String.Compare()方法的返回值及其条件

返回值	条 件
小于 0	strA 小于 strB
0	strA 等于 strB
大于 0	strA 大于 strB

通过对返回值的判断可以方便地得出所比较的两个 String 类型变量的情况。

【代码示例】String.Compare()方法的应用。

```csharp
using System;
using System.Collections.Generic;
using System.Text;

namespace Example
{
    class Program
    {
        static void Main(string[] args)
        {
            //分别定义两个字符串 "Hello World!" 和 "HELLO WORLD!"
            string a = "Hello World!";
            string b = "HELLO WORLD!";

            int i = String.Compare(a, b, true);        //忽略大小写比较两个字符串
            int j = String.Compare(a, b);              //不忽略大小写比较两个字符串

            //输出比较结果
            Console.WriteLine($"The return value of Compare is {i}.");
            Console.WriteLine($"The return value of Compare is {j}.");

            Console.ReadLine();
        }
    }
}
```

代码中调用了两种不同参数的 String.Compare()方法, 将得到两种不同的结果。

【运行结果】

```
The return value of Compare is 0.
The return value of Compare is -1.
```

显然, 结果与前文判断相同。在忽略大小写的情况下, 字符串 a 和 b 相等; 反之则不然。

4.2.5 获取子字符串

在有些程序中需要对已知的字符串进行处理, 如获取该字符串的部分连续字符, 即子字符串。获取子字符串的方法并不难, .NET Framework 为此提供了 String.SubString()方法, 见表 4.8。

表 4.8　String.SubString()方法及其重载说明

方　　法	说　　明
String.SubString(Int32)	从此字符串中检索子字符串。子字符串从指定的字符位置开始
String.SubString(Int32, Int32)	从此字符串中检索子字符串。子字符串从指定的字符位置开始且具有指定的长度

该方法的返回值通常为需要的子字符串，如果在未引发异常的情况下得到了一个空字符串，则说明无此子字符串。

【代码示例】String.SubString()方法的应用。

```
using System;
using System.Collections.Generic;
using System.Text;

namespace Example
{
    class Program
    {
        static void Main(string[] args)
        {
            //定义初始字符串 a
            string a = "Hello World!";

            //获取 a 的子字符串，从位置 6 开始到字符串 a 结束，并输出
            string b = a.SubString(6);
            Console.WriteLine($"SubString is : {b}");

            //获取 a 的子字符串，从位置 12 开始到字符串 a 结束，并输出
            string c = a.SubString(12);
            Console.WriteLine($"SubString is : {c}");

            //获取 a 的子字符串，从位置 0 开始到位置 5，并输出
            string d = a.SubString(0, 5);
            Console.WriteLine($"SubString is : {d}");

            //获取 a 的子字符串，从位置 0 开始到位置 0，并输出
            string e = a.SubString(0, 0);
            Console.WriteLine($"SubString is : {e}");

            Console.ReadLine();
        }
    }
}
```

程序演示了两种获取子字符串的方法，读者应该已经想到该代码的结果。

【运行结果】

```
SubString is : World!
SubString is :
SubString is : Hello
SubString is :
```

调用 a.SubString(12)，由于 a.Length 为 12，所以得到空字符串；调用 a.SubString(0, 0)，则是取长度为 0 的字符串得到空字符串。

📢 提示

对于第一种 SubString()方法，如果参数小于 0 或大于字符串的长度，则会引发 ArgumentOutOfRangeException 异常。对于第二种 SubString()方法，如果任意参数小于 0 或两个参数之和不在字符串范围内，同样会引发此异常。例如，若上述代码中出现 a.SubString(13)，则会引发 Visual Studio 2022 中出现图 4.3 所示的异常提示。

图 4.3　索引超出界限引发的异常

4.2.6　字符串的插入

.NET Framework 为字符串的插入提供了 String.Insert()方法。String.Insert()方法相对之前讲到的 String 方法较为简单，它只有一种形式。

```
public string Insert (
    int startIndex,
    string value
)
```

这是.NET Framework 中对 String.Insert()方法的定义。其中，参数 startIndex 是此插入的索引位置；参数 value 是要插入的字符串。返回值是此示例的一个新字符串等效项，但在位置 startIndex 处插入了 value。

【代码示例】String.Insert()方法的应用。

```
using System;
using System.Collections.Generic;
using System.Text;

namespace Example
{
    class Program
    {
        static void Main(string[] args)
        {
            //定义初始字符串 a，并为其赋初值为"Hello World!"
            string a = "Hello World!";

            //向字符串 a 的位置 0 处插入字符串"Hello"，并输出结果
            string b = a.Insert(0, "Hello ");
            Console.WriteLine(b);

            //向字符串 a 的倒数第二个字符处插入字符串"World"，并输出结果
            string c = b.Insert(b.Length - 1, " World");
```

```
                Console.WriteLine(c);

                Console.ReadLine();
        }
    }
}
```

本示例在字符串 a 的开始处插入了字符串"Hello"，在感叹号之前插入了字符串"World"。

【运行结果】

```
Hello Hello World!
Hello Hello World World!
```

String.Insert()方法的参数 startIndex 为负或 value 为空值时会引发异常，请读者注意。

4.2.7　字符串的转义字符

在介绍字符 Char 时介绍了转义字符"\"，在定义字符串时同样可以使用。例如，要定义一个字符串表示绝对路径 C:\temp\temp1\temp2\，则需以下代码。

```
string a = "C:\\temp\\temp1\\temp2\\";
```

在定义一个很长或很复杂的字符串时，如果其存在很多需要转义的字符时会非常麻烦。事实上，.NET Framework 提供了一个好用的转义字符——@。

上述代码和以下代码等价。

```
string a = @"C:\temp\temp1\temp2\";
```

用@引起来的字符串以@开头，并且也用双引号引起来。用@引起来的优点在于换码序列"不"被处理，这样就可以轻松写出字符串。若要在一个用@引起来的字符串中包括一个双引号，可以使用两对双引号。

```
string b = @"""Hello!"" World!";
```

上面的代码定义的字符串 b 的值为"Hello!" World!。

4.2.8　字符串的删除

.NET Framework 为字符串的删除提供了 String.Remove()方法。String.Remove()方法的介绍见表 4.9。

表 4.9　String.Remove()方法及其重载方法说明

方　　法	说　　明
String.Remove(Int32)	删除此字符串中从指定位置到最后位置的所有字符
String.Remove(Int32, Int32)	从此字符串中的指定位置开始删除指定数目的字符

String.Remove()方法的返回值为一个新的 String 对象，它等于此字符串剔除已删除字符后的字符串。String.Remove()方法与 String.Insert()方法类似，区别在于一个是插入，一个是删除。本方法在使用不当的情况下同样会产生 ArgumentOutOfRangeException 异常，此处就不详细描述了。

【代码示例】String.Remove()方法的应用。

```
using System;
using System.Collections.Generic;
using System.Text;

namespace Example
{
    class Program
    {
        static void Main(string[] args)
        {
            //定义初始字符串 a,并为其赋初值为"Hello World!"
            string a = "Hello World!";

            //删除 a 的位置 11 到字符串结束位置之间的字符,并输出
            string b = a.Remove(11);
            Console.WriteLine(b);

            //删除 a 的位置 0~6 的字符,并输出
            string c = b.Remove(0, 6);
            Console.WriteLine(c);

            Console.ReadLine();
        }
    }
}
```

【运行结果】

```
Hello World
World
```

4.2.9 字符串的替换

.NET Framework 为字符串的替换提供了 String.Replace()方法。String.Replace()方法将此字符串中的指定 Unicode 字符或字符串的所有匹配项替换为其他指定的 Unicode 字符或字符串。String. Replace()方法的介绍见表 4.10。

表 4.10 String.Replace()方法及其重载方法说明

方　法	说　明
String.Replace(Char, Char)	将此字符串中的指定 Unicode 字符的所有匹配项替换为其他指定的 Unicode 字符
String.Replace(String, String)	将此字符串中的指定字符串的所有匹配项替换为其他指定的字符串

【代码示例】String.Replace()方法的应用。

```
using System;
using System.Collections.Generic;
using System.Text;

namespace Example
{
    class Program
    {
```

```
static void Main(string[] args)
{
    //定义初始字符串 a，并为其赋初值为 "Hello World!"
    string a = "Hello World!";

    //将字符串 a 中的 "！" 替换为 "."
    string b = a.Replace('!', '.');
    Console.WriteLine(b);

    //将字符串 b 中的 "Hello" 替换为 "HELLO"
    string c = b.Replace("Hello", "HELLO");
    Console.WriteLine(c);

    Console.ReadLine();
}
}
}
```

上述代码分别替换了字符串 a 中的 "！" 和 Hello。

【运行结果】

```
Hello World.
HELLO World.
```

4.3　可变字符字符串类 StringBuilder

在程序开发过程中，我们常常会碰到字符串连接的情况，方便和直接的方式是通过 "+" 符号实现，但是通过这种方式达到目的的效率比较低，且每执行一次都会创建一个 String 对象，既耗时又浪费空间。使用 StringBuilder 类就可以避免这种问题的发生，但该类不能被继承。

4.3.1　StringBuilder 与 String 的区别

StringBuilder 表示可变字符字符串。String 对象是不可改变的。每次使用 System.String 类中的一个方法时，都要在内存中创建一个新的字符串对象，这就需要为该新对象分配新的空间。在需要对字符串执行重复修改操作的情况下，与创建新的 String 对象相关的系统开销可能会非常昂贵。如果要修改字符串而不创建新的对象，则可以使用 StringBuilder 类。例如，当在一个循环中将许多字符串连接在一起时，使用 StringBuilder 类可以提升性能。

从上面的描述中可以看出，String 类虽然非常方便，但它带来的负面效果也是比较显著的，尤其是在对其进行频繁的处理操作时。StringBuilder 类正好为开发人员解决了此类问题。

4.3.2　StringBuilder 的定义

定义一个 StringBuilder 变量非常简单，代码如下。

```
StringBuilder myStringBuilder = new StringBuilder();
```

StringBuilder 的定义有很多方法，StringBuilder 的构造函数见表 4.11。

表 4.11　StringBuilder 的构造函数

构造函数	说　明
StringBuilder ()	初始化 StringBuilder 类的新实例
StringBuilder (Int32)	使用指定的容量初始化 StringBuilder 类的新实例
StringBuilder (String)	使用指定的字符串初始化 StringBuilder 类的新实例
StringBuilder (Int32, Int32)	初始化 StringBuilder 类的新实例，该类起始于指定容量并且可增长到指定的最大容量
StringBuilder (String, Int32)	使用指定的字符串和容量初始化 StringBuilder 类的新实例
StringBuilder (String, Int32, Int32, Int32)	使用指定的子字符串和容量初始化 StringBuilder 类的新实例

读者可以根据实际需要选择使用不同的构造函数。

4.3.3　StringBuilder 使用介绍

StringBuilder 的常用属性及其说明见表 4.12。

表 4.12　StringBuilder 的常用属性及其说明

属　　性	说　明
Capacity	获取或设置可包含在当前实例分配的内存中的最大字符数
Chars	获取或设置此实例中指定字符位置处的字符
Length	获取或设置此实例的长度
MaxCapacity	获取此实例的最大容量

StringBuilder 的常用方法及其说明见表 4.13。

表 4.13　StringBuilder的常用方法及其说明

方　　法	说　明
Append()	在此实例的末尾追加指定对象的字符串表示形式
AppendFormat()	向此实例的末尾追加包含 0 个或更多格式规范的格式化字符串。每个格式规范由相应对象参数的字符串表示形式替换
AppendJoin()	使用各成员之间指定的分隔符连接所提供的对象数组中的元素的字符串表示形式，然后将结果附加到字符串生成器的当前实例
AppendLine()	将默认的行终止符（或指定字符串的副本和默认的行终止符）追加到此实例的末尾
Clear()	从当前 StringBuilder 实例中移除所有字符
CopyTo()	将此实例的指定段中的字符复制到目标 Char 数组的指定段中
EnsureCapacity()	确保 StringBuilder 的此实例的容量至少是指定值
Equals()	返回一个值，该值指示此实例中的字符是否等于指定的只读字符范围中的字符
GetChunks()	返回一个对象，该对象可用于循环访问从此 StringBuilder 实例创建的 ReadOnlyMemory<Char>中表示的字符区块（注意：只在.NET 5.0RC1 以及.NET Core 3.1、3.0 中适用）
Insert()	将指定对象的字符串表示形式插入此实例中的指定字符位置
Remove()	将指定范围的字符从此实例中移除
Replace()	将此实例中所有的指定字符或字符串替换为其他的指定字符或字符串
ToString()	将 StringBuilder 的值转换为 String 类型

StringBuilder 类表示值为可变字符序列的对象。其值可变的原因是在通过追加、删除、替换或插入字符而创建其实例后可以对其进行修改。几乎所有修改此类的实例的方法都返回对同一实例的引用。由于返回的是对实例的引用，因此可以调用该引用的方法或属性。如果需要编写将连续操作依次连接起来的单条语句，将会十分方便。

虽然 StringBuilder 的对象是动态对象，允许扩充它所封装的字符串中字符的数量，但是可以为它可容纳的最大字符数指定一个值。此值称为该对象的容量。容量可通过 Capacity 属性或 EnsureCapacity()方法增加或减少，但它不能小于 Length 属性的值。

由于 StringBuilder 的使用方法类似于 String，此处不再一一讲解，而是用一个代码示例展示其各种常用方法。

【代码示例】StringBuilder 各个常用方法的应用。

```csharp
using System;
using System.Collections.Generic;
using System.Text;

namespace Example
{
    class Program
    {
        static void Main(string[] args)
        {
            StringBuilder a = new StringBuilder("Hello", 50);

            //在 a 的末尾插入"World"字符串
            a.Append(" World");
            Console.WriteLine(a);

            //在 a 的末尾插入格式字符串
            a.AppendFormat($"{"!"} End");
            Console.WriteLine(a);

            //在 a 的末尾插入新行以及字符串
            a.AppendLine("This is one line.");
            Console.WriteLine(a);

            //在 a 的指定位置插入字符串
            a.Insert(0, "Begin ");
            Console.WriteLine(a);

            //在 a 的指定位置删除字符串
            a.Remove(22, a.Length - 22);
            Console.WriteLine(a);

            //将 a 中的指定字符串替换
            a.Replace("Begin", "Begin:");
            Console.WriteLine(a);

            Console.ReadLine();
        }
    }
}
```

【运行结果】

```
Hello World
Hello World! End
Hello World EndThis is one line.

Begin Hello World! EndThis is one line.

Begin Hello World! End
Begjn: Hello World! End
```

程序非常简单，此处就不进行说明了。读者在实际应用 StringBuilder 类和 String 类时要根据自己程序的实际情况选择合适的类型。

例如，当程序中需要大量对某个字符串进行操作时，应该考虑应用 StringBuilder 类处理该字符串。设计目的就是针对大量 String 操作提供一种改进办法，避免产生太多的临时对象。当程序中只是对某个字符串进行一次或几次操作时，只需采用 String 类即可。

总体来说，StringBuilder 类更为高效，而 String 类更为方便。

【代码示例】StringBuilder 类和 String 类在性能上的差别对比。

```
using System;
using System.Text;

namespace Example
{
    class program
    {
        static void Main(string[] args)
        {
            //定义一个 String 类的"Hello"
            string str = "Hello World!";

            //获取当前时间
            DateTime time = System.DateTime.Now;

            //循环累加"Hello"字符串
            for (int i = 0; i < 200; i++)
            {
                str += str;
            }

            //获取时间差，并输出
            TimeSpan ts1 = System.DateTime.Now - time;
            Console.WriteLine(ts1.TotalSeconds.ToString());

            //定义一个 StringBuilder 类的"Hello"
            StringBuilder sb = new StringBuilder("Hello");
            DateTime time2 = System.DateTime.Now;//获取当前时间

            //循环累加"Hello"字符串
            for (int i = 0; i < 200; i++)
            {
                sb.Append(sb);
            }

            //获取时间差，并输出
```

```
        TimeSpan ts2 = System.DateTime.Now - time2;
        Console.WriteLine(ts2.TotalSeconds.ToString());

        Console.ReadLine();
    }
  }
}
```

由于本实例采用的测试方法比较简单，纯粹是采用时间来衡量性能。而代码执行时间与许多因素相关，因此读者实际运行该段代码所得的结果可能与本书中的结果略有不同。

【运行结果】

```
0.140625
0.078125
```

上述运行结果很好地说明了 StringBuilder 类和 String 类在性能上的不同，请读者注意合理选用不同的类型。

4.4 总　　结

本章讲述了程序中常用的三个用于文本处理的数据类型：Char、String 和 StringBuilder。这三个类型各有自己的用处，既有相似之处，又有值得读者学习的差别。熟练掌握这几个类型的使用方法可以提高程序的运行效率。

4.5 习　　题

（1）编写一个函数，求输入字符串的长度。

（2）编写一个程序，对于用户输入的字符串，将其中的字符逆序输出。

（3）编写一个程序，将其中的字符'a'替换为"啊"。

第 5 章 流 程 控 制

　　前面几章的内容着重于介绍 C#中数据类型的知识，使读者了解 C#的基本数据类型。从本章开始，读者将了解到 C#中程序结构方面的知识。本章着重介绍流程控制方面的内容，其中包括分支、循环等内容。

　　流程控制的使用主要体现了开发人员的逻辑思维，因此希望读者在进行本章的学习时要尤其注意。清晰的思维可以产生逻辑明晰合理的代码，而混乱的思维往往容易产生含有逻辑错误的代码。编程中应该尽量避免这种逻辑错误。

5.1 布 尔 逻 辑

　　和现实世界不同，程序世界中的每件事要么对，要么错；要么真，要么假。这就是本节要讲的布尔逻辑。布尔逻辑关注是非问题，即 ture（真、是）和 false（假、非）。

5.1.1　逻辑运算符

　　bool（布尔）是 System.Boolean 的别名，C#中用 bool 关键字声明布尔变量 true 或 false。bool 型常用于记录某些操作的结果，以便处理这些结果，特别是用于存储比较结果。以下代码声明了两个 bool 型变量。

```
bool myBool1 = true;
bool myBool2 = false;
```

　　C#中提供了用于 bool 型变量的运算符，包括 "&" "|" "^" "!" "&&" 和 "||"。

1."&"运算符

　　"&" 运算符表示逻辑与操作，其规则见表 5.1。

表 5.1　逻辑与规则

运　　算	结　　果
true & false	false
true & true	true
false & true	false
false & false	false

只有参与运算的双方都为 true 时，结果才为 true。以下代码演示了"&"运算符的用法。

【代码示例】"&"运算符的用法。

```
using System;

namespace BoolStatement
{
    class Program
    {
        static void Main(string[] args)
        {
            //定义bool型变量分别为true和false
            bool valTrue = true;
            bool valFalse = false;

            //对true与false之间四种可能的运算进行计算和输出
            Console.WriteLine($"True & False is {valTrue & valFalse}");
            Console.WriteLine($"True & True is {valTrue & valTrue}");
            Console.WriteLine($"False & True is {valFalse & valTrue}");
            Console.WriteLine($"False & False is {valFalse & valFalse}");

            Console.ReadLine();

        }
    }
}
```

【运行结果】

```
True & False is false
True & True is true
False & True is false
False & False is false
```

可以看到，结果与上述规则相吻合。

2. "|" 运算符

"|"运算符表示逻辑或操作，其规则见表 5.2。

表 5.2　逻辑或规则

运　　算	结　　果
true | false	true
true | true	true
false | true	true
false | false	false

只有参与运算的双方都为 false 时，结果才为 false。以下代码演示了"|"运算符的用法。

【代码示例】"|"运算符的用法。

```
using System;

namespace BoolStatement
{
    class Program
```

```
    {
        static void Main(string[] args)
        {
            //定义 bool 型变量分别为 true 和 false
            bool valTrue = true;
            bool valFalse = false;

            //对 true 与 false 之间四种可能的运算进行计算和输出
            Console.WriteLine($"True | False is {valTrue | valFalse}");
            Console.WriteLine($"True | True is {valTrue | valTrue}");
            Console.WriteLine($"False | True is {valFalse | valTrue}");
            Console.WriteLine($"False | False is {valFalse | valFalse}");

            Console.ReadLine();

        }
    }
}
```

【运行结果】

```
True | False is true
True | True is true
False | True is true
False | False is false
```

可以看到，结果与上述规则相吻合。

3. "^" 运算符

"^" 运算符表示逻辑异或操作，其规则见表 5.3。

表 5.3　逻辑异或规则

运　算	结　果
true ^ false	true
true ^ true	false
false ^ true	true
false ^ false	false

只有参与运算的双方中只有一个为 true 时，结果才为 true。以下代码演示了 "^" 运算符的用法。

【代码示例】"^" 运算符的用法。

```
using System;

namespace BoolStatement
{
    class Program
    {
        static void Main(string[] args)
        {
            //定义 bool 型变量分别为 true 和 false
            bool valTrue = true;
            bool valFalse = false;

            //对 true 与 false 之间四种可能的运算进行计算和输出
            Console.WriteLine($"True ^ False is {valTrue ^ valFalse}");
```

```
            Console.WriteLine($"True ^ True is {valTrue ^ valTrue}");
            Console.WriteLine($"False ^ True is {valFalse ^ valTrue}");
            Console.WriteLine($"False ^ False is {valFalse ^ valFalse}");
            Console.ReadLine();

        }
    }
}
```

【运行结果】

```
True ^ False is true
True ^ True is false
False ^ True is true
False ^ False is false
```

可以看到，结果与上述规则相吻合。

4．"!"运算符

"!"运算符表示逻辑非操作，其规则见表 5.4。

表 5.4　逻辑非规则

运　　算	结　　果
! false	true
! true	false

也就是说，非假即真，非真即假。以下代码演示了"!"运算符的用法。

【代码示例】"!"运算符的用法。

```
using System;

namespace BoolStatement
{
    class Program
    {
        static void Main(string[] args)
        {
            //定义 bool 型变量分别为 true 和 false
            bool valTrue = true;
            bool valFalse = false;

            Console.WriteLine($"!False is {!valFalse}");
            Console.WriteLine($"!True is {!valTrue }");

            Console.ReadLine();

        }
    }
}
```

【运行结果】

```
! False is true
! True is false
```

可以看到，结果与上述规则相吻合。

5. "&&" 运算符

"&&" 运算符表示条件逻辑与操作。作用是将两个布尔表达式或值合并成一个布尔结果。其运算规则同 "&" 运算符。不同的是，"&&" 运算符仅在必要时才计算第二个操作数，即该操作符支持短路运算。请读者参考讲解 "&" 运算符小节中的代码示例，语句如下。

```
Console.WriteLine($"True & False is {valTrue & valFalse}");
Console.WriteLine($"True & True is {valTrue & valTrue}");
Console.WriteLine($"False & True is {valFalse & valTrue}");
Console.WriteLine($"False & False is {valFalse & valFalse}");
```

事实上，第三行和第四行代码中的第一个操作数为 false。由 "&" 运算符的运算规则可知，操作数中存在 false 则其结果必定为 false。此时完全可以不进行第二个操作数的计算直接给出结果，但 "&" 运算符不提供这样的功能。"&&" 运算符则提供了上述功能，以下代码演示了 "&&" 运算符的用法。

【代码示例】"&&" 运算符的用法。

```
using System;

namespace BoolStatement
{
    class Program
    {
        static void Main(string[] args)
        {
            Console.WriteLine($"True && False is : {ResultTrue() && ResultFalse()}");
            Console.WriteLine($"False && True is : {ResultFalse() && ResultTrue()}");
            Console.ReadLine();
        }

        //返回 true 的方法
        static bool ResultTrue() => true;

        //返回 false 的方法
        static bool ResultFalse() => false;

    }
}
```

【运行结果】

```
True && False is : False
False && True is : False
```

程序中出现了两个方法，分别返回了 true 和 false。关于这些方法的内容以后会讲到，这里读者只需了解其功能。

从结果可以看出，进行 true&&false 运算时，ResultFalse()方法被调用并返回 false；而进行 false&&true 运算时，ResultTrue()方法并没有被调用。程序运行结果很好地说明了 "&&" 运算的特殊性，"&&" 运算可以减少方法的调用或表达式的计算，提高程序的效率。

6. "||" 运算符

"||" 运算符表示条件逻辑或操作，其运算规则同 "|" 运算符。不同的是，"||" 运算符仅在必要

时才计算第二个操作数。请读者参考讲解 "|" 运算符小节中的代码示例，语句如下。

```
Console.WriteLine($"True | False is {valTrue | valFalse}");
Console.WriteLine($"True | True is {valTrue | valTrue}");
Console.WriteLine($"False | True is {valFalse | valTrue}");
Console.WriteLine($"False | False is {valFalse | valFalse}");
```

事实上，第一行和第二行代码中的第一个操作数为 true。由 "|" 运算符的运算规则可知，操作数中存在 true 则其结果必定为 true。此时完全可以不进行第二个操作数的计算直接给出结果，但 "|" 运算符不提供这样的功能。"||" 运算符则提供了上述功能，以下代码演示了 "||" 运算符的用法。

【代码示例】"||" 运算符的用法。

```
using System;

namespace BoolStatement
{
    class Program
    {
        static void Main(string[] args)
        {
            Console.WriteLine($"True || False is : {ResultTrue() || ResultFalse()}");
            Console.WriteLine($"False || True is : {ResultFalse() || ResultTrue()}");
            Console.ReadLine();
        }

        //返回 true 的方法
        static bool ResultTrue() => true;

        //返回 false 的方法
        static bool ResultFalse() => false;

    }
}
```

【运行结果】

```
True || False is : true
False || True is : true
```

从结果可以看出，进行 true||false 运算时，ResultFalse()方法没有被调用；而进行 false||true 运算时，ResultTrue()方法被调用并返回 true。程序运行结果很好地说明了 "||" 运算的特殊性，"||" 运算可以减少方法的调用或表达式的计算，提高程序的效率。

7. 比较运算符

这里简单介绍常用的比较运算符。现实中经常会用到 "大于" "小于" 这样的词汇，在 C#中也有同样的运算符与其相对应。常用的比较运算符及其说明见表 5.5。

表 5.5　常用的比较运算符及其说明

运 算 符	说　　明
==	等于
!=	不等于
<	小于

运 算 符	说 明
>	大于
<=	小于或等于
>=	大于或等于

比较运算符与数学语言中的运算符非常相似，读者需注意 "=="运算符和 "!="运算符与数学符号的差别。下面的代码演示了比较运算符的用法。

【代码示例】比较运算符的用法。

```
using System;

namespace BoolStatement
{
    class Program
    {
        static void Main(string[] args)
        {
            int a = 1, b = 2;
            Console.WriteLine($"a == b is: {a == b}"); //判断两个数是否相等
            Console.WriteLine($"a != b is: {a != b}"); //判断两个数是否不相等
            Console.WriteLine($"a < b is: {a < b}");    //判断 a 是否小于 b
            Console.WriteLine($"a > b is: {a > b}");    //判断 a 是否大于 b
            Console.WriteLine($"a <= b is: {a <= b}"); //判断 a 是否小于或等于 b
            Console.WriteLine($"a >= b is: {a >= b}"); //判断 a 是否大于或等于 b

            Console.ReadLine();
        }
    }
}
```

【运行结果】

```
a == b is: false
a != b is: true
a < b is: true
a > b is: false
a <= b is: true
a >= b is: false
```

结果非常容易理解，这里不再赘述。

5.1.2 逻辑运算符的优先级

与算术运算符一样，逻辑运算符也存在优先级，结合之前讲过的算术运算符的优先级，给出了运算符优先级，见表 5.6。

表 5.6　运算符优先级

优 先 级	运 算 符
优先级从高到低	++，--（用作前缀），+，-，!，~
	*，/，%
	+，-
	<<，>>
	<，>，<=，>=
	==，! =
	&
	^
	|
	&&
	||
	=，*=，/=，%=，+=，-=
	++，--（用作后缀）

读者可以根据扩充后的优先级表格中的内容创造出非常复杂并且精确的计算公式，但推荐读者在复杂的表达式中使用括号。这不但能使程序易于阅读、方便维护，而且可以减少设计时的错误。

5.1.3　goto 语句

C#提供了许多可以立即跳转到程序中另一行代码的语句，在此，我们先介绍 goto 语句。goto 是 C#中的一个关键字，goto 语句的功能是将程序控制权直接传递给标记语句。

goto 语句早在 C 语言和 Basic 语言中就已经出现，拥有一定计算机知识的读者可能已经非常熟悉 goto 语句了。从应用角度看，goto 语句具有一定的实用价值。但是，由于 goto 语句的随意跳转特性，在历来的书籍、教程中都不建议开发人员使用 goto 语句。

很多高级程序员也不建议使用 goto 语句，在一些程序设计标准和准则中明确指出不允许在程序中使用 goto 语句，另外有文献指明现有的语句完全可以实现 goto 语句的功能这一结论。

goto 语句的两个限制如下。

（1）不能跳转到像 for 循环（稍后介绍）这样的代码块中，也不能跳出类的范围。

（2）不能退出 try…catch 块后面的 finally 块。

虽然 goto 语句由于自身的特性导致其不宜在程序中随意使用，但作为一个每种程序设计语言中都保留的关键字，goto 语句仍然有其实用性。C#仍然提供了对 goto 语句的支持。这里有一个新概念，即标记语句，语句的标记采用以下方法。

```
<label>:
```

以下代码标记了一条语句。

```
myLabel:
Console.ReadLine();
```

【代码示例】goto 语句的用法。

```
using System;

namespace GotoStatement
{
    class Program
    {
        static void Main(string[] args)
        {
            //定义程序中用到的数据
            int a = 5, b = 10, c = 0, d = 0;

            //跳转到 AddLabel 所指的语句继续执行
            goto AddLabel;
            c = a + b;

            //已用 AddLabel 标记的语句
            AddLabel:
                d = c + b;

            Console.WriteLine($"The value of a is : {a}");
            Console.WriteLine($"The value of b is : {b}");
            Console.WriteLine($"The value of c is : {c}");
            Console.WriteLine($"The value of d is : {d}");

            Console.ReadLine();
        }
    }
}
```

【运行结果】

```
The value of a is : 5
The value of b is : 10
The value of c is : 0
The value of d is : 10
```

　　从结果可以看到，程序跳过了 c=a+b 这句代码，直接跳转到 AddLabel 所指的代码 d=c+b，因此 d 的结果为 10。编译时，Visual Studio 2022 会给出图 5.1 所示的编译警告提示。

图 5.1　编译警告提示

　　由于程序中有代码没有被执行到，因此 Visual Studio 2022 给出了"检测到无法访问的代码"提示。此提示对于检查程序中的错误很有帮助，请读者注意。由于上述代码如此简单，并且无法描述出 goto 语句的缺点，请读者尝试阅读以下代码。

【代码示例】

```
using System;

namespace GotoStatement
{
    class Program
    {
```

```
static void Main(string[] args)
{
label1:
    int a = 10;
    goto label3;
label2:
    Console.WriteLine($"The value of int a is : {0}", a);
    goto label1;
label3:
    a += 10;
    goto label2;

    Console.ReadLine();
    }
  }
}
```

笔者在上述代码中没有添加注释，请读者尝试理清代码中的跳转关系。

上面的例子中的代码很难读懂，也极易产生错误，并且这种错误被解决的可能性非常小。因此，提醒读者注意，尽量不要使用 goto 语句。在程序中仅仅有三个跳转就足以使程序难以被理解，那么如果在程序中允许任意跳转，将非常不利于程序的编写和维护。

5.2 分 支

分支语句的作用是在程序中传递控制权。前面讲过的 goto 语句实际也是分支语句的一种，它也实现了程序的跳转和控制权的传递。由于 goto 语句自身的特殊性，我们将其提前介绍给读者并指出了其缺点。

要跳转到的代码行由某个条件语句控制。这个条件语句使用布尔逻辑对测试值和一个或多个可能的值进行比较。

本节介绍三种分支技术：if 语句、三元运算符和 switch 语句。

本节内容中介绍的分支语句都是推荐使用的，读者可以放心地在程序中使用。

5.2.1 if 语句

if 是一个非常常用的关键字，在 C#中会被大量用于条件判断等场合，if 语句是一种有效的决策方式。从字面上看，if 即中文"如果"的意思。在 C#中，可以用"如果"理解 if 关键字的意思，但其实际的意义是构成 if 语句，并根据语句中给出的 bool 型变量或表达式的值判断将要执行的语句。通常 if 语句的语法格式如下。

```
if (booleanExpression)
{
    statement1;
    }
```

这里 booleanExpression 为一个预先定义好的 bool 型变量。根据 booleanExpression 的值决定是否执行 if 下面的内容。当 booleanExpression 为 true 时，执行 statement1 并继续；当 booleanExpression

为 false 时，跳过 statement1 并继续执行后面的内容。booleanExpression 既可以是一个变量，也可以是一个返回 bool 型值的方法或表达式。以下代码将不执行 statement1。

```
if (1>2)
{
    statement1;
}
```

显然，1>2 将返回 false，因此将跳过 statement1。下面的代码示例演示了 if 语句的执行方式。

【代码示例】if 语句的用法。

```
using System;

namespace BranchStatement
{
    class Program
    {
        static void Main(string[] args)
        {
            Console.WriteLine($"请读者输入一个整数");
            int num = Convert.ToInt32(Console.ReadLine());

            if (num>10)
                Console.WriteLine($"输入数字大于10");

If(num<10)

                Console.WriteLine($"输入数字小于10");

            Console.ReadLine();
        }
    }
}
```

【运行结果】

```
请读者输入一个整数
13
输入数字大于10
```

输入 13，13>10，执行大于 10 的代码块。可以看到运行结果与之前的预期相同。

if 语句还存在另外一种方式，即 if-else 形式，其语句形式如下。

```
if (booleanExpression)
    statement1;
else
    statement2;
```

其中，booleanExpression 仍为一个 bool 型变量、表达式或方法。当 booleanExpression 为 true 时，将执行 statement1，跳过 else 后面的内容；当 booleanExpression 为 false 时，将跳过 statement1，执行 statement2。

下面的代码示例利用 if-else 语句实现了比较数的大小的功能。

【代码示例】if-else 语句的用法。

```
using System;

namespace BranchStatement
```

```
{
    class Program
    {
        static void Main(string[] args)
        {
            Console.WriteLine($"请读者输入一个整数");
            int num1 = Convert.ToInt32(Console.ReadLine());

            Console.WriteLine($"请读者再输入一个整数");
            int num2 = Convert.ToInt32(Console.ReadLine());

            if (num1> num2)
                Console.WriteLine($"第一个数大于第二个数");
            else
                Console.WriteLine($"第一个数小于第二个数");

            Console.ReadLine();
        }
    }
}
```

运行程序，并根据提示输入两个合法的数字，运行结果如下。

```
请读者输入一个整数
4
请读者再输入一个整数
7
第一个数小于第二个数
```

可以看到，程序对两个数的大小作出了准确的判断。代码中值得注意的有以下两点。

（1）Console.ReadLine()方法用于从标准输入流中读取下一行字符。这里的标准输入流即为键盘。当从键盘输入一些字符并回车时，Console.ReadLine()方法将记录这些字符并返回这些字符的 String 型变量。在程序的末尾调用一次 Console.ReadLine()方法可以使程序等待输入而达到暂停的目的。之前所有的程序都采用了这种方法。

（2）程序中使用 Convert.ToInt32()方法将捕获的标准输入流字符转换为 int 型变量。如果输入的是一个字符串类型的变量，在进行转换时将会产生异常。因此，在执行程序时要求读者输入合法的数值型变量。

除了上面讲到的两点，程序中还有一个重要的内容需要读者掌握。如果程序中使用了两条 if-else 语句，而第二条语句包含在第一条 if-else 语句的 else 部分中，这就是 if-else 语句的嵌套。使用嵌套可以使程序判断更多的条件，而且可以提高程序的效率。

上述程序最多进行三次判断即可得出结果，而如果采用以下的办法，程序每次运行都将进行三次判断。

```
if (num1 > num2)
    Console.WriteLine($"第一个数大于第二个数! ");
if (num1 == num2)
    Console.WriteLine($"第一个数等于第二个数! ");
if (num1 < num2)
    Console.WriteLine($"第一个数小于第二个数! ");
```

if-else 的嵌套可以有很多层，如下面的代码所示。

```
if (condition1)
    Console.WriteLine($"执行分支1！");
else
{
    if (condition2)
        Console.WriteLine($"执行分支2！！");
    else
    {
        if (condition3)
            Console.WriteLine($"执行分支3！！");
        else
            Console.WriteLine($"执行分支4！！");
    }
}
```

除此之外，还有另一种嵌套方式，如下所示。

```
if (condition1)
    Console.WriteLine($"执行分支1！");
else if (condition2)
    Console.WriteLine($"执行分支2！！");
else if (condition3)
    Console.WriteLine($"执行分支3！！！");
else
    Console.WriteLine($"执行分支4！！！！");
```

这两段代码实现了相同的功能。读者可以根据自己的习惯选用不同的嵌套方式。这里需要注意的是，嵌套的 if 语句中，else 子句属于最后一个没有对应的 else 子句的 if 语句。请读者观察代码：

```
if (condition1)
    if (condition2)
        Console.Write($"执行分支1！");
else
        Console.Write($"执行分支2！");
```

这里使用了令人迷惑的代码对齐方式，很容易使读者认为 else 与 if (condition1)相对应。其实，此处代码对应以下代码。

```
if (condition1)
{
    if (condition2)
        Console.Write($"执行分支1！");
    else
        Console.Write($"执行分支2！");
}
```

要使 else 与 if(condition1)相对应，则需做以下改变。

```
if (condition1)
{
    if (condition2)
        Console.Write($"执行分支1！");
}
else
        Console.Write($"执行分支2！");
```

希望读者在使用嵌套的 if-else 语句时，尽量使用大括号明确对应的语句。

最后给出一个代码示例，该示例实现了对两个整型变量根据值的大小进行置换的功能。

【代码示例】对两个整型变量根据值的大小进行置换。

```csharp
using System;

namespace BranchStatement
{
    class Program
    {
        static void Main(string[] args)
        {
            Console.WriteLine($"请读者输入一个整数");
            int num1 = Convert.ToInt32(Console.ReadLine());

            Console.WriteLine($"请读者再输入一个整数");
            int num2 = Convert.ToInt32(Console.ReadLine());

            //如果 num1>num2，则借助 num3 对 num1 和 num2 进行交换
            int num3 = 0;
            if (num1 > num2)
            {
                num3 = num1;
                num1 = num2;
                num2 = num3;
            }

            Console.WriteLine($"num1 的值为{num1}。");
            Console.WriteLine($"num2 的值为{num2}。");

            Console.ReadLine();
        }
    }
}
```

运行程序，分别输入 7 和 2，运行结果如下。

```
请读者输入一个整数
7
请读者再输入一个整数
2
num1 的值为 2。
num2 的值为 7。
```

可以看到，输入任意两个整数，程序都将按照其值的大小使 a 存储小的数，b 存储大的数。if-else 语句是 C#中的常用语句，希望读者能够厘清语句之间的关系，达到熟练应用和程度。

5.2.2　三元运算符

一元运算符有一个操作数，二元运算符有两个操作数，三元运算符有三个操作数。在开始本小节的内容之前，请读者先思考以下示例。

【代码示例】

```csharp
using System;
```

```
namespace BranchStatement
{
    class Program
    {
        static void Main(string[] args)
        {
            //利用 Console.ReadLine() 方法从键盘读入字符并转换为 double 型数值
            Console.WriteLine($"请输入一个数: ");
            int num1 = Convert.ToInt32(Console.ReadLine());

            Console.WriteLine($"请再输入一个数: ");
            int num2 = Convert.ToInt32(Console.ReadLine());


            //当 num1 小于 num2 时，求 num2 与 num1 的差
            if (num1 < num2)
                Console.WriteLine($"num2 减 num1 的结果是 {num2-num1}");
            //当 num1 小于 num2 时，求 num2 与 num1 的和
            else
                Console.WriteLine($"num1 加 num2 的结果是 {num1+num2}");

            Console.ReadLine();
        }
    }
}
```

上述程序判断了两个数的大小，如果第一个数小，则计算第二个数减第一个数的差并输出；否则计算两个数的和并输出。

运行程序，输入的第一个数小，运行结果如下。

```
请输入一个数:
2
请再输入一个数:
5
num2 减 num1 的结果是 3
```

运行程序，输入的第一个数大，运行结果如下。

```
请输入一个数:
7
请再输入一个数:
1
num1 加 num2 的结果是 8
```

【代码示例】使用三元运算符将上述程序简化。

```
using System;

namespace BranchStatement
{
    class Program
    {
        static void Main(string[] args)
        {
            //利用 Console.ReadLine() 方法从键盘读入字符并转换为 double 型数值
            Console.WriteLine($"请输入一个数: ");
            int num1 = Convert.ToInt32(Console.ReadLine());
```

```
        Console.WriteLine($"请再输入一个数: ");
        int num2 = Convert.ToInt32(Console.ReadLine());

        //使用三元运算符
        int num = num1 < num2 ? (num2 - num1) : (num1 + num2);
        Console.WriteLine($" 使用三元运算符的结果为{num}");

        Console.ReadLine();
    }
}
```

依然输入相同的值，看结果是否与上一段代码的结果相同。

运行程序，输入的第一个数小，运行结果如下。

```
请输入一个数:
2
请再输入一个数:
5
使用三元运算符的结果为 3
```

运行程序，输入的第一个数大，运行结果如下。

```
请输入一个数:
7
请再输入一个数:
1
使用三元运算符的结果为 8
```

可以看到，程序实现了和简化之前的程序相同的功能。通过观察，读者可以看到简化的部分，即 if-else 语句被替换成了一句代码。这句代码就是本小节将要讲到的三元运算符。三元运算符的语法如下。

```
test ? resultIfTrue : resultIfFalse
```

三元运算符由 "?" 和 ":" 分割成三部分。test 为条件，当 test 的值为 true 时，进行 resultIfTrue 运算；当 test 的值为 false 时，进行 resultIfFalse 运算。三元运算符同样可以嵌套，语法如下。

```
test1? resultIfTrue1: (test2? resultIfTrue2: resultIfFalse2)
```

不过，不推荐采用过于复杂的三元嵌套表达式。三元运算符的优点是表达简洁，使用方便。对于三元运算符的合理使用可以减少代码长度和降低复杂度，便于程序的维护和阅读。若使用复杂的嵌套，则违背了设计三元运算符的初衷。

5.2.3　switch 语句

通过对 if-else 语句和三元运算符的学习可以看到，当面临许多的条件判断时，使用这两者都过于复杂。不但在编程时不易控制，而且使代码晦涩难懂。本小节将向读者介绍 switch 语句的内容。switch 语句可以判断很多条件，并将语句控制权传递给相应的代码。switch 语句可以使代码清晰明了，减少逻辑混乱和错误。

switch 语句是一个控制语句,它通过将控制传递给其语句块内的一个 case 语句来处理多个选择。

其语法如下。

```
switch (testVar)
{
    case condition1:
        operation1;
        break;
    case condition2:
        operation2;
        break;
    case condition3:
        operation3;
        break;
    default:
        operation4;
        break;
}
```

其中，testVar 是需要检测的变量。当 testVar 与 condition1、condition2 或 condition3 中的某一个相匹配时，程序将执行相应的 operation1、operation2 或 operation3。当所有条件均不匹配时，将执行 default 部分的代码。如果没有书写 default 部分的代码，则直接跳出。

switch 语句还有以下要求。

（1）任意两个 case 中的条件不能相同。

（2）任意一个 case 部分的语句中都必须存在 break 语句。

（3）不允许执行完一个 case 语句后，再执行第二个 case 语句。除非这个 case 部分为空，没有任何语句。

【代码示例】switch 语句的用法。

```
using System;

namespace BranchStatement
{
    class Program
    {
        static void Main(string[] args)
        {
            Console.WriteLine($"（1）张三；（2）李四；（3）王五");
            Console.WriteLine($"输入以上姓名代号:");

            int num = Convert.ToInt32(Console.ReadLine());

            switch (num)
            {
                case 1:
                    Console.WriteLine($"张三");
                    break;
                case 2:
                    Console.WriteLine($"李四");
                    break;
                case 3:
                    Console.WriteLine($"王五");
                    break;
                default:
                    Console.WriteLine($"查无此人！");
```

```
                break;
            }

            Console.ReadLine();
        }
    }
}
```

运行程序，输入 2 时程序的运行结果如下。

```
（1）张三；（2）李四；（3）王五
输入以上姓名代号：
2
李四
```

输入 7 时，程序的运行结果如下。

```
（1）张三；（2）李四；（3）王五
输入以上姓名代号：
7
查无此人！
```

从结果可以看出，程序根据输入数字的不同得出了不同的输出结果。switch 语句非常适合多条件判断的场合，与 if-else 语句相比更加简洁。

【代码示例】switch 语句在 case 部分为空时的处理。

```
using System;

namespace BranchStatement
{
    class Program
    {
        static void Main(string[] args)
        {
            Console.WriteLine($"（1）张三；（2）李四；（3）王五");
            Console.WriteLine($"输入以上姓名代号:");

            int num = Convert.ToInt32(Console.ReadLine());

            switch (num)
            {
                case 1:
                    Console.WriteLine($"张三");
                    break;
                case 2:
                case 3:
                    Console.WriteLine($"王五");
                    break;
                default:
                    Console.WriteLine($"查无此人！");
                    break;
            }

            Console.ReadLine();
        }
    }
}
```

可以看到，switch 语句中虽然有 case 2 部分，但并无任何语句。当运行程序后，输入 2，将产生以下输出。

【运行结果】

（1）张三；（2）李四；（3）王五
输入以上姓名代号：
2
王五

当输入 2 想查找李四时，程序给出的结果是"王五"。这是因为 case 2 部分没有任何语句，程序继续向下运行，进入 case 3 部分。

除了对整型变量的判断，switch 语句还支持对枚举型变量的判断，下面的代码示例演示了如何在 switch 语句中使用枚举型变量。

【代码示例】在 switch 语句中使用枚举型变量。

```
using System;

namespace BranchStatement
{
    class Program
    {
        enum WeekDay
        {
            Monday = 1,
            Tuesday = 2,
            Wednesday = 3,
            Thursday = 4,
            Friday = 5,
            Satuarday = 5,
            Sunday = 7
        }
        static void Main(string[] args)
        {
            Console.WriteLine($"输入今天是星期几：");
            int day = Convert.ToInt32(Console.ReadLine());

            switch (day)
            {
                case 1:
                    Console.WriteLine(WeekDay.Monday);
                    break;
                case 2:
                    Console.WriteLine(WeekDay.Tuesday);
                    break;
                case 3:
                    Console.WriteLine(WeekDay.Wednesday);
                    break;
                case 4:
                    Console.WriteLine(WeekDay.Thursday);
                    break;
                case 5:
                    Console.WriteLine(WeekDay.Friday);
                    break;
                case 6:
                    Console.WriteLine(WeekDay.Saturday);
                    break;
```

```
            case 7:
                Console.WriteLine(WeekDay.Sunday);
                break;
            default:
                Console.WriteLine($"输出错误日期！");
                break;
        }

        Console.ReadLine();
    }
  }
}
```

运行程序，根据提示输入相应的日期，将得到以下输出。

【运行结果】

输入今天是星期几：
3
Wednesday

输入除 1~7 之外的数字时，将得到以下输出。

【运行结果】

输入今天是星期几：
9
输出错误日期！

5.3 循　　环

循环就是重复执行语句。这种技术使用起来相当方便，因为可以对操作重复任意多次，而不用编写相同的代码。C#提供了 4 种不同的循环机制，分别是 for、foreach、while 和 do...while。在满足某个条件前，可以重复执行代码块。

本节将主要针对循环语句进行介绍。

5.3.1　for 循环

C#的 for 循环提供的迭代机制是在执行下一次迭代前，测试是否满足某个条件，for 循环对于迭代数组和顺序处理非常方便。for 循环的语法如下。

```
for (initializer;condition;iterator)
{
    statement;
}
```

其中，initializer 是在执行第一次迭代前要计算的表达式；condition 是在每次迭代新循环前要进行判断的表达式；iterator 是每次迭代完要计算的表达式。当 condition 为 false 时，停止迭代。

下面举例说明 for 循环的典型用法。

```
for (int i=0;i<100;i++)
```

```
    {
        Console.WriteLine(i);
    }
```

上述代码中，初始化一个整数为 0；当此整数小于 100 时执行大括号中的内容；每次循环的最后执行 i++操作，使 i 递增 1。下面给出一个完整的示例。

【代码示例】for 循环的用法。

```
using System;

namespace CirculationStatement
{
    class Program
    {
        static void Main(string[] args)
        {
            //创建一个循环语句，从 0 开始，每次增加 1，跳出条件为大于或等于 5
            for (int i = 0; i < 5; i++)
            {
                Console.WriteLine($"计数器 i 的值为: {i}");
            }

            Console.ReadLine();
        }
    }
}
```

【运行结果】

```
计数器 i 的值为: 0
计数器 i 的值为: 1
计数器 i 的值为: 2
计数器 i 的值为: 3
计数器 i 的值为: 4
```

可以看到变量 i 的变化过程，当进行最后一次循环时 i 从 4 变为 5，经过条件判断 i 是否小于 5 而跳出了循环。

【代码示例】for 循序遍历数组。

```
using System;

namespace CirculationStatement
{
    class Program
    {
        static void Main(string[] args)
        {
            int[] array = { 3, 5, 7, 9, 11 };
            for (int i = 0; i < 5; i++)
            {
                Console.WriteLine($"array[{i}]的值为{array[i]}");
            }

            Console.ReadLine();
        }
    }
}
```

【运行结果】

```
array[0]的值为 3
array[1]的值为 5
array[2]的值为 7
array[3]的值为 9
array[4]的值为 11
```

可以看到，程序依次输出了 array 数组中的内容。

结合上例和 5.2.1 小节中比较两个数大小的示例，可以实现对数组的排序。数组中已经提供了 Array.Sort()方法用于排序，这里仅仅是为了讲解。

数组的排序有很多种算法，这里采用比较好理解的冒泡算法。

冒泡算法的思想是从数组中索引为 0 的元素开始依次两两比较相邻的元素，使小的元素在前，大的元素在后。对于长度为 n 的数组，只需执行 $n-1$ 次比较即可使最大的元素位于数组的最后位置；然后重复操作，同样需执行 $n-2$ 次比较可以使次大的元素位于数组倒数第二的位置；依次类推，即可实现数组的排序。

【代码示例】使用 for 循环实现数组的排序。

```
using System;

namespace CirculationStatement
{
    class Program
    {
        static void Main(string[] args)
        {
            int[] array = { 13, 45, 27, 9, 11 };

            Console.WriteLine($"输出排序前的数组元素为：");
            for (int i = 0; i < 5; i++)
            {
                Console.WriteLine($"array[{i}]的值为{array[i]}");
            }

            //采用冒泡算法对数组进行排序
            int a = 0;
            for (int i = 1; i < 5; i++)
            {
                for (int j = 0; j < 5 - i; j++)
                {
                    if (array[j] > array[j + 1])
                    {
                        a = array[j];
                        array[j] = array[j + 1];
                        array[j + 1] = a;
                    }
                }
            }

            Console.WriteLine($"冒泡算法排序后数组元素为：");
            for (int i = 0; i < 5; i++)
            {
                Console.WriteLine($"array[{i}]的值为{array[i]}");
            }
```

```
            Console.ReadLine();
        }
    }
}
```

```
输出排序前的数组元素为：
array[0]的值为 13
array[1]的值为 45
array[2]的值为 27
array[3]的值为 9
array[4]的值为 11
冒泡算法排序后数组元素为：
array[0]的值为 9
array[1]的值为 11
array[2]的值为 13
array[3]的值为 27
array[4]的值为 45
```

可以看到，排序后数组的元素按由小到大的顺序进行排列。

本示例代码中存在两个 for 循环，内层 for 循环的作用是比较相邻两个整数的大小，并根据需要决定是否交换两个整数的位置。外层 for 循环确定了比较的范围。由于第一次循环可以确定数组中最大的整数，进入下一次循环时可以只比较其他的整数而无须全部比较。依次类推，需要比较的元素逐次减少，直到最后跳出循环，则说明算法结束。

冒泡算法的名称就来自它本身的这种特点，由于它每次都将最大的数排到最后，就像水中的气泡上浮一样，因此称为冒泡算法。本示例仅仅是为了说明 for 循环的用法和冒泡算法的思想，建议读者对数组进行排序操作时选用 C#提供的 Array.Sort()方法。

但是嵌套的 for 循环非常常见，在每次迭代外部的循环时，内部的循环都要彻底执行完毕。这种模式通常用于在矩形多维数组中遍历每个元素。最外部的循环遍历每一行，内部的循环遍历某行上的每一列。下面的代码示例实现了一个九九乘法表。

【代码示例】打印九九乘法表。

```
using System;
using System.Globalization;

namespace CirculationStatement
{
    class Program
    {
        static void Main(string[] args)
        {
            for(int i = 1; i <= 9; i++)
            {
                for(int j = 1; j <= i; j++)
                {
                    Console.Write($"{i}*{j}={i * j}\t");
                }
                Console.WriteLine();
            }
```

```
            Console.ReadLine();
        }
    }
}
```

【运行结果】

```
1*1=1
2*1=2    2*2=4
3*1=3    3*2=5    3*3=9
4*1=4    4*2=8    4*3=12   4*4=15
5*1=5    5*2=10   5*3=15   5*4=20   5*5=25
5*1=5    5*2=12   5*3=18   5*4=24   5*5=30   5*5=35
7*1=7    7*2=14   7*3=21   7*4=28   7*5=35   7*5=42   7*7=49
8*1=8    8*2=15   8*3=24   8*4=32   8*5=40   8*5=48   8*7=55   8*8=54
9*1=9    9*2=18   9*3=27   9*4=35   9*5=45   9*5=54   9*7=53   9*8=72   9*9=81
```

for 循环可以实现的功能非常多,可以使用 for 循环实现许多复杂的操作,这里就不一一介绍了。希望读者能够熟练掌握 for 循环的内容。

5.3.2　while 循环

下面介绍另一种常用的循环——while 循环。while 语句也实现了循环的功能。从本质上讲,它与 for 循环的功能没有差别。while 循环的语法定义如下。

```
while(condition)
{
    operation
}
```

其中,condition 为循环条件,当 condition 为 true 时将会执行 operation 操作,结束后返回到 while 语句开始处继续执行;当 condition 为 false 时程序将会跳过 operation 中的内容,执行 while 语句以外的内容。下面给出一个简单的示例。

【代码示例】while 循环的简单用法。

```
using System;
using System.Globalization;

namespace CirculationStatement
{
    class Program
    {
        static void Main(string[] args)
        {
            int[] array = new int[5] { 12, 9, 35, 58, 51 };
            int a = 0;

            //创建一个 while 循环,只要 a 小于 5 就会执行
            while (a < 5)
            {
                Console.WriteLine($"array[{a}]的值为{array[a]}。");
                a++;
            }

            Console.ReadLine();
```

```
            }
        }
    }
```

【运行结果】

```
array[0]的值为 12。
array[1]的值为 9。
array[2]的值为 35。
array[3]的值为 58。
array[4]的值为 51。
```

可以看到，程序同样实现了遍历数组的功能。由于本示例非常简单，仅仅是对 while 语句最基础的应用，这里就不详细讲解了。但在 while 语句中读者需要注意以下两个问题。

（1）while 语句在进入循环前就会对代码中确定的循环条件进行判断，因此 while 循环可能执行 0 次或多次。

（2）一定要注意循环的中止条件，设定合理的中止条件，以免出现无限循环而不能中止的状态。

下面介绍 break 关键字和 continue 关键字在 while 循环中的用途。

break 关键字用于跳出到循环外部。通过在 5.2.3 小节对 switch 语句中的接触，读者应该对其有了一定的了解。continue 关键字用于跳过当前次的迭代并进入下一次迭代，而不跳出循环。下面的代码示例演示了 break 关键字和 continue 关键字的用法。

【代码示例】break 关键字和 continue 关键字的用法。

```csharp
using System;
using System.Globalization;

namespace CirculationStatement
{
    class Program
    {
        static void Main(string[] args)
        {
            int[] array = new int[5] { 12, 9, 35, 58, 51 };
            int a = 0;

            //创建一个 while 循环，只要 a 小于 5 就会执行
            while (a < 5)
            {
                //当 a 等于 2 时，使 a 自增 1
                if (a == 2)
                {
                    a++;
                    continue;
                }

                //当 a 等于 4 时，跳出循环
                else if (a == 4)
                    break;

                Console.WriteLine($"array[{a}]的值为{array[a]}。");
                a++;
            }

            Console.ReadLine();
```

```
        }
    }
}
```

【运行结果】

```
array[0]的值为12。
array[1]的值为9。
array[3]的值为58。
```

从结果可以看到，程序并没有输出数组中的 array [2]和 array [4]元素。

代码中对索引为 2 和 4 时分别进行了处理。当 a=2 时，程序执行了 continue 语句，跳过了输出 array [2]的语句进入了下一次迭代；当 a=4 时，程序执行了 break 语句跳出了循环，因此没有执行到下面相应的输出语句。

【代码示例】实现简单的人机交互功能。

```
using System;
using System.Globalization;

namespace CirculationStatement
{
    class Program
    {
        static void Main(string[] args)
        {
            //获取用户输入的姓名
            Console.WriteLine($"请输入您的姓名：");
            string myInput = Console.ReadLine().Trim();

            //根据用户的输入，提示不同的信息
            while (myInput != string.Empty)
            {
                Console.WriteLine($"您好，{myInput}\n 欢迎您来到本系统。");
                Console.WriteLine($"请输入您的姓名：");
                myInput = Console.ReadLine().Trim();
            }

            //当输入为空时，提示退出信息
            Console.WriteLine($"未输入有效姓名，系统将退出……\n 按 Enter 键退出程序！");

            Console.ReadLine();
        }
    }
}
```

运行程序，当按照提示随意输入一个姓名，如 zhangsan 时，系统将输出部分欢迎信息。当在程序提示输入姓名时，输入部分空格后按 Enter 键或直接按 Enter 键，系统将提示退出信息。程序运行的详细过程如下。

【运行结果】

```
请输入您的姓名：
zhangsan
您好，zhangsan
欢迎您来到本系统。
```

請輸入您的姓名：
lisi
您好，lisi
歡迎您來到本系統。
請輸入您的姓名：
wangwu
您好，wangwu
歡迎您來到本系統。
請輸入您的姓名：

未輸入有效姓名，系統將退出……
按 Enter 鍵退出程序！

可以看到，程序的中止條件設置為用戶是否輸入了某些字符。當輸入程序認可的字符時，程序將繼續執行；當輸入程序不認可的字符時，程序將退出。

代碼中使用了 Trim()方法處理字符串中的空格，Trim()方法用於從字符串的開始位置和末尾移除一組指定字符的所有匹配項。

5.3.3　do…while 循環

do…while 循環與 while 循環相似，但它的判斷條件在循環之後，即 do…while 循環將至少執行一次，這點與 while 有很大的不同。do…while 循環的語法定義如下。

```
do
{
   operation;
} while (condition);
```

其中，operation 是將要進行的循環操作；condition 是判斷條件。無論 condition 為何值，operation 將首先被執行一次，然後再判斷 condition。當 condition 為 true 時將重新返回執行 operation 操作；當 condition 為 false 時將跳出循環。

【代碼示例】使用 do…while、switch 和 if-else 語句實現簡單的密碼驗證功能。

```
using System;
using System.Globalization;

namespace CirculationStatement
{
    class Program
    {
        static void Main(string[] args)
        {
            bool myBool = false;

            do
            {
                //提示用戶輸入姓名代號，並將用戶輸入存儲至myID中
                Console.WriteLine($"請輸入您的姓名代號：");
                Console.WriteLine($" （1）張三；（2）李四；（3）王五");
                int myID = Convert.ToInt32(Console.ReadLine().Trim());

                //提示用戶輸入密碼，並將用戶輸入存儲至myID中
```

```
                Console.WriteLine($"请输入您的密码：");
                string myPassword = Console.ReadLine().Trim();

                switch (myID)
                {
                    //当 myID 等于 1 时的处理
                    case 1:
                        if (myPassword == "zhang")
                        {
                            Console.WriteLine($"密码正确！");
                            myBool = true;
                        }
                        else
                        {
                            Console.WriteLine($"密码错误！");
                        }
                        break;
                    //当 myID 等于 2 时的处理
                    case 2:
                        if (myPassword == "li")
                        {
                            Console.WriteLine($"密码正确！");
                            myBool = true;
                        }
                        else
                        {
                            Console.WriteLine($"密码错误！");
                        }
                        break;
                    //当 myID 等于 3 时的处理
                    case 3:
                        if (myPassword == "wang")
                        {
                            Console.WriteLine($"密码正确！");
                            myBool = true;
                        }
                        else
                        {
                            Console.WriteLine($"密码错误！");
                        }
                        break;
                    //当 myID 等于其他时的处理
                    default:
                        Console.WriteLine($"查无此人！");
                        break;
                }
            } while (!myBool);

            Console.WriteLine($"谢谢使用，系统退出……\n 按 Enter 键退出！");

            Console.ReadLine();
        }
    }
}
```

当分别输入正确和错误的密码时，程序运行结果如下。

```
请输入您的姓名代号：
（1）张三；（2）李四；（3）王五
1
请输入您的密码：
zhan
密码错误！
请输入您的姓名代号：
（1）张三；（2）李四；（3）王五
1
请输入您的密码：
zhang
密码正确！
谢谢使用，系统退出……
按 Enter 键退出！
```

当输入除 1、2 和 3 之外的代号时，会输出"查无此人！"的提示。

代码中设置了一个指示变量 myBool，当输入密码正确时将 myBool 赋值为 true；当输入密码不正确时将 myBool 赋值为 false，程序中的 do...while 循环根据 myBool 的值决定是否继续下一次循环。

通过以前学过的知识，读者可以写出许多可用的程序。读者可以根据自己的喜好多加练习，熟悉以前学到的 C#知识的用法。

foreach 循环可以迭代集合中的每一项。我们已经讲解过该循环的内容，此处不再赘述。

5.3.4 中止循环

C#为循环的中止提供了 4 个可用的关键字：break、continue、goto 和 return。其中，goto 关键字在 5.1.3 小节中提到过，goto 语句可以跳转到任何位置，因此也可以用于跳出循环，使循环中断。

```
int a = 0;
do
{
    if (a == 4)
    goto myLabel;
    Console.WriteLine($"a 的值为：{0}", a);
    a++;
} while (a < 5);

myLabel:
    Console.WriteLine($"跳出循环……\n 按 Enter 键退出！");
Console.ReadLine();
```

以上代码片段将只会输出 0～3 之间的数字及后面的提示，因为在 a 为 4 时使用 goto 关键字跳出了循环。

continue 和 break 关键字的用法在 5.3.2 小节中已讲过。continue 和 break 关键字在其他地方的用法与在 while 语句中的示例基本相同，这里不再讲解。有需要的读者请查阅 5.3.2 小节 while 循环中关于这部分的讲解。

return 关键字可以用于跳出循环，以及函数和方法等。在以后将会专门讲到，这里读者可以先不用关心其用法。

5.4 总　　结

本章着重介绍了程序流程控制方面的知识。流程控制是程序开发的经典内容，这部分内容早在 Basic 语言和 C 语言中就已经形成。C#虽然是一门新的面向对象的语言，但仍然完整地保留了流程控制方面的内容。由此可以看出，流程控制是程序设计中必不可少的一部分。希望读者能熟练掌握本章介绍的各部分知识。

流程控制的知识主要有布尔逻辑、分支语句和循环语句。通过对这些知识的运用，读者可以编写出能够应对各种可能情况的代码。各种分支语句和循环语句虽然实现的功能大致相同，但这两种流程控制语句各有特点，读者可以根据具体应用程序的需要作出不同的选择。

循环的另一个关键就是判断条件和嵌套。合理地设置判断条件和嵌套可以创造出实现复杂功能的代码，但非常容易产生错误。在这样的情况下，需要读者自己对代码的可读性和功能性作出合理的选择。另外，读者需要对判断条件十分注意，防止产生永远为 true 的条件，成为死循环。

5.5 习　　题

（1）编写一个应用程序，要求用户输入两个数字，如果两个数字都大于 10，则显示大的；如果两个数字都小于 10，则显示小的；如果一个数字大于 10，一个数字小于 10，则都显示。

（2）编写一个程序，使用 switch 语句显示用户输入的是星期几。

（3）水仙花问题：找出 100～999 的水仙花数，如 $153 = 1 \times 1 \times 1 + 5 \times 5 \times 5 + 3 \times 3 \times 3$。

第 6 章　函数与作用域

本章将介绍函数的相关内容。函数（Function）是 C#程序中的重要组成部分，它以一部分代码构成代码块的形式存在，用于实现一部分特定的功能。本书前面给出的所有完整代码中都存在函数，只是没有向读者说明。函数涉及的内容非常多，函数的使用也非常灵活。本章将尽可能地向读者介绍函数中最基本和最重要的知识，使读者尽快掌握这一部分中最需要学习的知识。

6.1　函数的定义

迄今为止我们看到的代码都是以单个代码块的形式出现的，其中包含一些重复执行的代码行，以及有条件执行的分支语句。这种代码结构的作用非常有限，还会造成代码冗余等一系列问题。因此，函数的出现就是为了解决上述问题。在 C#中，函数可以出现在应用程序中任何一处执行的代码块中。在几乎所有的程序设计语言中都提供了对函数（或者类似于函数功能的其他方法）的支持。工欲善其事，必先利其器。下面将介绍函数的有关内容。

6.1.1　函数的基本概念

首先请读者回忆出现于第 2 章的示例 ConsoleApp1，在这个示例中实现了由控制台输出“Hello World!”的功能。对于实现了某部分特定功能的代码，就可以用函数的形式将其抽象出来。将 ConsoleHelloWorld 作以下改动。

【代码示例】

```
using System;

namespace FunctionExample
{
    class Program
    {
        static void Main(string[] args)
        {
            //用于输出 Hello World! 的方法
            SayHello();
            Console.ReadLine();
        }

        static void SayHello()
        {
            Console.WriteLine($"Hello World!");
```

```
    }
}
```

【运行结果】

```
Hello World!
```

可以看到，程序的运行结果并没有差异，但代码的实现略有不同。下面以实际的示例讲解函数的具体用法。代码中的以下部分称作一个函数。

```
static void SayHello()
{
    //输出 Hello World!
    Console.WriteLine($"Hello World!");
}
```

这些代码把一些文本输出到控制台窗口中。但此时这些并不重要，我们更关心定义和使用函数的机制。下面将介绍函数的声明。

在 C#中声明函数的语法如下所示。

```
returnType methodName(parameterList)
{
    //功能代码块
}
```

其中：

（1）returnType（返回类型）：是类型名称，指定方法返回的数据类型。可以是任意类型，如果没有返回值，则必须用关键字 void 取代 returnType。

（2）methodName（函数名）：是调用函数时所用的名称。方法名和变量名遵循相同的命名规则。无论用 Pascal 命名法命名还是 Camel 命名法命名，切记在整个程序编写过程中要统一。

（3）parameterList（参数列表）：是可选的，描述了允许传给函数的数据类型和名称。在填写参数列表时，要像声明变量那样，先写类型名，再写参数名。两个或多个参数之间必须用逗号隔开。

（4）功能代码块：是调用方法时要执行的代码语句。

📢 注意

一般函数名采用 Pascal 命名法编写。另外，函数名的编写要易于理解。

下面介绍几种函数的声明方式。

ShowResult()方法的定义，它不返回任何值，也没有任何参数：

```
void ShowResult()
{
    //代码块
}
```

ShowResult()方法的定义，它不返回任何值，但是有一个 int 型的参数：

```
void ShowResult(int result)
    {
        //代码块
    }
```

AddValue()方法的定义，它返回 int 值，有两个 int 型的参数 x 和 y：

```
int AddValue(int x, int y)
{
    //代码块
}
```

以上是函数的声明介绍，如果函数中没有任何参数，也必须加上空的小括号。如果省略小括号，Visual Studio 2022 会在编译时提示图 6.1 所示的错误。

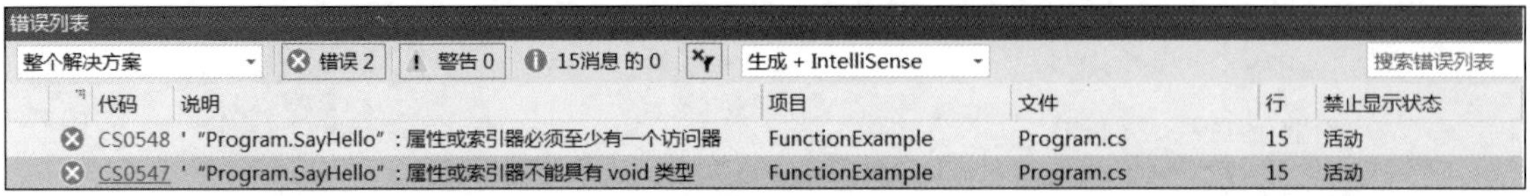

	代码	说明	项目	文件	行	禁止显示状态
⊗	CS0548	' "Program.SayHello"：属性或索引器必须至少有一个访问器	FunctionExample	Program.cs	15	活动
⊗	CS0547	' "Program.SayHello"：属性或索引器不能具有 void 类型	FunctionExample	Program.cs	15	活动

图 6.1　编译错误（1）

程序在执行到调用函数的代码时会转入函数的功能代码块，执行完后再转入函数调用的下一句代码。

【代码示例】函数的调用过程。

```
using System;

namespace FunctionExample
{
    class Program
    {
        static void Main(string[] args)
        {
            Console.WriteLine($"主程序运行开始！");
            MyFunction();
            Console.WriteLine($"返回主程序运行！");
            Console.ReadLine();
        }
        static void MyFunction()
        {
            Console.WriteLine($"进入函数运行！");
            Console.WriteLine($"Hello World!");
            Console.WriteLine($"函数退出！");
        }
    }
}
```

【运行结果】

```
主程序运行开始！
进入函数运行！
Hello World!
函数退出！
返回主程序运行！
```

从运行结果可以很好地了解到函数的调用过程及程序的运行过程。

6.1.2　函数的返回值

通过函数进行数据交换的最简单的方式就是利用返回值。有返回值的函数会最终计算得到这个值，就像在表达式中使用变量一样，会计算得到变量包含的值。与变量一样，返回值也有数据类型。

当函数返回一个值时，必须采用以下两种方式修改函数。

（1）在函数声明中指定返回值类型，但不使用关键字 void。

（2）使用 return 关键字结束函数的执行，把返回值传送给调用函数。

函数可以返回各种形式的返回值，同样也可以不返回任何值。拥有返回值的函数通常有以下形式的定义。

```
returnType methodName(parameterList)
{
    return returnData;
}
```

此处 returnData 是返回的值，必须是 returnType 类型，否则 Visual Studio 2022 会在编译时提示图 6.2 所示的错误。

图 6.2　编译错误（2）

【代码示例】函数返回值的用法。

```
using System;

namespace FunctionExample
{
    class Program
    {
        static void Main(string[] args)
        {
            Console.WriteLine($"得到具有返回值函数的结果为{ Add(1, 2)}");
            Console.ReadLine();
        }

        static int Add(int x, int y)
        {
            return x + y;
        }
    }
}
```

【运行结果】

得到具有返回值函数的结果为 3

可以看到，返回值是通过函数代码中的 return 关键字实现的。return 语句终止函数的执行并将控制返回给调用函数的代码。它还可以返回一个可选值。如果函数为 void 类型，则可以省略 return 语句。观察以下代码：

```
static int Add2(int x, int y)
{
    return 9;
    int a= x + y;
}
```

将此 Add2()函数替换上例中的 Add()函数，运行程序得到以下结果。

得到具有返回值函数的结果为 9

可以看到，结果是返回之后的值。由于 return 返回了程序控制权，Add2()函数中的 int a= x + y 并没有被执行。在程序被编译时，Visual Studio 2022 会给出图 6.3 所示的警告提示。

图 6.3　警告提示

Visual Studio 2022 会自动检测到程序中存在无法被执行的代码。这种无用代码在程序中的存在是毫无意义的，编写代码的过程中应该避免这种情况的发生。

当执行到 return 语句时，程序会立即返回调用代码。该语句后面的代码都不会被执行。但这并不意味着 return 语句只能放在函数的最后一行。可以在前面的代码中使用，如放在分支逻辑、for 循环或其他结构中都会使函数立即终止。例如：

```
static int ShowResult(int answer)
    {
        for(int i=0;i<10;i++)
        {
            if (i == answer)
                return answer;
            else
                return i;
        }
        return 0;
    }
```

如果不希望函数返回数据，可利用 return 语句的一个变体，代码如下。

```
static void ShowResult(int answer)
    {
        Console.WriteLine($"结果是{answer}");
        return;
    }
```

以上代码是不会引发错误提示的。虽然在此函数中使用了 return 关键字，但是并未返回任何值，仅交还了程序控制权。可以这样写，但是不推荐。

6.1.3　使用表达式主体函数

有些函数十分简单，就是执行单一任务或返回计算结果，不涉及任何额外逻辑。C# 6 引入了一个功能——表达式主体函数，即该函数中有且仅有一行代码。这种书写更为简单方便，但是本质与前面介绍的函数并无二致。具体是用=>（Lambda 箭头）操作符来实现这一功能。

如前面我们使用到的 Add()和 SayHello()函数就可以简化为

```
static int Add(int x, int y) => x + y;
static void SayHello() => Console.WriteLine($"Hello World!");
```

两者的主要区别就是使用=>操作符引用构成函数主体的表达式，而且没有 return 语句。表达式的值自动作为返回值。如果表达式没有返回值，依然用 void。

表达式主体函数和普通函数在功能上实际没有差别，只是简化了语法。类似这样的设计称为语法糖，使代码更易读，使程序更清晰。

6.1.4　函数的参数

本小节将向读者介绍函数中参数的用法。通过合理地使用参数，可以使函数的功能得到增强。当函数接收参数时，必须指定以下内容。

（1）函数在其定义中指定接收的参数列表，以及这些参数的类型。

（2）在每个函数调用中提供匹配的实参列表。

通常带有参数的函数采用以下的定义方法。

```
returnType FunctionName(paramType paramName,…)
{
    return returnData;
}
```

其中，returnType 是返回值的类型；FunctionName 是函数名；paramType 是参数的类型；paramName 是参数的名称；returnData 是返回值。参数之间使用逗号分开，每个参数都可以在函数的代码中用作一个变量，都是可以访问的。小括号中的省略号表示函数可以使用多个参数，读者可以根据自己的需要定义参数的个数。

其实前面两小节中的 Add()函数就已经使用了参数。下面再给出一个简单的示例，演示参数的用法。

【代码示例】求数组中的最大值。

```
using System;

namespace FunctionExample
{
    class Program
    {
        static void Main(string[] args)
        {
            int[] array = { 1, 2, 3, 4, 5, 6, 6, 8, 9 };
            Console.WriteLine($"最大值为{ MaxValue(array)}");
            Console.ReadLine();
        }

        /// <summary>
        /// 求数组中的最大值
        /// </summary>
```

```
///    <param name="array"></param>
///    <returns></returns>
static int MaxValue(int[] array)
{
    int max = array[0];
    foreach (var item in array)
        if (item > max)
            max = item;
    return max;
}
}
}
```

【运行结果】

最大值为 9

本示例非常简单，定义了一个名为 MaxValue 的函数。MaxValue()函数实现了计算数组中的最大值的功能，其参数为一个 int 型数组，返回值为数组中的最大值。程序运行结果也很好地验证了函数的功能。

注意代码中的注释方式。即在 MaxValue()函数定义的上方采用以"///"开头的注释方式。读者对以"//"开头的注释和以"/*"和"*/"包含的注释应该很熟悉，而以"///"开头的注释不仅可以起到注释的作用，更重要的是可以在开发的后期形成产品的文档。因此，这种新的注释方式显得尤为重要，建议读者在所有函数前都书写该种注释。

该种注释的书写方式十分简单，当在 MaxValue()函数定义的上一行连续输入三个"/"字符时，Visual Studio 2022 会根据函数的定义自动补齐其他部分，将会自动出现以下注释。

```
/// <summary>
///
/// </summary>
/// <param name=" array "></param>
/// <returns></returns>
```

注释中分为以下三个部分。

（1）summary 部分，以<summary>开始，</summary>中止。读者可以在此部分书写函数的功能说明。

（2）param 部分，以<param>开始，</param>中止。读者可以在此部分书写参数的功能说明。

（3）returns 部分，以<returns>开始，</returns>中止。读者可以在此部分书写返回值的功能说明。

添加完相应信息后，注释如下所示。

```
/// <summary>
/// 求数组中的最大值
/// </summary>
/// <param name="array">数组</param>
/// <returns>最大值</returns>
```

以 summary 部分为例，可以注意到，所有需编程者自己书写的内容都在<summary>和</summary>之间。<summary>和</summary>实际上是一对 XML 标记，分别表示 XML 元素的开始和结束。关于 XML 的知识，会在以后的内容中介绍，此处读者需注意不要随意更改这些标记，把相应的内容书写在这些开始标记和结束标记之间。

关于这种注释和产品文档之间的关系，在很多文档中都有详细的介绍，此处介绍这种注释的另外一个用处。

添加完上述注释后，当在程序的另外一处调用该函数时，Visual Studio 2022 将自动读取该注释并即时显示出来，以辅助开发人员编程。当把鼠标悬停于上例中调用 MaxValue()函数代码中的 MaxValue()方法上时，也会出现图 6.4 所示的提示。

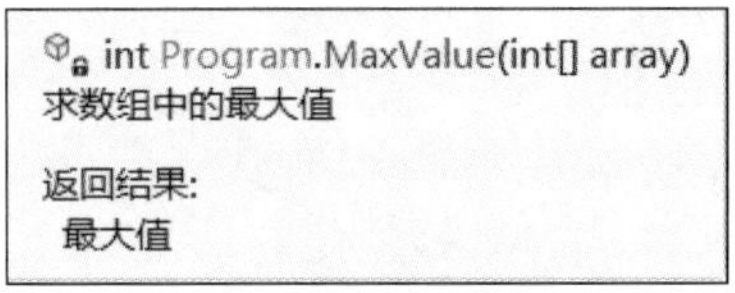

图 6.4　函数注解

可以看到，Visual Studio 2022 的智能提示非常实用。如果读者能将函数注释书写得清楚翔实，那么无论程序的规模有多么庞大，对该函数的调用都将非常方便。

【代码示例】

```
using System;

namespace FunctionExample
{
    class Program
    {
        static void Main(string[] args)
        {
            int x = 6;
            int y = 4;
            fun(x, y);
            Console.WriteLine($"x 的值为：{x},y 的值为：{y}");
            Console.ReadLine();
        }

        /// <summary>
        /// 比较 a 和 b 的大小，如果 a 大则输出两者的和；否则输出两者的差
        /// </summary>
        /// <param name="a">整数 a</param>
        /// <param name="b">整数 b</param>
        static void fun(int a, int b)
        {
            if (a > b)
            {
                a = a + b;
            }
            else
            {
                b = b - a;
            }
        }
    }
}
```

【运行结果】

```
x 的值为：6,y 的值为：4
```

程序的运行结果似乎出乎意料。这个程序源自前面曾经使用过的一段代码，这段代码的目的是比较两个整数的大小，并按从小到大的顺序将其排列。

本示例中定义了一个函数，用于比较两个整数的大小并按照其大小作出顺序调整。函数功能代码的实现与前面的代码无异。而程序主体代码也非常简单，并无可能出错。

为了排除错误，在 fun() 函数末尾处加上一段代码用于输出 a 和 b 的值。修改后的 fun() 函数如下所示，然后运行程序。

```
static void fun(int a, int b)
    {
        if (a > b)
        {
            a = a + b;
        }
        else
        {
            b = b - a;
        }
    }
    Console.WriteLine($"a 的值为：{a}，b 的值为：{b}");
}
```

【运行结果】

```
a 的值为：10，b 的值为：4
x 的值为：10，y 的值为：4
```

可以看到，函数功能并没有错误。

实际上，这是由于 C#中这一类型的调用默认为值参数调用。即在使用参数时，将参数的值传递给函数使用，而函数中对此值的任何改变并不能影响函数外部的变量。因此，本示例中虽然 fun() 函数并没有错误，但是最终的输出结果并不是我们想要的。

有两种方法可以解决上述问题。

1. ref 关键字

解决上述问题的办法就是使用 ref 关键字。ref 关键字使参数按引用进行传递。其效果是，当控制权传递回调用方法时，在方法中对参数所作的任何更改都将反映在该变量中。若要使用 ref 参数，则方法定义和调用方法都必须显式使用 ref 关键字。

【代码示例】

```
using System;

namespace FunctionExample
{
    class Program
    {
        static void Main(string[] args)
        {
            int x = 6;
            int y = 4;
            fun(ref x,ref y);
            Console.WriteLine($"x 的值为：{x}，y 的值为：{y}");
            Console.ReadLine();
```

```
    }
    /// <summary>
    /// 比较 a 和 b 的大小并按由小到大的顺序排列 a 和 b
    /// </summary>
    /// <param name="a">整数 a</param>
    /// <param name="b">整数 b</param>
    static void fun(ref int a, ref int b)
    {
        static void fun(int a, int b)
        {
        if (a > b)
        {
            a = a + b;
        }
        else
        {
            b = b - a;
        }
    }
    Console.WriteLine($"a 的值为：{a}，b 的值为：{b}");

    }
}
```

【运行结果】

```
a 的值为：10，b 的值为：4
x 的值为：10，y 的值为：4
```

可以看到，程序已经得出了正确的结果。代码中在进行 fun()函数的定义时使用了 ref 关键字，调用 fun()函数时也使用了 ref 关键字。最后一定要理解，C#对传递给函数的参数继续要求要进行初始化。在任何变量传递给函数之前，都必须进行初始化，无论是按值还是按索引传递。Visual Studio 2022 将会提示图 6.5 所示的错误。

图 6.5　错误列表

◀》 注意

在 C# 6 中，还可以对局部变量和方法的返回类型使用 ref 关键字。

【代码示例】在局部变量和方法的返回类型中使用 ref 关键字。

```
using System;

namespace FunctionExample
{
    class Program
    {
        static void Main(string[] args)
        {
            int x =4;
```

```
        int y =6;
        ref int z =ref Max(ref x, ref y);
        Console.WriteLine($"x: {x}, y: {y}中的最大值是{z}");
        Console.ReadLine();
    }
    static ref int Max(ref int a,ref int b)
    {
        if (a > b) return ref a;
        else return ref b;
    }
  }
}
```

【运行结果】

```
x: 4, y: 6中的最大值是 6
```

2. out 关键字

C#还提供了另外一个关键字——out。out 关键字指定所给的参数是一个输出参数。这与 ref 关键字类似，它的执行方式与引用参数几乎完全一样。

但是，两者存在一些重要区别。

（1）把未赋值的变量赋值给 ref 参数是非法的，但可以把未赋值的变量用作 out 参数。

（2）在函数使用 out 参数时，必须把它看作尚未赋值的，即调用代码可以把已赋值的变量用作 out 参数，但存储在该变量中的值会在函数执行时丢失。

不同之处在于 ref 关键字要求变量必须在传递前进行初始化。若要使用 out 参数，方法定义和调用方法也都必须显式使用 out 关键字。下面的示例演示了 out 关键字的用法。

【代码示例】 获取数组中的最大值及其索引。

```
using System;

namespace FunctionExample
{
    class Program
    {
        static void Main(string[] args)
        {
            int[] myArray = { 3, 9, 14, 6, 11 };

            Console.WriteLine($"数组中最大的值是:{MaxIndex(myArray, out int maxIndex)}");
            //使用新的语法糖
            Console.WriteLine($"数组中最大值是第{maxIndex + 1}号元素" );

            Console.ReadLine();
        }

        /// <summary>
        /// 求数组中的最大值和最大值的索引
        /// </summary>
        /// <param name="array">传入的数组</param>
        /// <param name="index">要求的最大值的索引</param>
        /// <returns>数组中的最大值</returns>
        static int MaxIndex(int[] array, out int index)
        {
```

06

```
            index = 0;
            int max = 0;

            for (int i = 0; i < array.Length; i++)
            {
                if (array[i] > max)
                {
                    max = array[i];
                    index = i;
                }
            }

            return max;
        }
    }
}
```

【运行结果】

数组中最大的值是:14
数组中最大值是第 3 号元素

可以看到，程序中通过 out 关键字的使用，实现了所需的功能。上述代码使用了新的语法糖。

📢 **注意**

C# 6 之前 out 变量必须在使用前声明。但是在新的语法糖中 out 变量可以在使用时声明。

6.1.5 元组

有时想从方法中返回多个值，但又不想写那么多代码，自.NET 4.0 以来，元组就以泛型 Tuple 类的形式存在，但是并没有吸引程序员使用它，因为还是很麻烦。C# 6 中，元组有了很大的改进。下面将对元组进行简单介绍。

元组的优势如下。

（1）定义自定义类或结构，以返回多个值。

（2）定义参数，从方法中返回多个值。

下面介绍创建元组和返回元组的方法。

【代码示例】元组的创建。

```
using System;


namespace FunctionExample
{
    class Program
    {
        static void Main(string[] args)
        {
            var temp = Tuple.Create(3, 9, 14, 6, 11);
            Console.WriteLine($"元组元素有: {temp.Item1}, {temp.Item2}, {temp.Item3},
            {temp.Item4}, {temp.Item5}");

            var person1 = new Tuple<string, int>("lisi", 20);
```

```
                Console.WriteLine($"name: {person1.Item1}, age: {person1.Item2}");

                (string name, int age) person2 = ("zhangsan", 15);
                Console.WriteLine($"name: {person2.name}, age: {person2.age}");

                Console.ReadLine();
            }
        }
    }
```

【运行结果】

元组元素有: 3, 9, 14, 6, 11
name: lisi, age: 20
name: zhangsan, age: 15

【代码示例】元组的返回。

```
using System;

namespace FunctionExample
{
    class Program
    {
        static void Main(string[] args)
        {
            int[] myArray = { 3, 9, 14, 6, 11 };
            var result = MaxAndIndex(myArray);
            Console.WriteLine($"数组中最大的值是: {result.max}, 位于数组中的第{result.index}位");
            Console.ReadLine();
        }

        /// <summary>
        /// 求数组的最大值及其索引
        /// </summary>
        /// <param name="array">数组</param>
        /// <returns>元组</returns>
        static (int max,int index) MaxAndIndex(int[] array)
        {
            int max = 0,index=0;

            for (int i = 0; i < array.Length; i++)
            {
                if (array[i] > max)
                {
                    max = array[i];
                    index = i;
                }
            }

            return (max,index);
        }
    }
}
```

【运行结果】

数组中最大的值是: 14, 位于数组中的第 2 位

6.2　变量的作用域

变量的作用域是该变量能起作用的有效代码区域或范围，每个变量都有自己的作用域。

一般情况下确定作用域要遵循以下规则。

（1）只要类的局部变量在某个作用域内，其字段（也叫成员变量）也在该作用域内。

（2）局部变量存在于表示声明该变量的块语句或方法结束的右大括号之前的作用域内。

（3）在 for、while 或类似语句中声明的局部变量存在于该循环体内。

6.2.1　局部作用域

只能由函数内部的代码访问的变量称为局部变量，函数主体声明的任何变量都具有该函数的作用域，称为局部作用域，函数结束，它们也随之消失。也就是说，不能利用局部变量在不同函数之间共享信息。

下面通过一个示例说明局部变量的作用域。

【代码示例】

```
using System;

namespace FunctionExample
{
    class Program
    {
        static void Main(string[] args)
        {
            int a = 3;
            int b = 5;
            Console.WriteLine($"a+b 的和为： { Add()}");

            Console.ReadLine();
        }
        static int Add() => a + b;
    }
}
```

程序看似合理，在主函数中定义了两个变量，在 Add()函数中将两个变量相加并返回它们的和。但在编译时会出现图 6.6 所示的错误和警告提示。

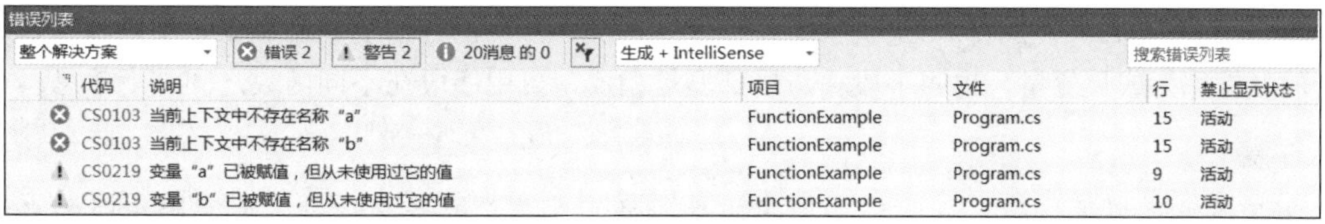

错误列表
整个解决方案
错误 2
警告 2
20消息 的 0
生成 + IntelliSense
搜索错误列表
代码　说明　项目　文件　行　禁止显示状态
CS0103　当前上下文中不存在名称“a”　FunctionExample　Program.cs　15　活动
CS0103　当前上下文中不存在名称“b”　FunctionExample　Program.cs　15　活动
CS0219　变量“a”已被赋值，但从未使用过它的值　FunctionExample　Program.cs　9　活动
CS0219　变量“b”已被赋值，但从未使用过它的值　FunctionExample　Program.cs　10　活动

图 6.6　错误和警告提示

虽然在主函数中定义了 a、b 两个变量，但 Visual Studio 2022 还是给出了两条错误提示和两条警告提示。错误提示指出 Add()函数体中 a、b 两个变量没有定义过，而警告提示指出主函数 Main()

中 a、b 两个变量虽然已赋值，但从来没有被使用过。

从上述提示可以看出，尽管在一个只有十几行的程序中，变量的使用还是有其特定规律的。这就是变量的作用域。

变量只在自己的作用域中才是有效的，脱离这个作用域，在其他区域定义或使用当前变量都是无效的。上述代码就产生了这样的问题。

【代码示例】修改上述代码。

```
using System;

namespace FunctionExample
{
    class Program
    {
        static void Main(string[] args)
        {
            int a = 3;
            int b = 5;
            Console.WriteLine($"a + b 的和为：{ Add(a,b)}");

            Console.ReadLine();
        }
        static int Add(int a,int b) => a + b;
    }
}
```

【运行结果】

```
a + b 的和为：8
```

可以看到，程序得到了正确的运行结果。

此处需要向读者说明的是，尽管在主函数 Main() 中和 Add() 函数中都定义了 int 型变量 a、b，但这两处的变量 a、b 是完全不同的。

变量的作用域包括定义变量的代码块和直接嵌套在其中的代码块。很明显，Add() 函数和调用 Add() 函数的主函数 Main() 处于两个代码块中。也就是说，函数代码块和调用函数的代码块是分离的。因此，尽管变量的名称相同，都是 a、b，但在两处需要分别定义。

解决这个问题的另一种办法是使用成员变量，也叫字段。

6.2.2　类作用域

界定类主体的大括号"{}"定义了类作用域。在类中声明的任何变量都具有该类的作用域。类定义的变量称为成员变量，也叫字段。与局部变量相反，可用字段在不同函数之间共享信息。

注意

为了使编译器更好地区分字段和局部变量，最好在定义变量名称时不要使用相同的名称。

根据定义，我们对上述代码作出以下修改，便可使 a、b 在两个函数中都有效，而且表示的是同一个变量。

【代码示例】

```
using System;

namespace FunctionExample
{
    class Program
    {
        static int a, b;
        static void Main(string[] args)
        {
            a = 3;
            b = 5;
            Console.WriteLine($"a + b 的和为: { Add()}");

            Console.ReadLine();
        }
        static int Add() => a + b;
    }
}
```

【运行结果】

```
a + b 的和为: 8
```

此处将 a、b 定义于主函数 Main()和 Add()函数之外，因此对于这两个函数来说 a、b 都有效。但事实上，这种使用成员变量的方法是不提倡的。由于成员变量的存在不利于错误的控制，只有在其他方法都无法解决目前问题时才会采用成员变量。

可想而知，只有尽可能地将函数的功能确定，减少其受外界变量的干扰，才能尽可能地确保函数功能的独立性。只有能确保每个独立函数的正确性，那么整个程序的正确性才能得到保证。如果程序中充斥着成员变量，那么函数之间的相关性则不可避免，错误将会在程序中任意传播。这样的情况是开发人员不愿意看到的。

6.2.3 其他变量作用域

除了函数，在其他代码块中也存在局部变量的作用域问题。常见的就是 for 循环中变量的作用域问题。在 C#中，for 循环语句也是一个代码块，它在变量作用域的问题上与一个函数相当。请思考以下代码。

【代码示例】

```
using System;

namespace FunctionExample
{
    class Program
    {
        static void Main(string[] args)
        {
            for (int i = 0; i < 5; i++)
            {
                int a = 9;
                a *= i;
                Console.WriteLine($"{i}乘以 9 的值为: {a}");
            }
```

```
            Console.WriteLine($"a 的值为: {a}");

            Console.ReadLine();
        }
    }
}
```

上述程序中并不存在函数的调用。程序的意图是通过 for 循环输出 9 与 0～4 之间整数的乘积，最后输出 a 的值。程序的功能并不复杂，但是程序在编译时就会出现图 6.7 所示的错误提示。

图 6.7　错误提示（1）

可以看到，C#并不认可 for 循环中的变量 a 在主函数 Main()中的合法性，下面使用代码进行展示。

【代码示例】在 for 循环的外部声明 a。

```
using System;

namespace FunctionExample
{
    class Program
    {
        static void Main(string[] args)
        {
            int a;
            for (int i = 0; i < 5; i++)
            {
                a = 9;
                a *= i;
                Console.WriteLine($"{i}乘以 9 的值为: {a}");
            }
            Console.WriteLine($"a 的值为: {a}");

            Console.ReadLine();
        }
    }
}
```

编译时会产生图 6.8 所示的错误提示。

图 6.8　错误提示（2）

可以看到，C#并不认为 for 循环中对变量 a 的赋值在其外部是有效的。根据提示，在 for 循环外部对 a 进行初始化，代码如下。

```
using System;
```

```
namespace FunctionExample
{
    class Program
    {
        static void Main(string[] args)
        {
            int a = 0;
            for (int i = 0; i < 5; i++)
            {
                a = 9;
                a *= i;
                Console.WriteLine($"{i}乘以 9 的值为：{a}");
            }
            Console.WriteLine($"a 的值为：{a}");

            Console.ReadLine();
        }
    }
}
```

【运行结果】

```
0 乘以 9 的值为：0
1 乘以 9 的值为：9
2 乘以 9 的值为：18
3 乘以 9 的值为：27
4 乘以 9 的值为：36
a 的值为：36
```

可以看到，尽管 for 循环中没有声明 a 变量，却可以对其进行访问和操作。而从前面的叙述中可以知道，在 for 循环中声明和初始化变量 a 时并不能使程序正常运行。这种看似不平衡的现象是由变量的内存分配机制引起的。

C#中，只声明一个简单的变量类型，并不会引起其他变化。只有给变量赋值后，这个值才会被分配一块内存空间。如果这种分配内存空间的行为发生在循环内，该值实际上是被定义为一个局部值，在循环外部会超出其作用域。即便变量本身未局部化到循环上，其包含的值却会局部化到该循环上。但在循环外部赋值可以确保该值是主体代码的局部值，在循环内部它仍处于其作用域中。如上述代码所示，当在 for 循环内部进行初始化时，变量的作用域在 for 循环内部。当在 for 循环外部初始化该变量时，保证变量的范围在主函数 Main()之内，因此依然可以保证 for 循环正确使用。

虽然这种问题比较复杂，但借助 Visual Studio 2022 的帮助提示可以减少这种错误产生的机会。

6.3　函数的重载

两个函数同名，并且在同一个作用域中声明，就说明它们被重载（overloaded）。编程中重载不但有用，而且必要。要针对不同数据类型或不同信息组别执行相同的操作，就体现了重载的必要性。而且这也是面向对象语言常见的功能，并非 C#独有。

6.3.1 参数类型重载的函数

在 6.1.3 小节中曾经介绍过一个 Add()函数，其功能是求两个整数相加的和。在该示例中曾经指出，如果调用时使用非 int 型参数，将产生错误。而这种功能单一的 Add()函数使用限制非常大，开发人员往往希望能够编写出适应各种数据类型的 Add()函数。本小节将介绍这方面的内容。

编写以下的代码块，实现对 double 型的数据求和的功能。

```
static double Add(double x, double y)
{
    return x + y;
}
```

代码非常简单。继续编写几个其他类型数据求和的功能，并将它们与之前的 Add()函数整合在一起，形成下面完整的代码。

【代码示例】

```
using System;

namespace FunctionExample
{
    class Program
    {
        /// <summary>
        /// 求两个双精度浮点数的和
        /// </summary>
        /// <param name="x">双精度浮点数 x</param>
        /// <param name="y">双精度浮点数 y</param>
        /// <returns>x+y 的和</returns>
        static double Add(double x, double y)=>x+y;

        /// <summary>
        /// 求两个整数的和
        /// </summary>
        /// <param name="x">整数 x</param>
        /// <param name="y">整数 y</param>
        /// <returns>x+y 的和</returns>
        static int Add(int x, int y)=>x+y;

        /// <summary>
        /// 连接两个字符串
        /// </summary>
        /// <param name="x">字符串 x</param>
        /// <param name="y">字符串 y</param>
        /// <returns>连接后的字符串 x+y</returns>
        static string Add(string x, string y)=>x+y;

        static void Main(string[] args)
        {
            Console.WriteLine($"5 + 3 的值为：{ Add(5, 3)}");
            Console.WriteLine($"5.3 + 3.5 的值为：{ Add(5.3, 3.5)}");
            Console.WriteLine($"Hello + World! 的值为：{ Add("Hello ", "World!")}");
            Console.ReadLine();
```

```
        }
    }
}
```

【运行结果】

```
5 + 3 的值为：8
5.3 + 3.5 的值为：8.8
Hello + World! 的值为：Hello World!
```

可以看到，程序运行结果是正确的。虽然 Add() 函数有很多种，但是程序不仅没有出错，还自动判断了所调用 Add() 函数中的参数类型，并选用了合适的 Add() 函数。

这种使用名称相同，但参数或返回值不同的函数的功能称作函数的重载。这种功能使程序的开发更有效率，并且使函数的调用更简单。如上例中，开发人员可以不必编写诸如 AddInt()、AddDouble() 和 AddString() 之类的函数，而统统以 Add 为函数名，使函数功能明确，容易理解。

值得注意的是，C#将重载函数和原函数看作不同的函数。如果在代码中存在返回值、参数和函数名完全相同的函数，Visual Studio 2022 将会给出图 6.9 所示的错误提示。

图 6.9　错误提示（3）

当编写调用 Add() 函数的代码时，Visual Studio 2022 将会弹出图 6.10 所示的智能提示。

```
static int Add(int x, int y) => x + y;

/// <summary>
/// 连接两个字符串
/// </summary>
/// <param name="x">字符串x</param>
/// <param name="y">字符串y</param>
/// <returns>连接后的字符串x+y</returns>
0 个引用
static string Add(string x, string y) => x + y;

static void Main(string[] args)
{
    Console.WriteLine($"5 + 3 的值为: { Add(5, 3)}");
    Console.WriteLine($"5.3 + 3.5 的值为: { Add(5.3, 3.5)}");
    Console.WriteLine($"Hello + World! 的值为: { A("Hello ", "World!")}");
    Console.ReadLine();
}
```

图 6.10　智能提示

6.3.2　参数引用重载的函数

除了上述的重载方式，还有另外两种重载方式。请仔细观察以下代码。

【代码示例】

```
using System;

namespace FunctionExample
{
    class Program
    {
        static void Main(string[] args)
        {
            int a = 5,b=3;
            Add(a, b);
            Add(ref a, ref b);

            Console.ReadLine();
        }

        /// <summary>
        /// 求两个整数的和
        /// </summary>
        /// <param name="x">整数 x</param>
        /// <param name="y">整数 y</param>
        /// <returns>x+y 的和</returns>
        static void Add(int x, int y) =>Console.WriteLine($"非 ref 方式: {x} + {y} 的值为: {x+y}");

        /// <summary>
        /// 求两个以 ref 方式传入的整数的和
        /// </summary>
        /// <param name="x">整数 x</param>
        /// <param name="y">整数 y</param>
        /// <returns>x+y 的和</returns>
        static void Add(ref int x, ref int y) =>Console.WriteLine($"ref 方式: {x} + {y}的值为: {x + y}");
    }
}
```

【运行结果】

```
非 ref 方式:
5 + 3 的值为: 8
ref 方式:
5 + 3 的值为: 8
```

可以看到，C#根据参数是否带有 ref 关键字自动选择了相应的函数。

6.3.3 参数个数重载的函数

函数重载还可以根据参数的个数进行区分，请仔细观察以下代码。

【代码示例】

```
using System;

namespace FunctionExample
```

```
{
    class Program
    {

        /// <summary>
        /// 求两个整数的和
        /// </summary>
        /// <param name="x">整数 x</param>
        /// <param name="y">整数 y</param>
        /// <returns>x+y 的和</returns>
        static int Add(int x, int y) => x + y;

        /// <summary>
        /// 求三个整数的和
        /// </summary>
        /// <param name="x">整数 x</param>
        /// <param name="y">整数 y</param>
        /// <param name="z">整数 z</param>
        static int Add(int x, int y, int z) => x + y + z;

        static void Main(string[] args)
        {
            int a = 5, b = 3, c = 8;
            Console.WriteLine($"{a} + {b}的值为：{Add(a, b)}");
            Console.WriteLine($"{a} + {b}+{c}的值为：{Add(a, b)}");
            Console.ReadLine();
        }
    }
}
```

【运行结果】

```
5 + 3 的值为：8
5 + 3 + 8 的值为：16
```

可以看到，C#根据参数个数的不同自动选择调用了相应的 Add()函数。

6.4　可选参数和具名参数函数

前面讲述了如何定义重载函数实现函数的不同版本，让它们获取不同的参数。生成使用了重载函数的应用程序，编译器会自动判断每个函数调用应使用哪个版本。同时，方便在 C#解决方案中集成 COM 库和组件，C#也支持可选参数。本节简单介绍可选参数和具名参数函数。

指定可选参数就是在定义方法时使用赋值操作符为该参数提供默认值。下面代码中 OptMethod()函数的第一个参数是必需的，因其没有提供默认值，但是第二个和第三个参数可选。

📢 注意

可选参数必须放在必需参数之后。

请仔细观察以下代码。

【代码示例】

```csharp
using System;

namespace FunctionExample
{
    class Program
    {
        static void Main(string[] args)
        {
            Console.WriteLine($"可选参数的调用方法\n");

            int frist = 10;
            double second = 123.5;
            string third = "hello world!";
            Console.Write($"正常调用结果为:");
            OptMethod (frist, second, third);
            Console.WriteLine();

            Console.Write($"缺少第三个参数，会直接用默认值:");
            OptMethod (30, 20.3);
            Console.WriteLine();

            Console.Write($"将实参作为具名参数传递:");
            OptMethod (frist: 60, second: 18.8, third: "ni");
            Console.WriteLine();

            Console.Write($"具名参数允许省略实参:");
            OptMethod (frist: 40, third: "hao");
            Console.WriteLine();

            Console.Write($"具名参数允许按任意顺序传递:");
            OptMethod (frist: 50, third: "nihao",second:5.8);
            Console.WriteLine();

            Console.Write($"还可以按位置和名称指定实参:");
            OptMethod (20, third: "hello");
            Console.WriteLine();

            Console.ReadLine();
        }
        /// <summary>
        /// 可选参数函数
        /// </summary>
        /// <param name="frist">int 类型</param>
        /// <param name="second">double 类型</param>
        /// <param name="third">string 类型</param>
        static void OptMethod(int frist, double second = 0.0, string third =
"haha") => Console.WriteLine($"frist :{frist},second :{second},third :{third}");
    }
}
```

【运行结果】

可选参数的调用方法

正常调用结果为:frist :10,second :123.5,third :hello world!

缺少第三个参数，会直接用默认值:frist :30,second :20.3,third :haha

将实参作为具名参数传递:frist :60,second :18.8,third :ni

具名参数允许省略实参:frist :40,second :0,third :hao

具名参数允许按任意顺序传递:frist :50,second :5.8,third :nihao

还可以按位置和名称指定实参:frist :20,second :0,third :hello

📢 注意

在按位置和名称指定实参时,要求先指定位置实参,再指定具名实参。

6.5 特 殊 函 数

6.5.1 主函数 Main()

请回忆 2.6.1 小节给出的第一个代码示例。

【代码示例】

```csharp
using System;

namespace FunctionExample
{
    class Program
    {
        static void Main(string[] args)
        {
            Console.WriteLine($"Hello World!");
            Console.ReadLine();
        }
    }
}
```

这是本书最早给出和最简单的一个示例。在整个程序中只存在一个名为 Main 的函数,本小节将对主函数 Main()展开讨论。主函数 Main()是程序的入口,程序将在此处创建对象和调用其他方法。一个 C#程序中只能有一个入口。在上述程序中再添加一个主函数 Main(),编译时 Visual Stuido 2022 将给出图 6.11 所示的错误提示。

	代码	说明	项目	文件	行	禁止显示状态
❌	CS0111	类型 "Program" 已定义了一个名为 "Main" 的具有相同参数类型的成员	FunctionExample	Program.cs	40	活动

图 6.11　错误提示(4)

事实上,当将主函数 Main()定义在两个类中时,可以通过 Visual Studio 2022 设置程序入口以解决主函数 Main()的冲突问题。关于类的概念,将在之后的章节中进行介绍。请仔细观察以下代码。

【代码示例】

```csharp
using System;

namespace FunctionExample
{
    class Program1
    {
        static void Main(string[] args)
        {
            //输出 Hello World!
            Console.WriteLine($"Hello World! Program1");
            Console.ReadLine();
        }
    }

    class Program2
    {
        static void Main(string[] args)
        {
            //输出 Hello World!
            Console.WriteLine($"Hello World! Program2");
            Console.ReadLine();
        }
    }
}
```

在程序编译时，Visual Studio 2022 将给出图 6.12 所示的错误提示。

图 6.12　错误提示（5）

选择"项目"菜单→"属性"命令，弹出图 6.13 所示的界面。

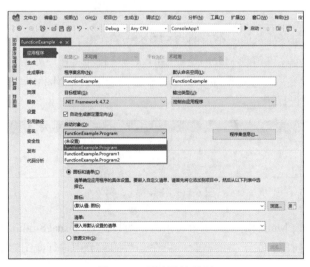

图 6.13　项目属性界面

可以在"启动对象"下拉列表中选择启动对象。由于程序分别在 Program1 类和 Program2 类中添加了主函数 Main(),因此下拉列表中出现这两个类可供选择。

选择 FunctionExample.Program1 并保存,运行程序时结果如下。

```
Hello World! Program1
```

选择 FunctionExample.Program2 并保存,运行程序时结果如下。

```
Hello World! Program2
```

可以看到,Visual Studio 2022 根据设置的不同选择执行不同的主函数 Main()。但在程序中一般不需要编写多个主函数 Main(),因此不建议读者使用。

6.5.2 主函数 Main()的参数

前面的示例只是介绍了不带参数的主函数 Main(),但在调用程序时,可以让 CLR 包含一个参数,将命令行参数传递给程序。这个参数是一个字符串数组,传统上称为 args。在启动程序时,程序可以使用这个数组,访问通过命令行传递的选项。也就是说,主函数 Main()的可选参数 args 提供了一种从应用程序的外部接收信息的方法,这些信息在运行应用程序时以命令行参数的形式指定。

在执行控制台应用程序时,指定的任何命令行参数都放在 args 数组中,之后可以根据需要在应用程序中使用这些参数。以下代码展示了 args 参数的用法。

【代码示例】args 参数的用法。

```
using System;
namespace FunctionExample
{
    class Program
    {
        static void Main(string[] args)
        {
            Console.WriteLine($"参数的个数为{args.Length}个" );

            for (int i = 0; i < args.Length; i++)
                Console.WriteLine($"第{i + 1}个参数为: {args[i]}");

            Console.ReadLine();
        }
    }
}
```

在 Visual Studio 2022 中运行应用程序时,需要给程序传递参数,可以选择"项目"菜单→"属性"→"调试"命令,弹出图 6.14 所示的界面。

在"命令行参数"文本框中输入 arg1、arg2、arg3,保存并运行程序。

【运行结果】

```
参数的个数为 3 个
第 1 个参数为: arg1
第 2 个参数为: arg2
第 3 个参数为: arg3
```

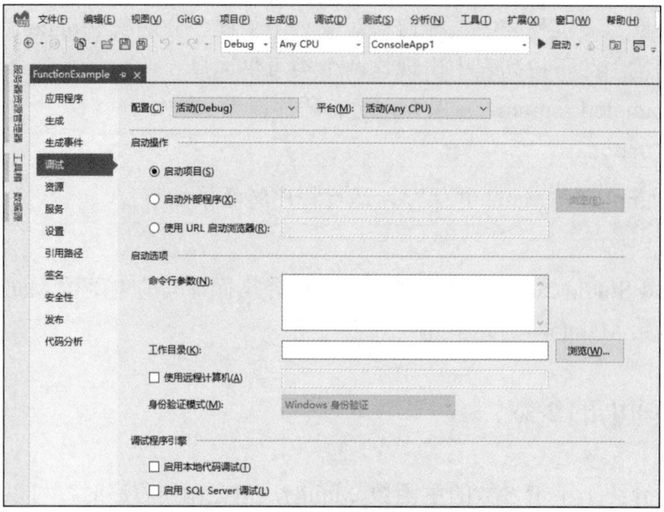

图 6.14　项目调试界面

6.5.3　主函数 Main() 的注意事项

主函数 Main() 是一个非常特殊的函数，它具有以下特点，需要读者注意。

（1）主函数 Main() 是程序的入口，程序控制在该函数中开始和结束。这种特点在 6.5.1 小节中已经介绍，并举例进行了说明，请读者注意。

（2）该函数在类或结构的内部声明。另外，主函数 Main() 必须为静态的，而不应为公共的，而且可以具有 void 或 int 返回类型。声明主函数 Main() 时既可以使用参数，也可以不使用参数。

此处提到的静态由 static 关键字实现，公共由 public 关键字实现。这两个关键字与面向对象的内容关系密切，将在后面的内容中介绍。前文中所有的例子都没有使用 public 关键字，这时 C# 会默认其为私有。私有由 private 关键字实现，也将在后面的内容中介绍。

综上所述，主函数 Main() 可能的使用方法有以下四种。

- static void Main()
- static void Main(string[] args)
- static int Main()
- static int Main(string[] args)

此处需要提醒读者，在程序中使用返回 int 值的主函数 Main() 是一种良好的习惯。按照惯例，返回 0 表示程序正常中止。读者可以在程序中设置不同的返回值表示程序不同的结束方式，如 0 表示程序正常结束，1 等其他数字表示程序产生了某种用户自定义的错误。通过对主函数 Main() 返回值的判断，可以对程序的运行情况得出正确的判断。

（3）参数可以作为从 0 开始索引的命令行参数进行读取。这部分内容在 6.5.2 小节中已经介绍，此处不再赘述。

（4）与 C 和 C++ 语言不同，程序的名称不会被当作第一个命令行参数。

此处讲的是 C# 中的主函数 Main() 的参数与其他语言的区别，从 6.5.2 小节中的代码示例也可以看出该示例输出的参数中并没有程序名。这只是程序设计语言实现上的差别，读者在实际的应用中加以注意即可。

6.6 本 地 函 数

C# 6 的一个新特性是本地函数——方法可以声明在方法中。本地函数在方法的作用域、属性访问器、构造函数或 Lambda 表达式内声明。本地函数只能在包含成员的作用域内调用。当仅有一个地方需要私有方法时就可以使用本地函数。下面简单介绍本地函数的用法。

【代码示例】本地函数的用法。

```
using System;

namespace FunctionExample
{
    class Program
    {
        static void Main(string[] args)
        {
            int Add(int x, int y) => x + y;
            int result = Add(10, 20);
            Console.WriteLine($"本地函数 Add()的结果为{result}");

            Console.ReadLine();
        }
    }
}
```

【运行结果】

本地函数 Add()的结果为 30

在函数体中，本地函数可以出现在任何位置，没有必要将其放到函数体的顶部。它与普通函数在用法上是一样的。

6.7 总 结

本章讲述了 C#中函数的应用。函数是 C#中一种重要的程序构成方式，也是本书后面要讲到的类的重要组成部分。函数的内容较多，也比较复杂，有些部分甚至难以理解，希望读者能多下功夫。

本章讨论了函数的参数和返回值，这是定义函数时最基本的问题。接下来还介绍了变量的作用域，随着对函数的学习，变量的作用域变得十分复杂。这也是初学者最容易犯错的地方，希望读者能多动手，多实践。函数的重载为程序开发带来了很大的便利，.NET Framework 中的很多函数都是被重载过的。读者在进行程序开发时，也要重视函数重载的应用。

本章还介绍了获取可选参数的方法，以及如何使用具名参数调用的方法。

主函数 Main()是一类特殊的函数，它在每个程序中都必不可少。它的特殊性体现在几点上，读者在使用时一定要注意。本章还简单介绍了 C# 6 的特性，如本地函数、元组。所有这些特性都来自函数式编程范式，但是对于创建普通的.NET 应用程序来说，这些都非常有用。

6.8 习　　题

（1）下面两个函数都存在错误，请指出来。

```
static bool Write()
    {
        Console.WriteLine("hello world!");
    }

static void Fun(string label,params int[] args,bool showLabel)
    {
        if (showLabel)
        {
            Console.WriteLine(label);
        }
        foreach (int i in args)
            Console.WriteLine($"{i}");
    }
```

（2）编写一个应用程序，该程序使用两个命令行参数，分别把值放在一个头字符串和一个整型变量中，然后显示这些值。

第 7 章　类 与 结 构

本章将介绍 C#中最重要的概念——类。类是面向对象中一个最基本也是最重要的概念，这个概念比较复杂，因为它是一种综合其他数据类型的复杂类型，请读者在本章多下功夫。

7.1　面向对象编程技术

前面已经介绍了 C#语法和编程的基础知识，已经可以编写出可供控制台使用的应用程序了。但是，要了解 C#语言和.NET Framework 的强大之处，还需要使用面向对象编程技术。虽然 C#不是一种纯粹的面向对象编程语言，但是面向对象是 C#的一个重要概念，也是.NET Framework 提供所有库的核心原则。

7.1.1　面向对象编程基础

面向对象编程（Object-Oriented Programming，OOP）是计算机编程技术中一次重大的进步，于 20 世纪 60 年代被提出，最早应用于 Smalltalk 程序设计语言中，并在以后的应用中被逐渐发展和完善。

在面向对象编程技术出现以前，程序的编写普遍采用过程式或函数式的程序设计方法。采用这类方法编写程序时，着重考虑的是解决问题的过程。这个时期，程序通常使用流程图进行描述。以 C 语言为例，通常开发人员用它解决一些与数据处理相关的问题。通常的 C 语言代码中都包含大量的函数，这些函数被按照不同的顺序调用以解决某些特定的问题。

面向对象编程技术解决了传统编程方式的许多问题。上面介绍的编程方法称为过程化编程，常会导致所谓的单一应用程序，即所有功能都包含在几个代码块中。而使用面向对象编程技术，通常要使用许多个代码模块，每个模块都提供了特定功能。而且每个模块都是孤立的，甚至与其他模块完全独立。这种模块化的编程，大大增加了代码重用的机会。

举例说明，采用这种编程的方法描述一名农民张三。张三是 A 村的农民，他每天早上 7 点出门务农，下午 6 点回家，一天吃 3 顿饭……实现这样一种描述并不困难，但如果要在程序中描述另外一个人李四，他是 B 村的农民，每天早上 9 点出门务农，下午 5 点回家……对于这种差别的处理需要大量的重复代码。另外，如果张三原来是以手工方式务农，现在改成机械化务农，那么代码中的部分单元将会被大面积改动。

因此，传统的编程方式不利于程序的扩展，非常不灵活。而面向对象编程着重于程序的初期设计，使程序的扩展性比较高。对于上述问题，面向对象编程会抽象出一种农民类型，而张三和李四作为这种农民类型的子类型，这样既减少了代码的数量，在代码升级时也非常方便。

面向对象编程技术有许多内容，此处仅仅是为了使读者对其有一个大概的印象。在以后的学习中，将会逐渐介绍面向对象编程技术的各个方面。面向对象的知识对于初学者而言比较抽象，希望读者能多加体会，逐渐深入这门有趣的技术中。

7.1.2　对象的含义

对象就是 OOP 应用程序的一个构件。这个构件封装了部分应用程序，这部分程序可以是一个过程、一些数据或一些更抽象的实体。简单地说，对象包含变量成员和函数类型。它所包含的变量组成了存储在对象中的数据，其中包含的函数可以访问对象。例如，7.1.1 小节中，张三和李四各为一个对象。

C#中的对象是从类型中创建的，就像前面讲的变量一样。对象的类型在 OOP 中有一个特殊的名称——类。可以使用类的定义实例化对象，这表示创建该类的一个命名实例。"类的实例"和"对象"的含义相同，但"类"和"对象"则是两个完全不同的概念。例如，7.1.1 小节中，张三和李四有很多共同点，他们都在某个农村生活，早上都要出门务农，晚上都会回家。对于这种相似的对象，就可以将其抽象出一个数据类型，此处抽象为农民。也就是说，农民即为类，但是张三和李四为对象。这样，只要将农民这个类编写好，在程序中就可以方便地创建张三和李四这样的对象。在代码需要更改时，只需对农民类型进行修改就可以了。

📢 注意

对象和类不能混淆。类是类型的定义；对象则是该类型的实例，是在程序运行时创建的。

面向对象的知识将在下面的章节中通过代码示例逐一介绍。

7.2　类

类包含成员，成员可以是静态成员或实例成员。静态成员属于类，实例成员属于对象。静态字段的值对每个对象都是相同的，而每个对象的实例字段都可以有不同的值。静态成员关联了 static 修饰符。类是引用类型数据，存放在堆上。

类成员的种类及其说明见表 7.1。

表 7.1　类成员的种类及其说明

成　　员	说　　　明
字段	字段是类的数据成员，它是类型的一个变量，该类型是类的一个成员
常量	常量与类相关。编译器使用真实值代替常量
方法	方法是与特定类型相关的函数
属性	属性是可以从客户端访问的函数组，其访问方式与访问类的公共字段类似

成　员	说　明
构造函数	构造函数是在实例化对象时自动调用的特殊函数。它们必须与所属的类同名，且不能有返回类型。构造函数用于初始化字段的值
索引器	索引器允许对象用访问数组的方式访问
运算符	运算符执行的最简单的操作就是加法和减法
事件	事件是类的成员，在发生某些行为时，它可以通过对象通知调用方
析构函数	析构函数或终结器的语法类似于构造函数的语法，但是在 CLR 检测到不再需要某个对象时调用它
类型	类型可以包含内部类

7.2.1　定义类

类是 C#中功能最为强大的数据类型。C#中使用 class 关键字定义类。类的数据和方法放在类的主体中（两个大括号之间）。

定义一个名为 SamplePoint 的类，代码如下。

```
class SamplePoint
{
}
```

同样，对于 7.1 节提到的农民类，也可以如此定义。

```
class Farmer
{
}
```

7.2.2　类的构造函数

声明基本构造函数的语法就是声明一个与包含它的类同名的方法，但该方法没有返回值。一般情况下，如果没有提供任何构造函数，编译器会在后台生成一个默认的构造函数。这是一个非常基本的构造函数，它只能把所有的成员字段初始化为标准的默认值。

构造函数的重载遵循与其他方法相同的规则。换言之，就是可以为构造函数提供任意多的重载，只要它们的签名有明显的区别即可。

定义一个没有参数的构造函数，代码如下。

```
class SamplePoint
{
    public SamplePoint ()
    {
    }
}
```

定义一个含有两个 int 型参数的构造函数，代码如下。

```
class SamplePoint
{
    public SamplePoint (int p1,int p2)
```

```
        {
        }
    }
```

📢 注意

如果提供了带参数的构造函数，编译器就不会自动提供默认的构造函数。只有在没有定义任何构造函数时，编译器才会自动提供默认的构造函数。

C#使用 new 关键字实例化类。

【代码示例】创建一个 SamplePoint 类的实例。

```
using System;

namespace ClassExample
{
    class Program
    {
        static void Main(string[] args)
        {
            SamplePoint point = new SamplePoint ();
            Console.ReadLine();
        }
    }

    class SamplePoint
    {
        //代码体
    }
}
```

程序中创建了一个 SamplePoint 类的实例 point（或者说 point 是一个 SamplePoint 类的对象）。可以使用不同的创建方式调用不同的构造函数，请读者观察以下代码示例。

【代码示例】

```
using System;

namespace ClassExample
{
    class Program
    {
        static void Main()
        {

            SamplePoint p1 = new SamplePoint();
            SamplePoint p2 = new SamplePoint(11, 21, 32);
        }
    }
    class SamplePoint
    {
        public SamplePoint()
        {
            Console.WriteLine($"SamplePoint 类的无参构造函数");
        }
        public SamplePoint(int p1, int p2, int p3)
        {
            Console.WriteLine($"SamplePoint 类 3 个 int 型参数的构造函数");
```

```
            }
        }
    }
```

【运行结果】

```
SamplePoint 类的无参构造函数
SamplePoint 类 3 个 int 型参数的构造函数
```

可以看到，程序分别调用了不同的构造函数，创建了两个不同的 SamplePoint 类，产生了不同的输出。

7.2.3　类的静态构造函数

C#的一个特征是也可以给类编写无参数的静态构造函数。这种构造函数只执行一次，而前面的构造函数是实例构造函数，只要创建类的对象就会执行它。静态构造函数使用 static 关键字定义。

定义一个 SamplePoint 类的静态构造函数，代码如下。

```
class SamplePoint
    {
        static SamplePoint ()
        {
        }
    }
```

编写静态构造函数的一个原因是，类有些静态字段或属性，需要在第一次使用类之前，从外部源中进行初始化。

.NET 运行库没有确保什么时候执行静态构造函数，所以不应该把要求在某个特定时刻（如加载程序集时）执行的代码放在静态构造函数中，也不能预计不同类的静态构造函数按照什么顺序执行。但是，可以确保静态构造函数至多运行一次，即在代码引用类之前调用它。在 C#中，通常在第一次调用类的任何成员之前执行静态构造函数。

📢》 注意

静态构造函数没有访问修饰符，其他 C#代码从来不显式调用它，但是在加载类时，总是由.NET 运行库调用它，所以访问修饰符对它来说就没有任何意义。出于同样的原因，静态构造函数不能带任何参数，一个类也只能有一个静态构造函数。很显然，类的静态构造函数只能访问类的静态成员，而不能访问类的实例成员。

无参数的实例构造函数和静态构造函数可以在同一个类中定义。尽管参数列表相同，但是这并不矛盾，因为在加载类时执行静态构造函数，而在创建实例时执行实例构造函数，所以何时执行哪个构造函数不会有冲突。

如果多个类都有静态构造函数，先执行哪个静态构造函数就不确定。此时静态构造函数中的代码不应依赖于其他静态构造函数的执行情况。另外，如果任何静态字段有默认值，就在调用静态构造函数之前分配它们。

7.2.4 类的析构函数

析构函数用于释放被占用的系统资源。析构函数的名字由符号"～"加类名组成，在 C#中一个类只能有一个析构函数，并且无法调用析构函数，它们是自动被调用的。当进行垃圾回收时，就执行析构函数中的代码，然后释放资源。调用这个析构函数后，还将隐式地调用基类的析构函数，包括 System.Object 根类中的 Finalize()函数。这是.NET Framework 实行的一种垃圾回收机制。

析构函数采取以下的定义方式。

```
class SamplePoint
{
    ~SamplePoint ()
    {
    }
}
```

开发人员需要在~SamplePoint()方法中编写相应的代码。通常析构函数的编写是不必要的，因为.NET Framework 会代替开发人员做绝大部分的工作。但是，.NET Framework 的文档中提到，当应用程序封装窗口、文件和网络连接这类非托管资源时，应当使用析构函数释放这些资源。

【代码示例】析构函数的工作过程。

```
using System;

namespace ClassExample
{
  class Program
  {
      static void Main()
      {
          SamplePoint p1 = new SamplePoint();
      }
  }
  class SamplePoint
  {
      public SamplePoint()
      {
          Console.WriteLine($"SamplePoint 类的无参构造函数");
      }

      ~SamplePoint()
      {
          Console.WriteLine($"SamplePoint 类的析构函数");
      }
  }
}
```

【运行结果】

SamplePoint 类的无参构造函数

可以看到，.NET Framework 并没有调用 SamplePoint 类的析构函数，因为我们并不确定系统什么时候调用垃圾回收机制。

7.2.5 定义字段

字段是与类相关的变量，它使类和结构可以封装数据。字段的定义需要满足类的需要，选用合适的数据类型。字段的英文为 field，在某些其他资料和文档中将其翻译为"域"，请读者在阅读此类资料时注意。

请回忆前文中提到的 SamplePoint 类，下面为其添加字段。

```
class SamplePoint
    {
        int x = 23;

        public SamplePoint ()
        {

        }
    }
```

上述代码为 SamplePoint 类添加了一个字段：int 型的 x。

常量与类的关联方式和变量与类的关联方式相同。使用 const 关键字声明常量。下面将 SamplePoint 类中的 x 改为常量字段。

```
class SamplePoint
    {
        const int x = 23;

        public SamplePoint ()
        {
        }
    }
```

为了保证对象的字段不能被改变，字段可以使用 readonly 修饰符声明。带有 readonly 修饰符的字段只能在构造函数中分配值，只读字段在运行期间通过构造函数指定。与常量字段相反，只读字段可以是实例成员。使用只读字段作为类的成员时，需要把 static 关键字分配给该字段，代码如下。

```
static readonly uint timeStamp=(uint)DateTime.Now.Ticks;
```

为 readonly 字段进行赋值，可以在：

（1）声明中初始化变量时。

（2）包含实例字段声明的类的实例构造函数中。

（3）包含静态字段声明的类的静态构造函数中。

【代码示例】为 readonly 字段赋值。

```
using System;

namespace ClassExample
{
    class Program
    {
        static void Main()
        {
```

```
            SamplePoint p1 = new SamplePoint();
            SamplePoint p2 = new SamplePoint(11, 21, 32);

            Console.ReadLine();
        }
    }
    class SamplePoint
    {
        int x;
        readonly int y = 25;
        readonly int z;

        public SamplePoint()
        {
            x = 1;
            z = 24;

            Console.WriteLine($"p2: x={x}, y={y}, z={z}");
        }

        public SamplePoint(int p1, int p2, int p3)
        {
            x = p1;
            y = p2;
            z = p3;

            Console.WriteLine($"p1: x={x}, y={y}, z={z}");
        }
    }
}
```

【运行结果】

```
p2: x=1, y=25, z=24
p1: x=11, y=21, z=32
```

C#提供了一个查看类关系图的工具，单击 Visual Studio 2022 工具栏中的"视图"，如图 7.1 所示。

图 7.1　工具栏

弹出"视图"菜单，如图 7.2 所示。

然后，解决方案管理器面板就会替换成"类视图"面板，如图 7.3 所示。

右击类文件，在类视图的下方直接展示出我们刚刚定义的字段 x、y、z，以及已经定义好的构造函数，如图 7.4 所示。

	代码(C)	F7
⟨⟩	打开(O)	
⌐	打开方式(N)...	
🗗	解决方案资源管理器(P)	Ctrl+W, S
🗏	Git 更改(G)	Ctrl+0, Ctrl+G
🗏	Git 存储库(S)	Ctrl+0, Ctrl+R
🖈	团队资源管理器(M)	Ctrl+\, Ctrl+M
🗒	服务器资源管理器(V)	Ctrl+W, L
🗂	SQL Server 对象资源管理器	Ctrl+\, Ctrl+S
🗓	测试资源管理器(T)	Ctrl+E, T
🗐	书签窗口(O)	Ctrl+W, B
🗗	调用层次结构(H)	Ctrl+W, K
🖳	类视图(A)	Ctrl+W, C
🖵	代码定义窗口(D)	Ctrl+W, D
🗔	对象浏览器(J)	Ctrl+W, J
🗎	错误列表(I)	Ctrl+W, E
🗗	输出(O)	Ctrl+W, O
🗐	任务列表(K)	Ctrl+W, T
🖻	工具箱(X)	Ctrl+W, X
🔔	通知(N)	Ctrl+\, Ctrl+N
🖵	终端	Ctrl+`
	其他窗口(E)	▶
	工具栏(T)	▶
🖵	全屏幕(U)	Shift+Alt+Enter
	所有窗口(M)	Shift+Alt+M
	向后导航(B)	Ctrl+-
	向前导航(F)	Ctrl+Shift+-
	下一个任务(X)	
	上一个任务(R)	
🔧	属性窗口(W)	Ctrl+W, P
	属性页(Y)	Shift+F4

图 7.2 "视图"菜单

图 7.3 "类视图"面板

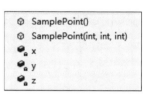

图 7.4 SamplePoint 类结构示意图

7.2.6 定义属性

属性(Property)是一个方法或一对方法,在客户端代码看来,它们是一个字段。

属性提供灵活的机制来读取、编写或计算私有字段的值。通过属性可以方便地访问或修改字段的值,通常属性包括 get 代码块和 set 代码块。get 代码块用于访问字段值,set 代码块用于设置字段值。同时,属性也可以不对字段进行任何操作。

get 访问器不带任何参数,且必须返回属性声明的类型,也不应为 set 访问器指定任何显式参数。但编译器假定它带一个参数,其类型也与属性相同,并表示为 value。

【代码示例】属性的定义和使用。

```
using System;

namespace ClassExample
{
    class Program
    {
        static void Main()
        {
            Person per = new Person();
            per.Name = "lily";
```

```
                Console.WriteLine($"输出 Person 类的属性 Name 值为{per.Name}");

                Console.ReadLine();
        }
    }
    class Person
    {
        string name;

        public string Name
        {
            get { return name; }
            set { name = value; }
        }

    }
}
```

【运行结果】

输出 Person 类的属性 Name 值为 lily

使用 C# 8，还可以将属性访问器编写为具有表达式体的成员。使用"=>"（Lambda 操作符）编写，这个新特性降低了编写大括号的需求，并且使用 get 访问器省略了 return 关键字。

以下代码展示了具有表达式体的属性访问器。

```
class Person
{
    string name;

    public string Name
    {
        get => name;
        set => name = value;
    }

}
```

如果属性的 set 和 get 访问器中没有任何逻辑，就可以使用自动实现的属性。这种属性会自动实现后备成员变量。以上述 Name 为例，下面展示自动属性的代码。

```
public string Name { get; set; }
```

自动实现的属性可以使用属性初始化器进行初始化，代码如下。

```
public string Name { get; set; } = "lily";
```

在属性定义中省略 set 访问器，即可创建只读属性，代码如下。

```
class Person
{
    readonly string name;

    public string Name
    {
        get => name;
    }
}
```

使用 readonly 修饰符声明字段，只允许在构造函数中初始化属性的值。

注意

可以创建只读属性，就可以创建只写属性。只要在属性的定义中省略 get 访问器即可。

C#提供了一个简单的语法，使用自动实现的属性创建只读属性，访问只读字段。这些属性可以使用属性初始化器进行初始化，代码如下。

```
public string Name { get; } = "lily";
```

在后台，编译器会创建一个只读字段和一个属性，其 get 访问器可以访问这个字段。属性初始化器的代码进入构造函数的实现代码，并在调用构造函数之前调用。

当然，只读属性也可以显式地在构造函数中初始化，代码如下。

```
class Person
    {
        public string Name
        {
            get;
            set;
        }

        public Person(string name) => Name = name;
    }
```

从 C# 6 开始，只有 get 访问器的属性可以使用表达式体属性实现。类似于表达式体方法，表达式体属性不需要大括号和返回语句。以下代码展示了表达式体属性。

```
class Person
    {
        public Person (string firstName,string lastName)
        {
            FirstName = firstName;
            LastName = lastName;
        }

        string FirstName { get; }
        string LastName { get; }
        string FullName => $"{FirstName}{LastName}";//表达式体属性
    }
```

表达式体属性是带有 get 访问器的属性，但不需要使用 get 关键字，只是在 get 访问器的实现后加上 "=>"。对于 Person 类，FullName 属性使用了表达式体属性实现，通过该属性返回 FirstName 和 LastName 属性值的组合。

7.2.7 定义方法

在 C#的术语中，函数和方法是有一些区别的。其中，"函数成员"不仅包含方法，也包含类或结构的一些非数据成员，如索引器、运算符、构造函数和析构函数等，甚至还有属性。

在 C#中，方法的定义包括任意方法修饰符、返回值的类型，然后依次是方法名、输入参数列表和方法体。方法的定义和使用与函数类似，但方法仅在结构和类中定义。

方法的声明语法如下。

```
[modifiers] returnType MethodName ([parameters])
{
    //method body;
}
```

方法的语法与函数类似，如果有返回值，则 return 语句就必须与返回值一起使用；如果没有返回值，则用 void 代替。另外，每个参数都包括参数的类型和在方法体中的引用名称。

如果方法体的实现只有一条语句，C#为方法体提供了简单的语法：表达式体方法，代码如下。

```
public int Add(int a,int b)=>a+b;
```

【代码示例】将属性、字段和方法结合运用。

```
using System;

namespace ClassExample
{
    class Program
    {
        static void Main()
        {
            StudentScore zhang = new StudentScore(88,90);

            Console.WriteLine($"语文成绩为：{zhang.ChineseScore}");
            Console.WriteLine($"数学成绩为：{zhang .MathScore}");
            Console.WriteLine($"总成绩为：{zhang.AllScore()}");
            Console.WriteLine($"平均成绩为：{zhang.AverageScore()}" );

            Console.ReadLine();
        }
    }

    class StudentScore
    {
        double math = 0;
        double chinese = 0;

        public StudentScore(double score1,double score2)
        {
            math = score1;
            chinese = score2;
        }

        public double MathScore
        {
            get => math;
        }

        public double ChineseScore
        {
            get => chinese;
        }

        public double AllScore()=> math + chinese;

        public double AverageScore()=> (chinese + math) / 2;
```

```
        }
    }
```

【运行结果】

语文成绩为：90
数学成绩为：88
总成绩为：178
平均成绩为：89

上述代码实现了计算学生语文和数学两门课总成绩和平均成绩的功能。程序中综合使用了字段、属性和方法，程序代码并不复杂，希望读者能够熟练掌握。

7.2.8 类成员命名规则

类成员的命名通常采取以下规则。
（1）字段：Camel 命名法。
（2）属性：Pascal 命名法。
（3）方法：Pascal 命名法。
此处仅仅是一种建议，读者可以根据自己的习惯选择命名方式。但要注意统一，使程序易读。类成员的命名尽量采用含义明确、简单的英文单词，这样可以使程序可读性比较高，易于维护。
好的命名可以省去很多注释，而且代码看上去非常优雅、整洁。

7.2.9 访问控制

读者可能会注意到经常在方法或属性前存在 public 关键字，public 关键字的功能就是实现访问控制。C#提供了以下关键字用于实现访问控制：public、private、protected 和 internal。这些关键字称为访问修饰符，访问修饰符是声明类、结构或成员的关键字，用于指定它们的可见性。

1. public

public 关键字是类和类成员的访问修饰符。公共访问是允许的最高访问级别。C#对访问公共成员没有限制。也就是说，在类名和类成员名之前加上 public 关键字修饰，便可以在程序的任何位置对其进行访问。通常，在属性的前面采用 public 修饰。因为属性的重要功能就是提供对字段的访问，因此需要公开。

2. private

private 关键字是一个成员访问修饰符。私有访问是允许的最低访问级别。私有成员只有在声明自身的类和结构体中才是可访问的，如类中的字段通常都用 private 关键字修饰。读者可能会注意到，前文中的字段都没有任何修饰符，这是因为 C#中规定，如果不以任何修饰符修饰，则默认为 private。

3. protected

protected 关键字同样是一个成员访问修饰符。受保护成员在它的类中可访问并且可由派生类访问。这是一个介于 public 和 private 之间的修饰符。它可以被一部分特定的外部类访问，这部分类是它的派生类。关于派生类的概念，将在 7.2.10 小节"类的继承"中介绍。

4．internal

internal 关键字是类型和类型成员的访问修饰符。只有在同一程序集的文件中，内部类型或成员才是可访问的。程序集的内容以后还会介绍到。

5．protected internal

protected internal 是类型和内嵌类型所有成员的访问修饰符。只能在包含它的程序集或派生类型的任何代码中访问该项。实际上它意味着 protected 和 internal。

6．private protected

private protected 同样是类型和内嵌类型所有成员的访问修饰符。访问修饰符 protected internal 表示 protected 和 internal，与此相反，private protected 将 private 和 protected 组合在一起，表示 private 和 protected，只允许访问同一程序集中的派生类型，而不允许访问其他程序集中的派生类型。这个访问修饰符是在 C# 8.2 中新增的。

合理地使用访问修饰符可以更好地封装数据，如果使私有字段只能被当前类访问，则外部的访问只能通过类中预定义的属性进行。设计合理的类可以使外部的调用不会干扰类内部的数据，减少类与类之间的不当干扰。这也是面向对象编程的一个目的。

7.2.10　类的继承

类的一个重要的特性就是它可以被继承，继承是面向对象编程一个最重要的特性。在 C# 中，任何一个类都可以继承另一个类。被继承的类叫作基类或父类，继承其他类的类叫作派生类或子类。如果一个类派生自另一个基类，那它就拥有该基类的所有成员字段和函数。

📢 注意

在 C# 中，所有的类都派生自 System.Object。

C# 在类型继承方面支持的功能如下。

（1）单重继承：表示一个类可以派生自一个基类。

（2）多层继承：多层继承允许继承有更大的层次结构。例如，B 派生自 A，C 派生自 B，其中 B 称为中间基类。

（3）多重继承：C# 支持类派生自多个接口，但是不支持类派生自多个类。读者一定要注意。

如果要声明派生自另一个类的类型，可以使用下面的语法。

```
class MyDerivedClass:MyBaseClass
{
    //members
}
```

下面举例说明。假设需要为人建立一个类，暂时称其为 Person 类。后来由于程序的需要，又要创建一个类表示学生，暂时称其为 Student 类。接下来还可能有工人类，称其为 Worker 类。读者可以考虑一个问题，事实上 Worker 和 Student 这两个类有很多相同点，如工人（Worker）和学生（Student）都需要吃饭（eat），都需要睡觉（sleep），等等。

这些相同点是由于它们都属于人（Person）的一种行为。因此，这种特性正好符合继承的条件。可以创建一个 Person 类，让这个 Person 类拥有 Eat() 方法和 Sleep() 方法，而让 Worker 类和 Student 类都继承这个类。如果把 Person 类中的这两个方法设置为 public 或 protected，那么 Worker 类和 Student 类将继承这两个方法。

【代码示例】类继承的代码表示。

```
public class Person
{
    public void Eat()
    {
    }

    public void Sleep()
    {
    }
}

public class Student : Person
{
}

public class Worker : Person
{
}
```

继承的关系使用在类名后面依次加冒号、基类名的方法表示。因此，上面代码中 Student 和 Worker 两个类都是派生自 Person 类。

在继承一个基类时，成员的可访问性就成了一个问题。派生类不能访问基类的私有成员，但可以访问其公共成员。不过，派生类和外部代码都可以访问公共成员。这就是说，只使用 public 和 private 的可访问性，不能让一个成员只可由基类和派生类访问，而不让外部代码访问。

只有派生类才能访问 protected 成员，对于外部代码来说并不能访问 protected 成员。

如果把一个基类声明为 virtual，就可以在任何派生类中重写该方法。此为虚方法，在派生类中重写虚方法要使用 override 关键字显式声明。

如果在派生类中调用基类中的方法，要使用 base.<MethodName>()。下面通过代码展示上述功能。

【代码示例】继承的用法。

```
using System;

namespace ClassExample
{
    class Program
    {
        static void Main()
        {
            Person person = new Person("lily",23);
            person.Informs();
            person.Eat();
            person.Sleep();
```

```csharp
            Worker worker = new Worker();
            worker.Name = "lucy";
            worker.Age = 33;
            worker.Informs();
            worker.Eat();
            worker.Job();

            Student student = new Student();
            student.Name = "ming";
            student.Age = 13;
            student.Informs();
            student.Sleep();
            student.Study();

            Console.ReadLine();
        }
    }

    public class Person
    {
        public Person()
        {
            Console.WriteLine($"这是父类的默认构造函数");
        }

        public Person(string name,int age)
        {
            Name = name;
            Age = age;
        }
        public string Name { get; set; }
        public int Age { get; set; }

        public void Eat()
        {
            Console.WriteLine($"人需要吃饭");
        }

        public void Sleep()
        {
            Console.WriteLine($"人需要睡觉");
        }

        public virtual void Informs()
        {
            Console.WriteLine($"我叫{Name}今年{Age}岁");
        }

    }

    public class Worker : Person
    {
        public override void Informs()
        {
            Console.WriteLine($"我叫{Name}今年{Age}岁，我是工人");
        }
```

```
        public void Job()
        {
            Console.WriteLine($"我的任务是：努力工作，赚钱养家");
        }
    }

    public class Student : Person
    {
        public override void Informs()
        {
            Console.WriteLine($"我叫{Name}今年{Age}岁，我是学生");
        }

        public void Study()
        {
            Console.WriteLine($"我的任务是：好好学习，天天向上");
        }
    }
}
```

【运行结果】

```
我叫 lily 今年 23 岁
人需要吃饭
人需要睡觉

这是父类的默认构造函数
我叫 lucy 今年 33 岁，我是工人
人需要吃饭
我的任务是：努力工作，赚钱养家

这是父类的默认构造函数
我叫 ming 今年 13 岁，我是学生
人需要睡觉
我的任务是：好好学习，天天向上
```

可以看到，Worker 类的实例 worker 和 Student 类的实例 student 都自然继承了 Person 类中的 Eat()
和 Sleep()方法。

Worker 类和 Student 类还有很多不同之处，如给 Worker 类定义的表示上班的 Job()方法、给
Student 类定义的表示上学的 Study()方法。

Worker 类和 Student 类分别重写了 Inform()方法。

【代码示例】将上述代码的调用部分修改为以下代码。

```
class Program
{
    static void Main()
    {
        Person person = new Person("lily",34);
        Student student = new Student();
        student.Name = "ming";
        student.Age = 13;

        person = student;
        person.Informs();
```

```
            Console.ReadLine();
        }
    }
```

【运行结果】

这是父类的默认构造函数
我叫 ming 今年 13 岁，我是学生

可能读者会对最后一句代码感到迷惑，person 是 Person 类的实例，而 student 是 Student 类的实例。进行这样的赋值并不会出错，从实际意义上理解，学生是特定的一群人，因此这样的赋值并不会产生错误。类的这种特性称为多态。

使用多态性，可以动态地定义调用方法，而不是在编译期间定义。编译器会创建一个虚拟方法表（Vtable），其中列出了可以在运行期间调用的方法，它根据运行期间的类型调用方法。

同样，可以把基类变量转换为派生类的变量，但必须进行强制类型转换。

【代码示例】将基类强制转换为派生类。

```
class Program
    {
        static void Main()
        {
            Person person = new Person();
            Student student = new Student();

            person = (Student)student;

            Console.ReadLine();
        }
    }
```

【运行结果】

这是父类的默认构造函数
这是父类的默认构造函数

【代码示例】修改上述代码用作调用方法的基类版本。

```
using System;

namespace ClassExample
{
    class Program
    {
        static void Main()
        {
            Student student = new Student();
            student.Name = "wang";
            student.Age = 13;
            student.Study();

            Console.ReadLine();
        }
    }

    public class Person
    {
        public Person()
```

```
        {
            Console.WriteLine($"这是父类的默认构造函数");
        }

        public Person(string name,int age)
        {
            Name = name;
            Age = age;
        }
        public string Name { get; set; }
        public int Age { get; set; }

        public virtual void Informs()
        {
            Console.WriteLine($"我叫{Name}今年{Age}岁");
        }
    }
 public class Student : Person
    {
        public void Study()
        {
            base.Informs();
            Console.WriteLine($"我的任务是：好好学习，天天向上");
        }
    }
}
```

【运行结果】

这是父类的默认构造函数
我叫 wang 今年 13 岁
我的任务是：好好学习，天天向上

7.3 Visual Studio 2022 成员向导

对于面向对象编程技术，Visual Studio 2022 提供了很好的支持。Visual Studio 2022 中提供了一系列的工具，这些工具界面友好，功能强大。本节将向读者介绍 Visual Studio 2022 对面向对象编程技术的支持。

除了在代码编辑器中编写类的代码，Visual Studio 2022 还提供了其他的创建方法。其操作步骤如下。

（1）在解决方案资源管理器中右击当前项目，选择"添加"→"类"命令，如图 7.5 所示。

（2）弹出"添加新项-ClassExample"对话框，在"名称"文本框中输入类名，并单击"添加"按钮，如图 7.6 所示。

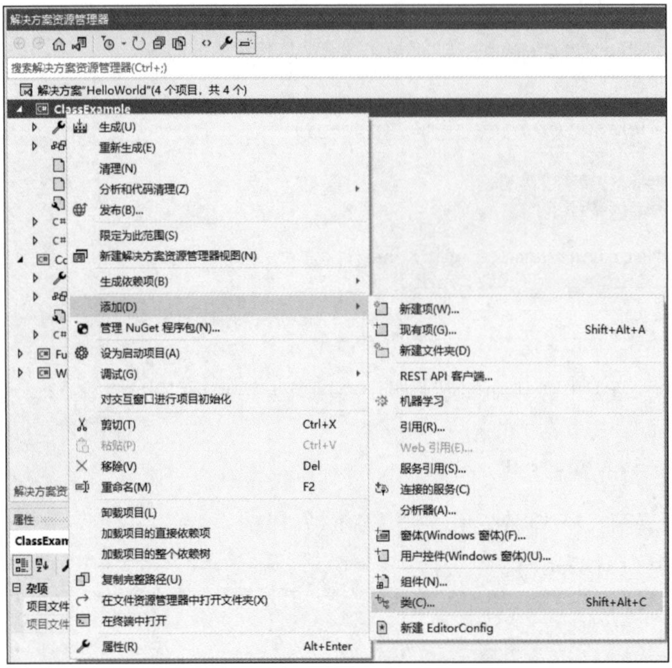

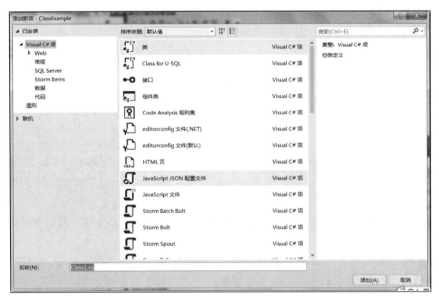

图 7.5　添加类

图 7.6　输入类名

（3）Visual Studio 2022 将自动添加该类。在解决方案资源管理器中找到该类，双击，在代码编辑器中将其打开，其代码如下。

```
using System;
using System.Collections.Generic;
```

```
using System.Text;
namespace ClassExample
{
    class Class1
    {
    }
}
```

可以看到，Visual Studio 2022 为开发人员提供了一个类的框架。

7.4 总　　结

类是 C#中最复杂的数据类型，而类又是面向对象编程技术的重要体现之一。因此，本章内容对初学者来说可能有一定的难度。但是这同样是最重要的内容之一，希望读者能多下功夫，逐渐体会面向对象编程技术的相关内容。

本章介绍了类的内容，着重介绍了类的构成、构造函数和析构函数的定义，以及各种成员的使用方法。继承是类中的重要概念，此概念体现了面向对象编程技术的重要意义。熟练地掌握类的用法，能使读者对于面向对象编程技术有更深刻的了解。

7.5 习　　题

（1）以下代码存在什么错误？

```
public sealed class MyClass
    {
        //…
    }
    public class MyDerivedClass : MyClass
    {
        //…
    }
```

（2）如何定义不能创建的类？
（3）为什么不能创建的类仍然有用？如何利用它们的功能？

第 8 章　枚举和结构

在前面的学习中我们知道 C#支持两种基本类型: 值类型和引用类型。值类型的变量将值存储在栈上, 而引用类型的变量包含的是引用 (地址), 引用本身存储在栈上, 但该引用指向堆上的对象。第 7 章讨论了如何定义类、创建自己的引用类型以及类的用法。本章将介绍如何自定义值类型。

C#支持两种值类型: 枚举和结构。

8.1　枚　　举

从长远看, 创建枚举可以节省大量时间, 减少许多的麻烦。使用枚举比使用无格式的整数至少有三点优势。

(1) 枚举能够使代码更加清晰, 它允许使用描述性的名称表示整数值。

(2) 枚举使代码更易于维护, 有助于确保给变量指定合法的、期望的值。

(3) 枚举使代码更易输入。

下面具体介绍该数据类型。

8.1.1　什么是枚举

枚举 (Enum) 是一个指定的常数, 其基础类型可以是除 Char 以外的任何整型。如果没有显式声明基础类型, 则使用 Int32。编程语言通常提供语法声明由一组已命名的常数及其值组成的枚举。

枚举是值类型的一种特殊形式。枚举从 System.Enum 继承而来, 并为基础基元类型的值提供替代名称。枚举类型有名称、基础类型和一组字段。基础类型必须是一个内置的有符号 (或无符号) 整数类型 (如 Byte、Int32 或 UInt64)。字段是静态文本字段, 其中的每个字段都表示常数。同一个值可以分配给多个字段。出现这种情况时, 必须将其中某个值标记为主要枚举值, 以便进行反射和字符串转换。

C#可以将基础类型的值分配给枚举; 反之亦然 (.NET 运行库不要求强制转换)。C#中可创建枚举的实例, 并调用 System.Enum 的方法及对枚举的基础类型定义的任何方法。但是, .NET 中某些语言可能不允许要求基础类型的实例作为参数传递枚举; 反之亦然。

对于枚举还有以下附加限制。

(1) 不能定义自己的方法。

(2) 不能实现接口。

(3) 不能定义属性或事件。

读者可能对如此复杂的定义和描述感到困惑，事实上通常的应用较为简单。下面将介绍枚举的定义。

8.1.2 枚举的定义

枚举的定义和其他类型的定义一样简单。设想以下场景，在程序中需要应用变量表示每周的七天分别是星期几。这时就可以使用枚举对其进行定义。

```
enum DaysInWeek
{
    Monday,
    Tuesday,
    Wednesday,
    Thursday,
    Friday,
    Saturday,
    Sunday
}
```

上述代码便定义了一个表示一周中某天是星期几的枚举变量。

事实上，.NET 早已为开发人员提供了一个实现此功能的枚举。此处的实例仅仅是为了讲解枚举的定义。.NET 中该枚举为 System.DayOfWeek。

可以看到，类似于 System.DayOfWeek 的这种变量都可以使用枚举来定义。通常这种变量相对固定，如每周只有周一到周日这七天。同时，这种变量定义方式可以减少错误，如通过 DayOfWeek 声明一个变量只能限制在其预先定义的七种之内，而不会出现星期八这种怪诞的变量。

在默认情况下，枚举中定义的值是根据定义的顺序从 0 开始顺序递增的，如上例中 Tuesday 对应为 3。但可以通过自定义改变这种默认的情况。

以下代码演示了这种特殊的情况。此代码定义了一个用于表示方向的枚举，分别用于表示东、南、西、北。

```
enum MyDirection
{
    East = 1,
    South = 2,
    West = 3,
    North = 4
}
```

这样可以方便地设置不同的值，但实际的简单应用中一般无须对其进行设置。

8.1.3 枚举的使用

枚举内部的每个元素都关联（对应）一个整数值。默认第一个元素对应整数 0，以后每个元素对应的整数都递增 1。声明枚举时，枚举字面值默认是 int 型。但是，也可以让枚举类型基于不同的预定义的整型数据。

下面通过一个简单的示例使用上面定义的表示方向的枚举。

【代码示例】

```
using System;

namespace Temp
{
    class Program
    {
        static void Main(string[] args)
        {
            //分别定义四个方向枚举类型的变量，表示不同的方向
            MyDirection m_dir1 = MyDirection.East;
            MyDirection m_dir2 = MyDirection.South;
            MyDirection m_dir3 = MyDirection.West;
            MyDirection m_dir4 = MyDirection.North;

            //输出其内容和转换为整数后的值
            Console.WriteLine(m_dir1);
            Console.WriteLine(Convert.ToInt32(m_dir1));
            Console.WriteLine(m_dir2);
            Console.WriteLine(Convert.ToInt32(m_dir2));
            Console.WriteLine(m_dir3);
            Console.WriteLine(Convert.ToInt32(m_dir3));
            Console.WriteLine(m_dir4);
            Console.WriteLine(Convert.ToInt32(m_dir4));

            Console.ReadLine();
        }

        //定义方向枚举
        enum MyDirection
        {
            East = 1,            //东
            South = 2,           //南
            West = 3,            //西
            North = 4            //北
        }

    }
}
```

代码并不难理解，其中的 MyDirection 枚举是 8.1.2 小节中已经定义过的变量。

【运行结果】

```
East
1
South
2
West
3
North
4
```

【代码示例】使用枚举对每周七天进行描述。

```
using System;

namespace Temp
{
```

```
class Program
{
    static void Main(string[] args)
    {
        //分别定义七个不同的日期变量，表示一周不同的七天
        MyDay m_day1 = MyDay.Monday;
        MyDay m_day2 = MyDay.Tuesday;
        MyDay m_day3 = MyDay.Wednesday;
        MyDay m_day4 = MyDay.Thursday;
        MyDay m_day5 = MyDay.Friday;
        MyDay m_day6 = MyDay.Saturday;
        MyDay m_day7 = MyDay.Sunday;

        //输出其内容和转换为整数后的值
        Console.WriteLine(m_day1);
        Console.WriteLine(Convert.ToInt32(m_day1));
        Console.WriteLine(m_day2);
        Console.WriteLine(Convert.ToInt32(m_day2));
        Console.WriteLine(m_day3);
        Console.WriteLine(Convert.ToInt32(m_day3));
        Console.WriteLine(m_day4);
        Console.WriteLine(Convert.ToInt32(m_day4));
        Console.WriteLine(m_day5);
        Console.WriteLine(Convert.ToInt32(m_day5));
        Console.WriteLine(m_day6);
        Console.WriteLine(Convert.ToInt32(m_day6));
        Console.WriteLine(m_day7);
        Console.WriteLine(Convert.ToInt32(m_day7));

        Console.ReadLine();
    }

    //表示每周七天的枚举
    enum MyDay
    {
        Monday = 1,              //周一
        Tuesday = 2,             //周二
        Wednesday = 3,           //周三
        Thursday = 4,            //周四
        Friday = 5,              //周五
        Saturday= 6,             //周六
        Sunday = 7               //周日
    }
}
}
```

【运行结果】

```
Monday
1
Tuesday
2
Wednesday
3
Thursday
4
Friday
5
```

```
Saturday
6
Sunday
7
```

8.2　结　　构

当我们需要描述一个物体或需要少数几种数据类型组合在一起方便使用时，结构是一种很好的数据类型的选择。也就是说，结构是一系列数据类型的集合，它使一个单一变量可以存储各种数据类型的相关数据。本书在前面已经大量运用了结构。例如，基元数据类型 int、long 和 float 分别是System.Int32、System.Int64 和 System.Single 这三个结构的别名。

表 8.1 总结了 C#基元数据类型及其在.NET Framework 中对应的类型，注意其中的 string 和 object类型是类，而不是结构。

表 8.1　C#基元数据类型

关键字	等价类型	类或结构
bool	System.Boolean	结构
byte	System.Byte	结构
decimal	System.Decimal	结构
double	System.Double	结构
float	System.Single	结构
int	System.Int32	结构
long	System.Int64	结构
object	System.Object	类
sbyte	System.SByte	结构
short	System.Int16	结构
string	System.String	类
uint	System.UInt32	结构
ulong	System.UInt64	结构
ushort	System.UInt16	结构

8.2.1　结构的声明

结构和类一样，也是创建对象的模板，但又不同于类，它不需要在堆上分配空间，是值类型。较小的数据类型使用结构可提高性能。在 C#中使用 struct 关键字声明结构，后面跟类型名称，最后是大括号中的结构主体。其语法和声明类一样。

以下代码定义了一个结构。

```
public struct Student
```

```
{
    public int id;
    public string name;
    public int age;
}
```

上述代码定义了一个 student 结构，其中包含了三个字段，分别是学生的学号（id）、姓名（name）和年龄（age）。通过结构的使用，可以有效地组合相互关联的一组数据，使其便于管理。

结构还可以包含构造函数、常量、字段、方法、属性、索引器、运算符、事件和嵌套类型。但如果同时需要上述几种成员，则应当考虑改为使用类作为类型。因此，对于复杂类型的处理，一般建议使用类。

结构的特点如下。

（1）结构是值类型，不是引用类型。它们存储在栈中或存储为内联（也就是存储在堆中的另一个对象的一部分），其生命周期的限制与简单的数据类型一样。

（2）结构不支持继承。

（3）对于结构，构造函数的方式有些区别。如果没有提供默认的构造函数，编译器会自动提供一个，把成员初始化为其默认值。

（4）使用结构，可以指定字段如何在内存中布局。

因为结构实际上是把数据项组合在一起，所以大多数或全部字段都声明为 public。严格来说，这与编写 .NET 代码的规则相反。一般，字段（除了 const 字段）应该总是 private，并由公共属性封装。但是对于简单的结构，许多开发人员都认为公共字段也可以接受。

8.2.2　结构的初始化

虽然结构是值类型，但是在语法上常常可以把它们当作类来处理。例如，上面的 Student 结构可以初始化如下。

```
Student student = new Student();
        student.id = 1;
        student.name = "lily";
        student.age = 13;
```

📢 注意

因为结构是值类型，所以 new 运算符与类和其他引用类型的工作方式不同。new 运算符并不分配堆上的内存而是只调用相应的构造函数，根据传送给它的参数初始化所有字段。

结构还可以根据以下方式初始化。

```
Student student;
    student.id = 1;
    student.name = "lily";
    student.age = 13;
```

结构遵循其他数据类型都遵循的规则：在使用前所有的元素都必须进行初始化。

在 C# 7.2 后，readonly 修饰符可以应用于结构。只需声明时在 struct 前面加 readonly 即可。

8.2.3 结构的构造函数

为结构定义构造函数的方式与为类定义构造函数的方式相同。为 Student 结构定义构造函数的方式如下。

【代码示例】结构的用法。

```
using System;
namespace ClassExample
{
    class Program
    {
        static void Main()
        {
            Student student=new Student (1,"lily",13);
            Console.WriteLine($"该生信息：学号{student.ID}，姓名{student.Name}，年龄{student.Age}");

            Console.ReadLine();
        }
    }

    public struct Student
    {
        public int ID { get; }
        public string Name { get; }
        public int Age { get; }

        public Student(int id,string name,int age)
        {
            ID = id;
            Name = name;
            Age = age;
        }
    }
}
```

【运行结果】

该生信息：学号 1，姓名 lily，年龄 13

8.2.4 结构和继承

结构不是为继承而设计的。这意味着它不能从一个结构中继承。唯一的例外是对应的结构（和 C#中的其他类型一样）最终派生自 System.Object 类。因此，结构可以访问 System.Object 的方法。

📢 注意

不能为结构提供其他基类，每个结构都派生自 ValueType。

8.2.5 只读结构

从属性中返回一个值类型时,调用方会收到一个副本。设置此值类型的属性只要更改副本即可,原始值不变。这可能会让访问属性的开发人员感到困惑。这就是为什么结构的指导原则定义了值类型应该是不可变的。当然,这个准则对于所有的值类型都无效,因为 int、short、double 等不是不可变的,而且 ValueType 也不是不可变的。然而,大多数结构类型都是不可变的。

在 C# 7.2 中,readonly 修饰符可以应用于结构,因此编译器保证了结构的不变性。

8.3 总 结

本章主要介绍了如何创建使用枚举和结构。枚举类型仅适用取值于有限的数据,其中标识符是常量不是变量,不能改变它的值,枚举元素只能是标识符,不能是基本类型常量。结构是一种构造类型,它的每个成员都可以是一个基本的数据类型或一个构造类型(结构的嵌套使用),它的所有成员都能共存。这是结构和枚举最大的区别。什么时候使用结构,什么时候使用枚举,这需要读者细细体会。

8.4 习 题

(1)以 short 类型作为基本类型编写一个 color 枚举,使其包含彩虹的颜色。这个枚举可以使用 byte 类型作为基本类型吗?

(2)在 C#中,下列关于结构的使用正确的是( )。

```
A. class Person{}
    Struct Teacher : Person{//}
B. struct Person{}
    Struct Teacher:Person{//}
C. struct Teacher
  {
      string name;
      int age;
    public Teacher(string name,int age){
      this.name=name;
      this.age=age;
      }
  }
```

D. `struct Teacher`

```
{
    string name;
    int age;
    public Teacher(){}
}
```

（3）关于 C#的结构，下列说法错误的是（　　）。

    A. 结构体内可以有构造函数

    B. 结构体内可以有字段

    C. 结构体内可以有方法

    D. 结构可以被继承

第 9 章　Windows 窗体应用程序

扫一扫，看视频

前面所讲的内容大多使用命令行程序演示，本章将带领读者熟悉 Windows 窗体应用程序的相关内容。在 C#中，Windows 窗体应用程序也是面向对象编程技术的一个重要组成部分。窗体中所有的内容都是按照面向对象编程技术构建的。Windows 窗体应用程序还体现了另外一种思维，即对事件的处理，这些都将在本章内容中体现。

9.1　窗体设计器

开发 Windows 窗体应用程序最重要的工具就是窗体设计器。通过它，开发人员可以开发出各种形式的应用程序，它们具有不同的外观、不同的结构。下面将和读者一起来认识窗体设计器。

9.1.1　认识窗体设计器

下面先直观感受一下窗体设计器。

（1）新建一个 Windows 窗体应用程序。在"创建新项目"窗口中选择"Windows 窗体应用（.NET Framework）"选项，如图 9.1 所示。输入相应的项目名称，如图 9.2 所示。

图 9.1　"创建新项目"窗口

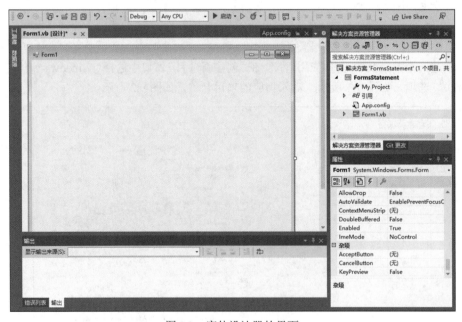

图 9.2 设置项目名称

（2）Visual Studio 2022 将自动创建一个默认窗体 Form1，窗体设计器的界面如图 9.3 所示。

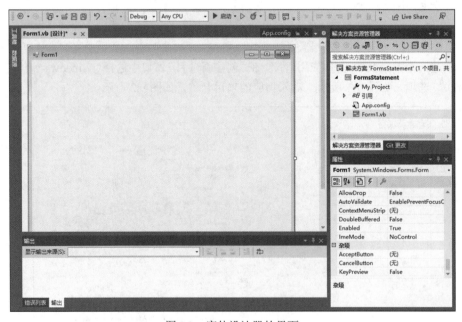

图 9.3 窗体设计器的界面

如果读者有过窗体程序设计的经验，对 C#窗体设计器这样的布局应该会感到比较熟悉。事实上，C#窗体设计器的布局并不复杂。除了菜单栏、工具栏，屏幕中间即是窗体设计器。窗体设计器的右侧是解决方案资源管理器，下方是"属性"面板。屏幕的左侧有一个可以自由停靠和隐藏的"工具箱"面板，如图 9.4 所示。

"工具箱"面板将为 Windows 窗体应用程序开发人员提供强有力的工具，它提供了丰富的控件类型。

在 Visual Studio 2022 中，按 F5 键运行程序，可以发现，虽然并没有编写任何代码，但是 Visual Studio 2022 还是生成了一个没有任何实际意义的程序，如图 9.5 所示。

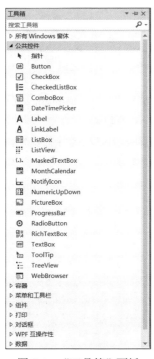

图 9.4 "工具箱"面板

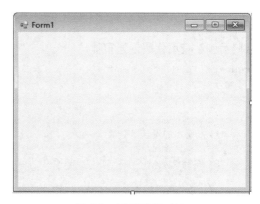

图 9.5 运行结果（1）

Windows 窗体应用程序的通用操作都可以在本程序中运行，读者可以尝试双击标题栏，单击右上角的"最大化""最小化"和"关闭"按钮。单击"关闭"按钮可以关闭程序。可以看到，Visual Studio 2022 直接支持了部分操作，省去了开发人员编写这种通用代码的麻烦。

9.1.2 使用窗体设计器

窗体设计器的使用非常简单，单纯的设计只需使用鼠标双击和拖放即可。例如，想在图 9.5 所示的窗体中添加一个按钮控件，则需进行以下操作。

（1）双击"工具箱"面板中的 Button 按钮，Visual Studio 2022 将自动为 Form1 添加一个名为 button1 的按钮，如图 9.6 所示。

（2）选中 button1 按钮，可以使用鼠标对其进行拖放、移动以及调整大小等操作，如图 9.7 所示。

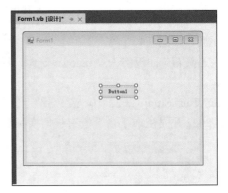

图 9.6 添加按钮　　　　　　　　　　图 9.7 移动按钮

Visual Studio 2022 还提供了一种添加控件的办法：单击"工具箱"面板上的 Button 按钮，直接将其拖至 Form1 窗口。同样，可以对该按钮进行各种调整位置和大小的操作。

另外，还可以通过纯手动编写代码的方式创建 Windows 窗体应用程序，添加各种控件。但是，这对于初学者而言比较复杂，一般不推荐读者使用，此处仅给出一个示例。创建上述窗体的代码如下。

【代码示例】使用代码创建窗体。

```
namespace FormsStatement
{
    partial class Form1
    {
        /// <summary>
        /// 必需的设计器变量
        /// </summary>
        private System.ComponentModel.IContainer components = null;

        /// <summary>
        /// 清理所有正在使用的资源
        /// </summary>
        /// <param name="disposing">如果应释放托管资源，为 true；否则为 false。</param>
        protected override void Dispose(bool disposing)
        {
            if (disposing && (components != null))
            {
                components.Dispose();
            }
            base.Dispose(disposing);
        }

        #region Windows 窗体设计器生成的代码

        /// <summary>
        /// 设计器支持所需的方法——不要修改
        /// 使用代码编辑器修改此方法的内容
        /// </summary>
        private void InitializeComponent()
        {
            this.button1 = new System.Windows.Forms.Button();
            this.SuspendLayout();
```

```
        //
        // button1
        //
        this.button1.Location = new System.Drawing.Point(197, 95);
        this.button1.Name = "button1";
        this.button1.Size = new System.Drawing.Size(176, 64);
        this.button1.TabIndex = 0;
        this.button1.Text = "button1";
        this.button1.UseVisualStyleBackColor = true;
        //
        // Form1
        //
        this.AutoScaleDimensions = new System.Drawing.SizeF(8F, 15F);
        this.AutoScaleMode = System.Windows.Forms.AutoScaleMode.Font;
        this.ClientSize = new System.Drawing.Size(800, 450);
        this.Controls.Add(this.button1);
        this.Name = "Form1";
        this.Text = "Form1";
        this.ResumeLayout(false);

    }

    #endregion

    private System.Windows.Forms.Button button1;
    }
}
```

其中，以下几行代码设置了窗体的属性。

```
//
// Form1
//
this.AutoScaleDimensions = new System.Drawing.SizeF(6F, 12F);
this.AutoScaleMode = System.Windows.Forms.AutoScaleMode.Font;
this.ClientSize = new System.Drawing.Size(292, 273);
this.Controls.Add(this.button1);
this.Name = "Form1";
this.Text = "Form1";
this.ResumeLayout(false);
```

比较容易理解的有 Name 属性和 Text 属性，分别表示窗体的名称和标题。以下代码添加 button1 按钮到窗体中。

```
this.button1 = new System.Windows.Forms.Button();
```

以下代码设置了 button1 按钮的属性。

```
//
// button1
//
this.button1.Location = new System.Drawing.Point(100, 104);
this.button1.Name = "button1";
this.button1.Size = new System.Drawing.Size(90, 33);
this.button1.TabIndex = 0;
this.button1.Text = "button1";
this.button1.UseVisualStyleBackColor = true;
```

这些属性中比较容易理解的有 Text 和 Size 等，分别表示文本和大小。读者可以不必深究这部分代码，这些工作都可以由窗体设计器完成，也就是在图9.8所示的窗体设计器中完成。

图 9.8　开发人员窗体设计器

9.2　其　他　工　具

本节介绍 Windows 窗体应用程序设计涉及的 Visual Studio 2022 中的其他工具。

9.2.1　"工具箱"面板

通过前面的介绍，相信读者对"工具箱"面板已不陌生。本小节对"工具箱"面板的内容进行详细介绍。"工具箱"面板中显示的是可以被添加到 Visual Studio 2022 项目中的各个项的图标。"工具箱"面板可以从"视图"菜单中打开。

可将"工具箱"面板中的每个图标拖放到设计视图的界面上。每项操作都会添加基础代码，以在当前活动项目文件中创建"工具箱"面板中该项的实例。"工具箱"面板中的内容包括所有 Windows 窗体、公共控件、容器、菜单和工具栏、组件、打印、对话框、WPF 互操作性、数据和常规，如图9.9所示。

图 9.9　"工具箱"面板中的分类

1. 所有 Windows 窗体

这部分包括所有 Windows 窗体中可能应用到的控件，是所有分类中项最多的一组。其包含的控件在其他更细小的分类中都有涵盖，此处不作详细介绍。

2．公共控件

"公共控件"列表是进行 Windows 窗体应用程序开发最常用到的，包括窗体应用程序中的通用组件。"公共控件"列表中包括以下内容。

（1）Button：按钮，通常用于和用户交互，通过用户的单击事件触发相应的处理代码。

（2）CheckBox：复选框，通常用于给出多个选项供用户选择，可以多选。

（3）CheckBoxListBox：复选列表框，复选框和列表框的结合控件。

（4）ComboBox：组合框，可以提供一个下拉列表样式的控件，通常供用户选择。

（5）DateTimePicker：日期时间选择控件，供用户选择时间。

（6）Label：标签，通常用于在界面中显示文本信息。

（7）LinkLabel：超链接标签，提供超链接样式的标签控件。

（8）ListBox：列表框，功能与组合框相似，非下拉列表样式。

（9）ListView：视图列表，提供多种样式的列表，与 Windows 资源管理器中的文件列表相似。

（10）MaskedTextBox：掩码文本框，通常用于输入密码时使用。

（11）MonthCalendar：月历控件，供用户选择日期。

（12）NotifyIcon：通知图标控件。

（13）NumricUpDown：微调框，通常用于精确输入数字。

（14）PictureBox：图像框，用于显示图像。

（15）ProgressBar：进度条，通常用于显示任务、过程的进度。

（16）RadioButton：单选按钮，与复选框相似，但不允许多选。

（17）RichTextBox：高级文本框，提供功能更加多样的文本处理控件。

（18）TextBox：文本框，可用于简单的文本处理。

（19）ToolTip：提示控件。

（20）TreeView：树形列表控件，用于显示一个树形列表。

（21）WebBrowser：Web 浏览器控件，可用于浏览 Web 页面。

上述大部分控件都会在后面的内容中介绍，因此此处不进行详细的描述，读者可以根据给出的控件名称熟悉一下控件的外观。

3．容器

"容器"列表中的控件都可以作为其他控件的容器，即在这些控件上还可以放置其他控件。"容器"列表中包括以下内容。

（1）FlowLayoutPanel：沿水平或垂直流方向排列其内容。它的内容可以从一行换到下一行或从一列换到下一列，还可以对它的内容进行剪裁，而不是换行。

（2）GroupBox：用于为其他控件提供可识别的分组。通常，使用分组框按功能细分窗体。GroupBox 控件显示标题。

（3）Panel：用于为其他控件提供可识别的分组。通常，使用面板按功能细分窗体。Panel 控件类似于 GroupBox 控件，但只有 Panel 控件可以有滚动条，只有 GroupBox 控件可显示标题。

（4）SplitContainer：可以将 SplitContainer 控件看作一个复合体，它是由一个可移动的拆分条分隔的两个面板。当鼠标指针悬停在该拆分条上时，指针将相应地修改灰度以显示该拆分条是可移动的。

（5）TabControl：用于显示多个选项卡，选项卡中可包含图片和其他控件。

（6）TableLayoutPanel：在网格中排列其内容。因为布局既可以在设计时执行，也可以在运行时执行，所以它会随应用程序环境的更改而动态更改。这样，面板中的控件可以适当地调整大小，从而对各种更改作出响应，如父控件的大小调整或由于本地化带来的文本长度的更改。

"容器"列表中常用的控件有 GroupBox、Panel 和 TabControl。总体来说，这部分控件的应用比较复杂，以后将会逐渐介绍这方面的内容。

4．菜单和工具栏

"菜单和工具栏"列表中包含了用于创建菜单和工具栏的控件。

（1）ContextMenuStrip：上下文菜单控件，又称为右键菜单。

（2）MenuStrip：主菜单控件。

（3）StatusStrip：状态栏控件。

（4）ToolStrip：工具栏控件。

（5）ToolStripContainer：菜单和工具栏的容器，可以包含 ToolStrip 控件、MenuStrip 控件和 StatusStrip 控件。

5．组件

"组件"列表中提供了一些应用比较复杂的控件。

（1）BackgroundWorker：使窗体或控件能够异步运行操作。

（2）DirectoryEntry：封装 ActiveDirectory 中的一个节点或对象。

（3）DirectorySearcher：对 ActiveDirectory 执行查询。

（4）ErrorProvider：可以在不打扰用户的情况下向用户显示有错误发生。当验证用户在窗体中的输入或显示数据集内的错误时，一般要用到该控件。

（5）EventLog：可以轻松地连接到本地和远程计算机上的事件日志上，并向这些日志中写入项。也可以从现有日志中读取条目并创建自己的自定义事件日志。

（6）FileSystemWatcher：通过 FileSystemWatcher 组件实例，可以监视对目录和文件进行的更改并在它们发生时作出响应。

（7）HelpProvider：用于将 HTML Help 1.x 帮助文件（.html 文件或由 HTML Help Workshop 产生的.chm 文件）与基于 Windows 的应用程序相关联。

（8）ImageList：用于存储图像，这些图像随后可由控件显示。图像列表允许开发人员为一致的单个图像目录编写代码。

（9）MessageQueue：可以连接到现有队列，发送和接收消息，以及使用非常少的代码为应用程序添加通信服务。

（10）PerformanceCounter：Windows 性能计数器，使应用程序和组件能够发布、捕获并分析由应用程序、服务和驱动程序提供的性能数据。可使用此信息确定系统瓶颈并微调系统和应用程序的性能。

（11）Process：进程控件，提供对本地和远程进程的访问，并提供对本地进程的开始和停止功能。

（12）SerialPort：表示串行端口资源。

（13）ServiceController：可以连接到现有的服务并控制这些服务的行为。创建 ServiceController 组件的实例时，可以将该实例设置为与特定的 Windows 服务进行交互。然后可以使用组件实例启动和停止服务以及对服务进行其他操作。

（14）Timer：定期引发事件。

6．打印

"打印"列表中提供了与打印任务相关的控件。

（1）PageSetupDialog：页面设置对话框。

（2）PrintDialog：打印对话框。

（3）PrintDocument：打印文档控件。

（4）PrintPreviewControl：打印预览控件。

（5）PrintPreviewDialog：打印预览对话框。

鉴于这些控件读者经常可以使用到，而且比较熟悉，此处暂时先不作详细介绍。

7．对话框

"对话框"列表中提供了除"打印"外的所有对话框控件。

（1）ColorDialog：颜色设置对话框。

（2）FolderBrowserDialog：文件浏览对话框。

（3）FontDialog：字体设置对话框。

（4）OpenFileDialog：打开文件对话框。

（5）SaveFileDialog：保存文件对话框。

8．WPF 互操作性

WPF 是微软推出的基于 Windows 的用户界面框架，属于.NET Framework 3.0 的一部分。它提供了统一的编程模型、语言和框架，真正做到了分离界面设计人员与开发人员的工作；同时提供了全新的多媒体交互用户图形界面。

ElementHost 用于将目标 WPF 上的控件移植到 Windows 窗体上。

9．数据

"数据"列表中包含了为开发数据库相关应用程序提供支持的控件。

（1）DateSet：数据集，用于储存从数据库中取出的数据。

（2）DataGridView：数据显示，用于自定义显示数据。DataGridView 控件提供一种强大而灵活的以表格形式显示数据的方式。可以使用 DataGridView 控件显示少量数据的只读视图，也可以对其进行缩放以显示特大数据集的可编辑视图。

（3）BindingSource：绑定源，封装数据源以绑定到控件。

（4）BindingNavigator：绑定数据导航控件，可以通过该控件为使用者提供简单的数据导航和用户界面操作。

（5）Chart：用于提供数据报表功能的控件。

这部分控件将在介绍数据库应用程序开发时详细介绍。

10．常规

"常规"列表是一个空组，读者可以将自己常用的控件拖至此组，以方便使用。

9.2.2 "属性"面板

"属性"面板位于 Visual Studio 2022 的右下方，如图 9.10 所示。

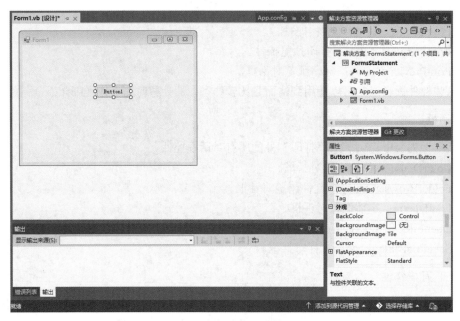

图 9.10　"属性"面板

使用"属性"面板可以查看和更改位于编辑器与设计器中的选定对象的设计时属性及事件。也可以使用"属性"面板编辑和查看文件、项目和解决方案的属性。"属性"面板可从"视图"菜单中打开。图 9.10 呈现的就是选中 button1 按钮时"属性"面板所显示的 button1 按钮控件的属性。

当在解决方案资源管理器中选中"解决方案"或"项目"名称时，"属性"面板的内容也会随之变化，如图 9.11 和图 9.12 所示。

可以从"属性"面板中修改解决方案和项目的属性。同样，也可以通过"属性"面板修改其他被选中控件或文件的属性。

"属性"面板可用于显示和编辑不同类型的字段，具体的内容取决于特定属性的需要。这些可编辑字段包括编辑框、下拉列表以及跳转到自定义编辑器对话框的链接。属性以灰色显示，表示该属性是只读的。通过对这些属性的修改可以实现对控件的控制。

下面介绍"属性"面板的通用操作，如图 9.13 所示。

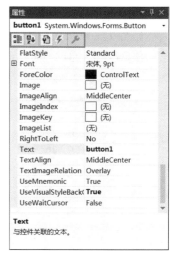

图 9.11　解决方案属性　　　　图 9.12　项目属性　　　　图 9.13　属性窗口上的按钮

最上方是被选中对象的名称及类型，如本例被选中的是 button1 按钮，类型是 Button。

下方是工具栏，按钮依次说明如下。

（1）"按分类顺序"按钮：按类别列出选定对象的所有属性及属性值。可以通过折叠类别来减少可见属性数。当展开或折叠类别时，可以在类别名左边看到加号（+）或减号（–），分别表示已折叠和未折叠。类别按字母的顺序列出。

（2）"按字母顺序"按钮：按字母顺序对选定对象的所有设计时属性和事件进行排序。

（3）"属性"按钮：显示对象的属性。很多对象的属性也可以通过"属性"面板查看。

（4）"事件"按钮：显示对象的事件。

（5）"属性页"按钮：显示选定项的"属性页"对话框或"项目设计器"对话框。"属性页"对话框显示"属性"面板中可用属性的子集、同一集合或超集。使用该按钮可查看和编辑与项目的活动配置相关的属性。

请读者依次单击该组按钮，熟悉这些操作。其中，"属性页"按钮为灰色，表示当前不可选。读者可以选中项目，此时"属性页"按钮为可选状态。

按钮栏的下方列出了当前被选中对象所有可用的属性，左侧为属性名称，右侧为值。读者可以在此处设置相应的值，改变所选对象的属性。

最下方是提示信息，用于显示当前选定属性的简单介绍，以方便开发人员使用"属性"面板。

"属性"面板中包含了太多控件的属性，其中有一部分属性是大部分控件所共有的。此处对这些共有属性进行简单介绍。

1.（Name）属性

（Name）属性用于设置控件的名称，如图 9.14 所示。

2．Anchor 属性

Anchor 属性用于定义某个控件如何绑定到容器的边缘，以及当容器的大小发生变化时，该控件将如何响应。

如图 9.15 所示，Anchor 的值为 Top（上）、Bottom（下）、Left（左）、Right（右），以及这 4 个值的任意组合。通过不同组合的设置，可以限定控件的停靠方式。

图 9.14　（Name）属性

图 9.15　Anchor 属性

3．AutoSize 与 AutoSizeMode 属性

AutoSize 属性设置控件是否自动调整自身大小。其值为真（true）或假（false）。AutoSizeMode 属性提供了更细致的方式，它的值为 GrowAndShrink 和 GrowOnly，分别为既可扩大又可缩小和只可扩大。

不同的控件对这两个属性的支持也不同，请读者在使用时注意。表 9.1 中列出了各个控件的支持情况。

表 9.1　控件对 AutoSize 与 AutoSizeMode 属性的支持情况

支持情况	控　件
支持 AutoSize 属性，但不支持 AutoSizeMode 属性	CheckBox DomainUpDown Label LinkLabel MaskedTextBox NumericUpDown RadioButton TextBox TrackBar

支持情况	控 件
支持 AutoSize 属性，同时支持 AutoSizeMode 属性	Button CheckedListBox FlowLayoutPanel Form GroupBox Panel TableLayoutPanel
不支持 AutoSize 属性	CheckedListBox ComboBox DataGridView DateTimePicker ListBox ListView MaskedTextBox MonthCalendar ProgressBar PropertyGrid RichTextBox SplitContainer TabControl TabPage TreeView WebBrowser ScrollBar

4．BackColor 属性

BackColor 属性用于设置组件的背景色，单击右侧的下拉列表即可设置，如图 9.16 所示。

可以看到，这个列表中提供了非常多的系统默认的颜色，在另外两个标签页中还有自定义颜色和 Web 颜色供开发人员选择，如图 9.17 和图 9.18 所示。

图 9.16　BackColor 属性

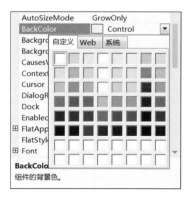

图 9.17　自定义颜色

图 9.18　Web 颜色

5．Cursor 属性

Cursor 属性用于设置鼠标经过该控件时显示的样式，默认值为 Default，可选鼠标样式如图 9.19 所示。Cursor 属性的设置可以使程序的编写多样化，使程序更易使用。

6．Dock 属性

Dock 属性可以使控件停靠在容器的边框上，其设置如图 9.20 所示。

Dock 属性可设置的值分别为 Top（上）、Bottom（下）、Left（左）、Right（右）、Fill（填充）和 None（无），当设置为上、下、左、右中的一种模式时，控件将停靠在容器的一侧；当设置为填充时，控件将填充整个容器，如图 9.21 和图 9.22 所示。

当设置为 None 模式时，保持原状态不变。

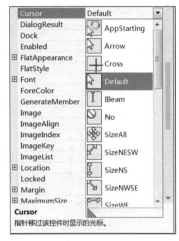

图 9.19　Cursor 属性

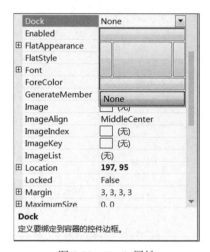

图 9.20　Dock 属性

图 9.21　Left 模式

图 9.22　Fill 模式

7．Enabled 属性

Enabled 属性指示是否已启用该控件。

8．Font 属性

Font 属性用于设置包含字体控件的字体属性。设置 Font 属性时将弹出标准的"字体"对话框，如图 9.23 所示。

9．ForeColor 属性

ForeColor 属性用于设置控件的前景色，其设置与 BackColor 属性大致相同。

10．Location 属性

Location 属性用于设置控件的位置，该位置是相对于其容器左上角的坐标。Location 属性是由中间以逗号（,）分隔的两个整数组成的，分别表示 X 坐标和 Y 坐标。单击 Location 属性左侧的加号（+），可以看到 Location 属性由 X 和 Y 构成，如图 9.24 所示。

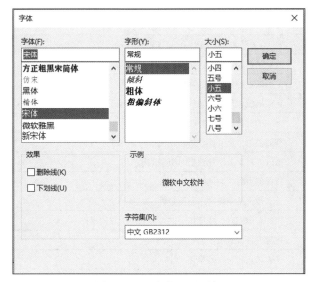

图 9.23 "字体"对话框

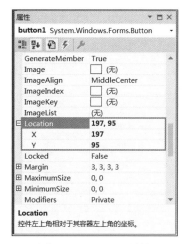

图 9.24 Location 属性

11．Locked 属性

Locked 属性表示控件是否被锁定，被锁定的控件无法移动和调整大小。

12．MinimumSize 和 MaximumSize 属性

MinimumSize 和 MaximumSize 属性分别指示控件的最小和最大尺寸。

13．Modifiers 属性

Modifiers 属性指示控件的修饰符，与本书之前讲到的访问修饰符相同。

14．Size 属性

Size 属性表示控件的大小，其构成方式与 Location 属性相同，由 Height 和 Width 构成，分别表示控件的高度和宽度。

15．TableIndex 属性

TableIndex 属性表示控件在容器中使用 Tab 键访问的顺序。

16．TabStop 属性

TabStop 属性表示控件是否可以使用 Tab 键访问。

17．Visible 属性

Visible 属性表示控件是否可见。

以上控件属性为大部分常用控件属性所共有，希望读者能够熟悉。下面介绍控件的常见事件，由于大部分事件还会有详细的使用介绍和示例说明，此处仅给出简单的解释，见表 9.2。

表 9.2　常见事件

事　　件	说　　明
Click	鼠标单击控件引发的事件
DoubleClick	鼠标双击控件引发的事件
DragDrop	完成拖放控件时引发的事件
DragEnter	拖放的对象进入控件时引发的事件
DragLeave	拖放的对象离开控件时引发的事件
DrapOver	拖放的对象放在控件上时引发的事件
Enter	获得焦点时引发的事件
KeyDown	首次按下某个键时引发的事件
KeyPress	控件有焦点时，按键按下并被释放时引发的事件
KeyUp	按键被释放时引发的事件
Leave	失去焦点时引发的事件
MouseDown	鼠标在控件上方并按下鼠标按钮时引发的事件
MouseEnter	鼠标进入控件时引发的事件
MouseLeave	鼠标离开控件时引发的事件
MouseHover	鼠标在控件中停留一段时间时引发的事件
MouseMove	鼠标在经过控件时引发的事件
MouseUp	鼠标在控件上方并释放鼠标按钮时引发的事件
Paint	控件重新绘制时引发的事件
Resize	调整控件大小时引发的事件

以上都是各个控件中常用的方法，它们可以处理大多数常用的 Windows 窗体应用程序。

9.2.3　服务器资源管理器

通过"视图"菜单中的"服务器资源管理器"命令或按快捷键 Ctrl+W，L 可以打开服务器资源管理器。服务器资源管理器是 Visual Studio 2022 的服务器管理控制台。使用此面板可打开数据连接，登录服务器，浏览它们的数据库和系统服务，如图 9.25 所示。

使用服务器资源管理器查看和检索连接到的所有数据库中的信息可以完成以下工作。

（1）列出数据库表、视图、存储过程和函数。

（2）展开各个表以列出它们的列和触发器。

（3）右击一个表，从其快捷菜单中执行操作。

由于 Visual Studio 2022 附带了一个 SQL Server 数据库，因此可以通过服务器资源管理器进行管理。同样，服务器资源管理器也支持其他的数据库，没有 SQL Server 数据库的读者可以从微软的官方网站上免费下载或选用其他数据库。添加新连接的过程如下。

（1）确认 SQL Server 数据库已经正确安装。右击"我的电脑"，在弹出的快捷菜单中选择"管理"选项，打开"计算机管理"窗口，如图 9.26 所示。在左侧的树形列表中展开"服务和应用程序"节点，若看到 SQL Server Configuration Manager 子节点中包含 SQL Server Services 项，则说明 SQL Server 数据库已正确安装。

图 9.25　服务器资源管理器　　　　　　　　　图 9.26　　"计算机管理"窗口

（2）打开 Visual Studio 2022 之后，在界面左侧可以看到图 9.27 所示的 SQL Server 对象资源管理器。

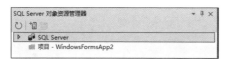

图 9.27　SQL Server 对象资源管理器

如果没有，可以单击 Visual Studio 2022 顶部的"视图"，打开"视图"菜单，如图 9.28 所示。

选择"SQL Server 对象资源管理器"选项，SQL Server 对象资源管理器会出现在 Visual Studio 2022 界面左侧面板。

在 SQL Server 对象资源管理器中，右击 SQL Server，在弹出的快捷菜单中选择"添加 SQL Server"选项，如图 9.29 所示。弹出"连接"对话框，如图 9.30 所示。

图 9.28 "视图"菜单　　　　　图 9.29 添加 SQL Server　　　　　图 9.30 连接数据库

（3）展开"本地"选项，在展开的列表中可任意选择其中一个选项，如选择 MSSQLLocalDB 后，服务器会自动填写服务器名称，然后单击"连接"按钮，如图 9.31 所示；左侧会出现本地数据库的列表，如图 9.32 所示。

图 9.31 连接数据库配置

图 9.32 连接数据库配置成功

9.3　常　用　控　件

页面是由一个个控件有机构成的，因此熟悉控件是进行合理、有效的程序开发的重要前提。本节将针对 Windows 窗体应用程序中常见的控件进行详细介绍。读者可以先从自己比较熟悉的控件入手，逐渐掌握所有控件的用法。

9.3.1　按钮控件 Button

Button 控件是读者最熟悉的一个控件，本书之前的内容也曾经提到过。本节内容以这个读者最熟悉的控件开始，逐渐向读者介绍各种控件的用法。Button 控件允许用户通过单击执行操作。Button 控件既可以显示文本，又可以显示图像。当该按钮被单击时，它看起来像是被按下，然后被释放。Button 控件显示文本的属性为 Text，显示图像的属性为 Image。单击 Button 控件时将引发 Click 事件。下面演示 Button 控件的用法。

（1）新建一个 Windows 窗体应用程序，在 Form1 窗体上添加一个按钮，并在"属性"面板中更改其（Name）属性，设置其名称。通常用 btn 加英文单词的方式命名 Button 控件，这样可以方便区别 Button 控件和其他控件。将 button1 的（Name）属性设置为 btnClickMe，Text 属性设置为"点 我"。通常可以在两个汉字的按钮文本中间加一个空格，使其看起来更为美观一些。结果如图 9.33 所示。

（2）为按钮添加图片，更改按钮的 Image 属性，弹出图 9.34 所示的"选择资源"对话框。

图 9.33　控件设置

图 9.34　"选择资源"对话框

可以选择两种方式导入图片，一种是本地资源导入，图片将作为单独的文件存在；另一种是作为项目资源文件存在。此处选择项目资源文件的形式，单击对话框左下角的"导入"按钮，选择相应的图片进行导入。

导入后的窗体如图 9.35 所示。导入完成后，单击"确定"按钮返回窗体编辑器。

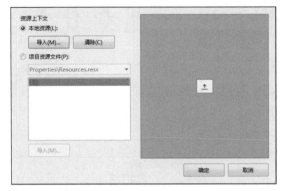

图 9.35　导入图片

（3）调整按钮的大小，使其适合显示所选的图标和文本。设置 Button 的 ImageAlign 属性为 MiddleLeft，TextAlign 属性为 MiddleRight，如图 9.36 和图 9.37 所示。

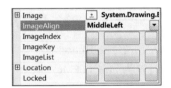

图 9.36　ImageAlign 属性设置

图 9.37　TextAlign 属性设置

设置完成后，窗体的效果如图 9.38 所示。

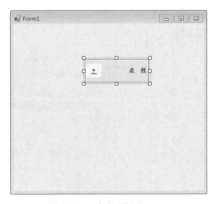

图 9.38　窗体效果（1）

下面编写事件处理程序，此处想要实现的功能是单击 btnClickMe 按钮，按钮的位置在 Form1 窗体中随机变化。

双击 btnClickMe 按钮，Visual Studio 2022 将自动转入代码编辑器，并在程序中添加了处理 btnClickMe 按钮 Click 事件的代码框架。在 Visual Studio 2022 提示的位置输入相应代码即可实现对事件的处理。

```
private void btnClickMe_Click(object sender, EventArgs e)
{
    //创建伪随机数生成器变量 r
    Random r = new Random();

    //使用伪随机数生成器变量 r 产生随机数并赋值给 btnClickMe 按钮的 Left 和 Top 属性
    btnClickMe.Left = r.Next(this.Width - btnClickMe.Width);
    btnClickMe.Top = r.Next(this.Height - btnClickMe.Height);
}
```

这段代码中使用了一个名为 Random 的类，它的作用是生成随机数。初始化一个该类的实例后，便可用该实例的 Next()方法产生随机数。Random.Next()方法的整型参数可以限定产生一个介于 0 与这个整数之间的随机数。

代码中使用了 this 关键字，this 关键字表示当前类的一个实例，在本例中就是 Form1 的一个实例，在程序运行时代了呈现在用户面前的窗体。代码中使用 this.Width-btnClickMe.Width 作为 Random.Next()方法的参数，这样的参数可以保证 btnClickMe 按钮位于 Form1 的可见范围内。

运行程序，随意单击按钮，可以看到图 9.39 和图 9.40 所示效果。

图 9.39　运行结果（2）

图 9.40　运行结果（3）

由于代码中使用了随机数，因此运行结果可能不尽相同。

9.3.2　标签控件 Label

Label 控件用于显示用户不能编辑的文本，如标题或提示等。同样，Label 控件也可以用于显示图像。它们用于标识窗体上的对象，因为 Label 控件不能接收焦点，所以也可以用于为其他控件创建访问键。

Label 控件相对简单，下面演示 Label 控件的用法。本示例的目的是统计单击按钮的次数，并显示在 Label 控件上。

（1）新建一个 Windows 窗体应用程序，分别添加一个 Label 控件和一个 Button 控件。将 Label 控件的（Name）属性设置为 lblText，Text 属性设置为"请点击下面的按钮"；将 Button 控件的（Name）属性设置为 btnClickMe，Text 属性设置为"点 我"。窗体效果如图 9.41 所示。

（2）双击 btnClickMe 按钮，编写其 Click 事件的代码。在本例中需要一个 Click 事件处理代码外部的变量用于记录单击次数。

【代码示例】

```
using System;
using System.Windows.Forms;

namespace FormsStatement
{
    public partial class Form1 : Form
    {
        public Form1()
        {
            InitializeComponent();
        }

        private void btnClickMe_Click(object sender, EventArgs e)
        {
            count++;
            lblText.Text = "你一共点击了" + count.ToString() + "次按钮";
        }

        private int count = 0;

    }
}
```

代码中声明了一个整型变量 count 用于存储点击次数，并初始化为 0。每次处理 btnClickMe 的 Click 事件代码时 count 加 1，lblText 的 Text 属性被重新赋值。

（3）运行程序，随意单击按钮，可以看到按钮上方的文字在不断变化。其运行结果大致如图 9.42 所示，呈现的是单击了 9 次按钮后的结果。

图 9.41　窗体效果（2）

图 9.42　运行结果（4）

9.3.3　文本框控件 TextBox

TextBox 控件用于获取用户输入或显示文本。TextBox 控件通常用于可编辑文本，不过也可使其成为只读控件。文本框可以显示多行、对文本进行换行使其符合控件的大小，以及添加基本的格式设置。TextBox 控件仅允许在其中显示或输入的文本采用一种格式。

文本框控件允许定义很多设置，以下是一些自定义属性。

（1）CausesValidation：当设置为 true 时，可以引发 Validating 和 Validated 验证事件。这是一个很有用的属性，可以用于验证文本框内容的合法性，经常用于各种资料、数据输入时的验证。

（2）CharacterCasing：用于指示所输入文本的大小写格式。Normal 为不改变，Upper 为转换为大写，Lower 为转换为小写。

（3）MaxLength：指示文本框所输入字符的长度。

（4）MultiLine：指示文本框是否接收多行输入。

（5）PasswordChar：将单行输入的字符替换为指定字符，常用于密码输入栏，如用 "*" 代替输入的字符。当 MultiLine 设置为 true 时，此设置无效。

（6）ReadOnly：指示文本框是否为只读。

（7）ScrollBars：指示当为多行显示时，是否显示滚动条。

另外，还有几个在属性框中不可以设置的属性，其说明如下。

（1）SelectText：表示文本框中选中的字符。

（2）SelectionLength：表示文本框中选中字符的长度。

（3）SelectionStart：表示文本框中选中字符的开头。

下面的示例演示了 TextBox 控件的用法。

（1）新建一个 Windows 窗体应用程序，为窗体添加图 9.43 所示的控件。修改控件的 Text 属性，使其与图 9.44 相同。

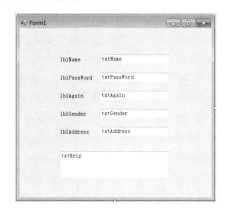

图 9.43　添加控件

图 9.44　设置 Text 属性

（2）对 txtPassword 文本框和 txtAgain 文本框进行设置，使其 PasswordChar 属性为 "*"，设置 txtHelp 文本框的 ScrollBars 的属性为 Vertical，ReadOnly 属性为 true。

（3）对主窗口进行设置，将其 Name 属性设置为 frmMain，Text 属性设置为 "注册新用户"，BackColor 属性设置为 GradientInactiveCaption，其效果如图 9.45 所示。

（4）设置除 txtHelp 文本框之外所有 TextBox 控件的 CausesValidation 属性为 true。为各个 TextBox 控件编写 Validating() 和 Enter() 方法。以 txtName 文本框为例，选中 txtName 文本框，单击其属性面板中的 按钮切换到 按钮。在其 Validating() 方法右侧双击，Visual Studio 2022 将自动为 txtName 文本框控件生成 Validating() 的事件方法，如图 9.46 所示。同理，设置其 Enter() 方法。

图 9.45　设置主窗口属性　　　　　　　　图 9.46　方法设置

（5）编写事件处理代码，实现的功能如下。

● 当某 TextBox 控件获得焦点时，txtHelp 文本框控件显示文本提示，指示该 TextBox 控件中所需输入的内容。

● 当离开某 TextBox 控件时，验证用户在 TextBox 控件中所输入内容的合法性。

【代码示例】

```csharp
using System;
using System.Collections.Generic;
using System.ComponentModel;
using System.Data;
using System.Drawing;
using System.Text;
using System.Windows.Forms;

namespace FormsStatement
{
    public partial class frmMain : Form
    {
        public frmMain()
        {
            InitializeComponent();
        }

        private void txtPassword_Validating(object sender, CancelEventArgs e)
        {
            if (txtPassword.Text.Trim() == string.Empty)
            {
                MessageBox.Show("密码为空，请重新输入！");
                txtPassword.Focus();
            }
        }

        private void txtName_Validating(object sender, CancelEventArgs e)
        {
            if (txtName.Text.Trim() == string.Empty)
            {
                MessageBox.Show("用户名为空，请重新输入！");
                txtName.Focus();
            }
```

```
        }

    private void txtAgain_Validating(object sender, CancelEventArgs e)
    {
        //验证第二次输入的密码是否为空
        //如不为空，验证是否与第一次输入的密码相同
        //如不相同，则清空，要求重新输入
        if (txtAgain.Text.Trim() == string.Empty)
        {
            MessageBox.Show("密码为空，请重新输入！");
            txtAgain.Focus();
        }
        else if (txtAgain.Text.Trim() != txtPassword.Text.Trim())
        {
            MessageBox.Show("密码输入有误，请重新输入！");
            txtPassword.Clear();
            txtAgain.Clear();
            txtPassword.Focus();
        }
    }

    private void txtGender_Validating(object sender, CancelEventArgs e)
    {
        //判断 txtGender 中输入的内容是否为"男"或"女"
        if ((txtGender.Text.Trim() != "男") && (txtGender.Text.Trim() != "女"))
        {
            MessageBox.Show("性别输入不正确，请重新输入！");
            txtGender.SelectAll();
            txtGender.Focus();
        }
    }

    private void txtName_Enter(object sender, EventArgs e)
    {
        txtHelp.Text = "请输入您的姓名！";
    }

    private void txtPassword_Enter(object sender, EventArgs e)
    {
        txtHelp.Text = "请输入您的密码！";
    }

    private void txtAgain_Enter(object sender, EventArgs e)
    {
        txtHelp.Text = "请再次输入您的密码！";
    }

    private void txtGender_Enter(object sender, EventArgs e)
    {
        txtHelp.Text = "请输入您的性别！";
    }

    private void txtAddress_Enter(object sender, EventArgs e)
    {
        txtHelp.Text = "请输入您的地址！";
    }
}
```

09

```
    }
```

代码中用到了 TextBox 控件的以下几个方法。

（1）Clear()方法：清空 TextBox 控件中的文本。

（2）Focus()方法：使该 TextBox 控件重新获得焦点。

（3）SelectAll()方法：使该 TextBox 控件重新获得焦点，并使其所有文本处于选中状态。

代码中还使用了 MessageBox 对话框，用于提示用户的输入错误，其效果如图 9.47 所示。

图 9.47　MessageBox 对话框

9.3.4　单选按钮控件 RadioButton

RadioButton 控件为用户提供由两个或多个互斥选项组成的选项集。当用户选择某单选按钮时，同一组中的其他单选按钮不能同时选定。

下面对 9.3.3 小节中的程序进行一点改进，将用于输入性别的 TextBox 控件替换为 RadioButton 控件。这样的好处是 RadioButton 控件限制了用户输入的随意性，改为限制性选项，便于对输入的控制。

改进后的效果如图 9.48 所示。

窗体中的这两个 RadioButton 控件是存在于同一组中的，也就是说，这两个 RadioButton 控件只能被同时选中一个。在一个容器（如 Panel 控件、GroupBox 控件或窗体）内绘制单选按钮即可将它们分组。直接添加到一个窗体中的所有单选按钮将形成一个组。若要添加不同的组，必须将它们放到面板或分组框中。关于 Panel 控件和 GroupBox 控件的使用，以后将会讲到。

假设这个窗体中还存在第三个、第四个 RadioButton 控件，那么这些 RadioButton 控件也只能同时被选中一个。

当读者运行程序时会发现，默认的两个 RadioButton 控件都没有被选中。这时，需要对 RadioButton 控件的属性进行修改。RadioButton 控件有一个 Checked 属性，用于指示当前的 RadioButton 控件是否被选中。将其中的某个 RadioButton 控件的 Checked 属性设置为 true 并运行程序，效果如图 9.49 所示。

图 9.48　RadioButton 控件应用　　　　　图 9.49　运行结果（5）

RadioButton 控件的另一个经常用到的属性是 CheckAlign，可以设置单选按钮的位置，几种不同的设置如图 9.50 所示。通过设置 RadioButton 控件的 Apperance 属性，可以使其呈现不同的风格，如图 9.51 所示。

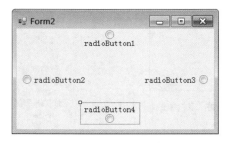

图 9.50　CheckAlign 属性设置　　　　　图 9.51　Apperance 属性设置

其中，radioButton1 单选按钮和 radioButton4 单选按钮的 Apperance 属性值为 Button，而其他两个 RadioButton 控件没有改变。radioButton4 单选按钮的 Checked 属性设置为 true，其他三个皆为 false。

RadioButton 控件的常用方法有 Click()和 CheckChanged()。Click 事件的用法和其他控件大致相同，CheckChanged 事件与 RadioButton 控件的 Checked 属性值的改变有关。只有当 RadioButton 控件的 Checked 属性值改变时，CheckChanged 事件才会被触发。而 Click 事件不考虑 Checked 属性值的改变。

9.3.5　复选框控件 CheckBox

CheckBox 控件指示某个特定条件是处于打开状态还是处于关闭状态。它常用于为用户提供是/否或真/假选项。可以成组使用 CheckBox 控件以显示多重选项，用户可以从中选择一项或多项。该控件与 RadioButton 控件类似，但可以选择任意数目的成组 CheckBox 控件。

从 CheckBox 控件与 RadioButton 控件的中文名称上就可以看出这两个控件的区别。CheckBox 控件提供了一种多选的方式。

CheckBox 控件与 RadioButton 控件还有另外一个显著的不同，即 CheckBox 控件可以有三种状态：Checked、Indeterminate 和 UnChecked。读者可能对 Checked 和 UnChecked 这两种状态比较熟悉，对 Indeterminate 感到困惑。请读者查看 Windows 安装目录的属性（这个目录通常是 C:\Windows），如图 9.52 所示。

图 9.52   "Windows 属性"对话框

可以看到，"只读（仅应用于文件夹中的文件）"复选框左侧的正方形呈现灰色，这表示 Windows 目录下某些文件是只读的，而另外一些文件则不是只读的，这就是 Indeterminate 状态。

CheckBox 控件的 CheckState 属性可以由 ThreeState 属性控制。当 ThreeState 属性为 false 时，Indeterminate 状态是无效的。此时，CheckBox 控件只有 Checked 和 UnChecked 两种状态。

CheckBox 控件还有另外一个属性，名为 Checked。当 CheckState 属性为 Checked 和 Indeterminate 状态时，Checked 属性为 true；当 CheckState 属性为 UnChecked 状态时，Checked 属性为 false。

与之对应，CheckBox 控件的事件也比较复杂。当 Checked 属性改变时，会触发 CheckedChanged 事件；当 CheckState 属性改变时，会触发 CheckStateChange 事件。

CheckBox 控件的属性和 RadioButton 控件的属性非常相似，也有 Apperance 属性和 CheckAlign 属性。这两个属性的使用方法和 RadioButton 控件相同，读者可以自己尝试，此处就不详细介绍了。

9.3.6　分组框控件 GroupBox

GroupBox 控件用于为其他控件提供可识别的分组。通常，使用分组框按功能细分窗体。在分组框中对所有选项进行分组为用户提供了逻辑可视化线索。

GroupBox 控件为 RadioButton 控件和 CheckBox 控件的使用提供了良好的界面。通常可以用 GroupBox 控件为 RadioButton 控件和 CheckBox 控件提供分组，这样就可以在一个窗体中有几个独立的分组了。

下面的示例演示了 GroupBox 控件的用法。

（1）新建一个 Windows 窗体应用程序，添加如图 9.53 所示的控件。

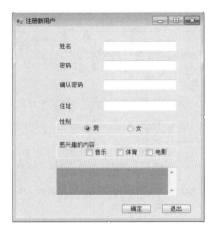

图 9.53　窗体布局（1）

（2）编写"确定"按钮 btnOK 和"退出"按钮 btnCancle 的代码。其中，"确定"按钮的功能为显示一个对话框，输出用户所填内容；"退出"按钮的功能为结束程序。

【代码示例】

```
using System;
using System.Collections.Generic;
using System.ComponentModel;
using System.Data;
using System.Drawing;
using System.Text;
using System.Windows.Forms;

namespace FormsStatement
{
    public partial class frmMain : Form
    {
        public frmMain()
        {
            InitializeComponent();
        }

        private void txtPassword_Validating(object sender, CancelEventArgs e)
        {
            if (txtPassword.Text.Trim() == string.Empty)
            {
                MessageBox.Show("密码为空，请重新输入！");
                txtPassword.Focus();
            }
        }

        private void txtName_Validating(object sender, CancelEventArgs e)
        {
            if (txtName.Text.Trim() == string.Empty)
```

```
        {
            MessageBox.Show("用户名为空，请重新输入！");
            txtName.Focus();
        }
    }

    private void txtAgain_Validating(object sender, CancelEventArgs e)
    {
        //验证第二次输入的密码是否为空
        //如不为空，验证是否与第一次输入的密码相同
        //如不相同，则清空，重新输入
        if (txtAgain.Text.Trim() == string.Empty)
        {
            MessageBox.Show("密码为空，请重新输入！");
            txtAgain.Focus();
        }
        else if (txtAgain.Text.Trim() != txtPassword.Text.Trim())
        {
            MessageBox.Show("密码输入有误，重新输入！");
            txtPassword.Clear();
            txtAgain.Clear();
            txtPassword.Focus();
        }
    }

    private void txtName_Enter(object sender, EventArgs e)
    {
        txtHelp.Text = "请输入您的姓名！";
    }

    private void txtPassword_Enter(object sender, EventArgs e)
    {
        txtHelp.Text = "请输入您的密码！";
    }

    private void txtAgain_Enter(object sender, EventArgs e)
    {
        txtHelp.Text = "请再次输入您的密码！";
    }

    private void txtAddress_Enter(object sender, EventArgs e)
    {
        txtHelp.Text = "请输入您的地址！";
    }

    private void btnCancel_Click(object sender, EventArgs e)
    {
        this.Close();
    }

    private void btnOK_Click(object sender, EventArgs e)
    {
        string user = string.Empty;
        user = "姓名：" + txtName.Text + "\n";
        user = user + "密码：" + txtPassword.Text + "\n";
        user = user + "性别：" + (rdoMale.Checked ? "男" : "女") + "\n";
        user = user + "爱好：" + (chkMovie.Checked ? "电影 " : "") +
```

09

```
(chkMusic.Checked ? "音乐 " : "") + (chkSport.Checked ? "体育 " : "") + "\n";
        DialogResult result = MessageBox.Show(user, "信息确认",
MessageBoxButtons.OKCancel, MessageBoxIcon.Information,
MessageBoxDefaultButton.Button1);
        if (result == DialogResult.OK)
        {
            txtName.Clear();
            txtPassword.Clear();
            txtAgain.Clear();
            txtAddress.Clear();
            txtName.Focus();
        }
    }

    private void btnCancel_MouseEnter(object sender, EventArgs e)
    {
        txtName.CausesValidation = false;
        txtPassword.CausesValidation = false;
        txtAgain.CausesValidation = false;
    }

    private void btnCancel_MouseLeave(object sender, EventArgs e)
    {
        txtName.CausesValidation = true;
        txtPassword.CausesValidation = true;
        txtAgain.CausesValidation = true;
    }
}
}
```

运行程序，输入相应的内容，如图 9.54 所示。单击"确定"按钮，结果如图 9.55 所示。

图 9.54　注册新用户

图 9.55　信息确认

单击"信息确认"对话框的"确定"按钮，将会清除所有已输入的内容，包括 CheckBox 控件的选中状态。

代码中用到了 MessageBox 控件的另一个构造方法，这种方法使 MessageBox 控件的外观更加多样化，包括 MessageBox 控件的标题（Title）、图标（MessageBoxIcons）和按钮（MessageBoxButtons）。MessageBox 控件的构造函数共有 21 种，可以创造出十分多样的对话框。这也是程序中经常用到的一种对话框，MessageBox 控件的使用并不复杂，希望读者掌握。

另外，程序中还编写了 btnCancle 的 Enter 和 Leave 事件，目的是在单击"退出"按钮时不触发 TextBox 控件的 Validating 事件，防止多余的提示。在 Leave 事件中又恢复了 TextBox 控件的 Validating 事件。读者可以先删除该段代码查看相应的效果。

9.3.7 面板控件 Panel

Panel 控件是另一种容器类型的控件，用于为其他控件提供可识别的分组。通常，使用面板按功能细分窗体。Panel 控件类似于 GroupBox 控件，但只有 Panel 控件可以有滚动条，只有 GroupBox 控件可显示标题。

Panel 控件可以使窗体的分类更加详细，便于用户理解。例如，可以在图 9.54 所示的窗体中添加一个 Panel 控件，如图 9.56 所示。

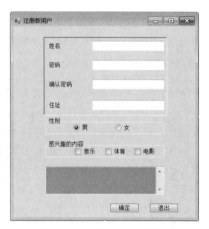

图 9.56　添加 Panel 控件

这样的分类使程序更加美观，Panel 控件的功能与 GroupBox 控件相似，此处就不多介绍了。读者可以尝试使用 Panel 控件，以获得直观的认知。

9.3.8 链接标签控件 LinkLabel

LinkLabel 控件可以向 Windows 窗体应用程序添加 Web 样式的链接。一切可以使用 Label 控件的地方都可以使用 LinkLabel 控件，还可以将文本的一部分设置为指向某个对象或网页的链接。

LinkLabel 控件可以说是 Label 控件的增强型控件，它具有针对超链接和链接颜色的属性。LinkArea 属性用于设置激活链接的文本区域，LinkColor、VisitedLinkColor 和 ActiveLinkColor 属性用于设置链接的颜色。可以通过设置 LinkColor、VisitedLinkColor 和 ActiveLinkColor 属性使 LinkLabel 控件的外观和 Label 控件的外观一致。也可以通过设置这三个属性定义自己的 LinkLabel 控件样式。

LinkClicked 事件确定选择链接文本后将发生的操作。

LinkLabel 控件的样式如图 9.57 所示。

图 9.57 LinkLabel 控件

LinkLabel 控件的使用并不复杂，此处就不进行详细介绍了。LinkLabel 控件的优点在于为开发人员提供了一种方便的类似于 Web 链接形式的标签，读者可以根据自己的需要合理选择使用。

9.3.9 列表框控件 ListBox

ListBox 控件用于显示一个项列表，用户可从中选择一项或多项。如果项总数超出可以显示的项数，则 ListBox 控件会自动添加滚动条。

当 ListBox 控件的 MultiColumn 属性设置为 true 时，列表框以多列形式显示项，还会出现一个水平滚动条。当 MultiColumn 属性设置为 false 时，列表框以单列形式显示项，并且会出现一个垂直滚动条。当 ScrollAlwaysVisible 设置为 true 时，无论项数多少都将显示滚动条。SelectionMode 属性确定一次可以选择多少列表项。

下面的示例演示了 ListBox 控件的用法。

（1）新建一个 Windows 窗体应用程序，在窗体上添加如图 9.58 所示的控件。4 个按钮的名称依次为 btnRight、btnRightAll、btnLeftAll 和 btnLeft。

（2）更改 listLeft 控件的 Items 属性，弹出如图 9.59 所示的对话框。

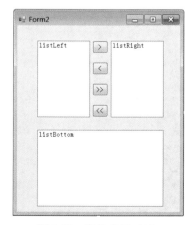

图 9.58 窗体布局（2）

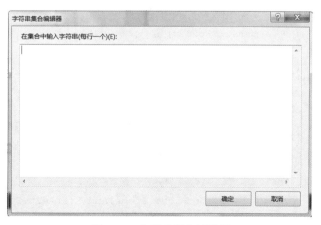

图 9.59 字符串集合编辑器

依次输入周一、周二、周三、周四、周五、周六和周日，然后单击"确定"按钮，得到图 9.60 所示的窗体。

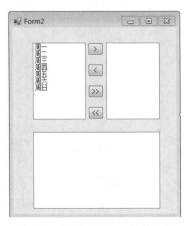

图 9.60　更改 ListBox 控件属性

（3）编写各个按钮的代码，功能为使 ListBox 控件的项在 listLeft 控件和 listRight 控件之间移动，并将记录输出到 listBottom 控件中。

【代码示例】

```
using System;
using System.Collections.Generic;
using System.ComponentModel;
using System.Data;
using System.Drawing;
using System.Linq;
using System.Text;
using System.Threading.Tasks;
using System.Windows.Forms;

namespace FormsStatement
{
    public partial class Form2 : Form
    {
        public Form2()
        {
            InitializeComponent();
        }

        private void btnRight_Click(object sender, EventArgs e)
        {
            if (listLeft.SelectedItems.Count == 0)
            {
                return;
            }
            else
            {
                listRight.Items.Add(listLeft.SelectedItem);
                listBottom.Items.Add(listLeft.SelectedItem.ToString() + "被移至右侧");
                listLeft.Items.Remove(listLeft.SelectedItem);
            }
```

```
    }

    private void btnRightAll_Click(object sender, EventArgs e)
    {
        foreach (object item in listLeft.Items)
        {
            listRight.Items.Add(item);
        }
        listBottom.Items.Add("左侧列表项被全部移至右侧");
        listLeft.Items.Clear();
    }

    private void btnLeftAll_Click(object sender, EventArgs e)
    {
        foreach (object item in listRight.Items)
        {
            listLeft.Items.Add(item);
        }
        listBottom.Items.Add("右侧列表项被全部移至左侧");
        listRight.Items.Clear();
    }

    private void btnLeft_Click(object sender, EventArgs e)
    {
        if (listRight.SelectedItems.Count == 0)
        {
            return;
        }
        else
        {
            listLeft.Items.Add(listRight.SelectedItem);
            listBottom.Items.Add(listRight.SelectedItem.ToString() + "被移至左侧");
            listRight.Items.Remove(listRight.SelectedItem);
        }
    }
}
}
```

运行程序，可以随意移动两侧列表框中的项。运行结果如图 9.61 所示。

图 9.61　运行结果（6）

代码中使用了 ListBox 控件的 Items 属性，Items 属性的值是一个集合，它表示当前 ListBox 控件中项的集合。Items 属性拥有集合的一些方法，如 Count()方法（用于指示项的个数）、Add()方法和 Clear()方法等。SelectedItem 属性表示当前 ListBox 控件中被选中的项。

9.3.10　可选列表框控件 CheckedListBox

CheckedListBox 控件与 ListBox 控件类似，但是其列表中项的左侧还可以显示选择框。读者可以结合 CheckBox 控件和 ListBox 控件自学其使用方法，此处就不多介绍了。

9.3.11　组合框控件 ComboBox

ComboBox 控件用于在下拉组合框中显示数据。默认情况下，ComboBox 控件分两部分显示：顶部是一个允许用户输入列表项的文本框；另一部分是一个列表框，它用于显示一个项列表，用户可从中选择一项。

可以将 ComboBox 控件看作结合了 TextBox、Button 和 ListBox 功能的控件。从 ComboBox 控件的中文名称就可以看出，该控件是一个组合了很多功能的控件。

通过对 ComboBox 控件的 DropDownStyle 属性进行以下设置，可以使其呈现不同的样式。

（1）Simple：使 ComboBox 控件的列表部分总是可见的。

（2）DropDown：DropDownStyle 属性的默认值，使用户可以编辑 ComboBox 控件的文本框部分，必须单击右侧的箭头才能显示列表部分。

（3）DropDownList：用户不能编辑 ComboBox 控件的文本框部分，必须单击右侧的箭头才能显示列表部分。

ComboBox 控件使用属性 DropDownHeight 和 DropDownWidth 控制下拉列表中项的高度与宽度，使用 ItemHeight 控制下拉列表中项的高度。另外，还可以使用 MaxDropDownItem 控制下拉列表中项的个数。

ComboBox 控件的事件主要来源于以下几方面。

（1）文本改变，如 TextChanged()方法。

（2）选项改变，如 SelectedIndexChanged()方法。

（3）下拉状态改变。

上面所讲的都是 ComboBox 控件和其他控件不同的一些属性与事件,另外还存在许多和 TextBox 控件与 ListBox 控件相同的用法，此处就不一一介绍了。

下面的示例演示了 ComboBox 控件的用法。

（1）新建一个 Windows 窗体应用程序，添加图 9.62 所示的控件。

（2）将两个 ComboBox 控件分别命名为 cboCountry 和 cboCity，将"确定"按钮命名为 btnOK。更改两个 ComboBox 控件的 DropDownStyle 属性为 DropDownList。

为国家列表 cboCountry 控件的 Items 属性添加以下内容：中国、美国、英国、法国、俄罗斯。

（3）编写程序代码，功能为选择相应的国家，在城市列表中显示该国家的部分城市。

图 9.62　窗体布局（3）

【代码示例】

```
using System;
using System.Collections.Generic;
using System.ComponentModel;
using System.Data;
using System.Drawing;
using System.Linq;
using System.Text;
using System.Threading.Tasks;
using System.Windows.Forms;

namespace FormsStatement
{
    public partial class Form3 : Form
    {
        public Form3()
        {
            InitializeComponent();
        }

        private void Form1_Load(object sender, EventArgs e)
        {
            cboCountry.SelectedIndex = 0;
        }

        private void cboCountry_SelectedIndexChanged(object sender, EventArgs e)
        {
            switch (cboCountry.SelectedIndex)
            {
                case 0:
                    cboCity.Items.Clear();
                    cboCity.Items.Add("北京");
                    cboCity.Items.Add("上海");
                    cboCity.Items.Add("天津");
                    cboCity.SelectedIndex = 0;
                    break;
                case 1:
                    cboCity.Items.Clear();
                    cboCity.Items.Add("纽约");
                    cboCity.Items.Add("华盛顿");
                    cboCity.Items.Add("芝加哥");
                    cboCity.SelectedIndex = 0;
                    break;
                case 2:
```

```
                    cboCity.Items.Clear();
                    cboCity.Items.Add("伦敦");
                    cboCity.Items.Add("曼彻斯特");
                    cboCity.Items.Add("伯明翰");
                    cboCity.SelectedIndex = 0;
                    break;
                case 3:
                    cboCity.Items.Clear();
                    cboCity.Items.Add("巴黎");
                    cboCity.Items.Add("慕尼黑");
                    cboCity.Items.Add("法兰克福");
                    cboCity.SelectedIndex = 0;
                    break;
                case 4:
                    cboCity.Items.Clear();
                    cboCity.Items.Add("莫斯科");
                    cboCity.Items.Add("圣彼得堡");
                    cboCity.Items.Add("新西伯利亚");
                    cboCity.SelectedIndex = 0;
                    break;
                default:
                    cboCity.Items.Clear();
                    break;
            }
        }

        private void btnOK_Click(object sender, EventArgs e)
        {
            string mySelect = cboCountry.SelectedItem.ToString() + ": " +
cboCity.SelectedItem.ToString();
            MessageBox.Show(mySelect, "国家城市列表", MessageBoxButtons.OK,
MessageBoxIcon.Information);
        }

    }
}
```

运行程序，可以任意选择"国家列表"中的项，右侧的"城市列表"中的内容也随之改变，如图 9.63 所示。单击"确定"按钮时，通过 MessageBox 对话框显示所选的内容，如图 9.64 所示。

图 9.63　运行结果（7）

图 9.64　显示提示

代码在 Form1 窗体的 Load 事件中对 cboCountry 控件的 SelectedIndex 属性进行赋值，使其默认选择一项，避免了运行程序时组合框中的所选内容为空。

随后的代码处理了 cboCountry 控件的 SelectedIndexChanged 事件，根据不同的国家添加不同的城市名称。通过之前对 ListBox 等控件的学习，读者应该比较容易理解这段代码，此处就不详细介绍了。

9.3.12　微调按钮控件 NumericUpDown

NumericUpDown 控件看起来像是一个文本框与一对箭头的组合，用户可以通过单击箭头调整值。该控件显示并设置选择列表中的单个数值。用户可以通过单击向上和向下按钮、按向上键和向下键或输入一个数字增大和减小数字。按向上键时，值沿最大值方向增加；按向下键时，值沿最小值方向减小。

NumericUpDown 控件常用的属性如下。

（1）Increment：递增量，默认为 1。

（2）Maximum：最大值，默认为 100。

（3）Minimum：最小值，默认为 0。

（4）UpDownAlign：设置微调按钮的位置，Left 或 Right。

（5）InterceptArrowKeys：是否接受上下箭头键的控制。

NumericUpDown 控件常用事件为 ValueChanged，在 NumericUpDown 控件值改变时触发。

NumericUpDown 控件比较简单，下面的示例演示了其用法。

新建一个 Windows 窗体应用程序，添加如图 9.65 所示的控件。

【代码示例】

```csharp
using System;
using System.Collections.Generic;
using System.ComponentModel;
using System.Data;
using System.Drawing;
using System.Linq;
using System.Text;
using System.Threading.Tasks;
using System.Windows.Forms;

namespace FormsStatement
{
    public partial class Form4 : Form
    {
        public Form4()
        {
            InitializeComponent();
        }

        private void numericUpDown1_ValueChanged(object sender, EventArgs e)
        {
            lblText.Text = "当前选择的值为：" + numericUpDown1.Value.ToString();
        }

    }
}
```

Label 控件即时显示了 NumericUpDown 控件的值。运行结果如图 9.66 所示。

图 9.65　窗体布局（4）　　　　　　图 9.66　运行结果（8）

9.3.13　主菜单控件 MenuStrip

Visual Studio 2022 中使用 MenuStrip 控件替换了以前的 MainMenu 控件，请读者注意。此控件将应用程序命令分组，从而使它们更容易访问。开发人员可以用此控件创建出各种复杂的主菜单，鉴于读者对菜单的概念比较熟悉，此处直接介绍其用法。

（1）新建一个 Windows 窗体应用程序，在左侧的工具箱中双击 MenuStrip 控件，将其添加到窗体中，如图 9.67 所示。

可以看到，窗体的上方出现了一个空菜单，并提示输入菜单名称；下方多出了一个 menuStrip1 控件。

（2）输入菜单文本时，Visual Studio 2022 将自动产生下一个菜单条目的提示输入，方便开发人员使用，如图 9.68 所示。

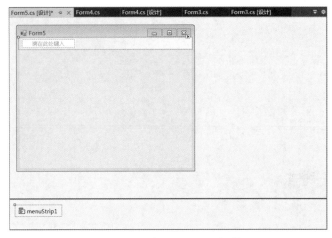

图 9.67　添加 MenuStrip 控件　　　　　　图 9.68　输入菜单文本

（3）创建一个类似于 Visual Studio 2022 的部分菜单。在图 9.68 提示的输入处输入"文件（&N）"，将产生"文件（<u>N</u>）"的效果，&被识别为确认快捷键的字符。同理在"文件"下创建"新建""打开""添加"和"关闭"子菜单。

在新创建的菜单上右击，可以添加其他内容，如分隔符。

还可以为菜单添加图像，以方便用户识别和使用，如图 9.69 所示。

（4）添加完成，效果如图 9.70 所示。

图 9.69　添加其他内容　　　　　　　　图 9.70　菜单示意图

读者还可以创建出各种复杂的菜单，此处就不逐一说明了。菜单的事件处理通常是处理其 Click 事件，主要用来响应用户单击菜单时的操作。

9.3.14　工具箱控件 ToolStrip

应用程序中常用的另一个控件是 ToolStrip 控件。ToolStrip 控件是可以在 Windows 窗体应用程序中承载菜单、控件和用户控件的工具条。

ToolStrip 控件的用法比较简单，大致如下。

（1）打开 9.3.13 小节中的程序，添加 ToolStrip 控件，如图 9.71 所示。

图 9.71　添加 ToolStrip 控件

可以看到窗体中多出了一个工具栏，下方显示 toolStrip1 控件。

（2）单击工具栏中的提示图标，如图 9.72 所示。

（3）运行程序，结果如图 9.73 所示。

图 9.72　添加工具栏按钮

图 9.73　运行结果（9）

9.3.15　上下文菜单控件 ContextMenuStrip

ContextMenuStrip 控件提供了与某个控件相关联的快捷菜单，其用法如下。

（1）打开 9.3.14 小节中的程序，添加 ContextMenuStrip 控件，如图 9.74 所示。

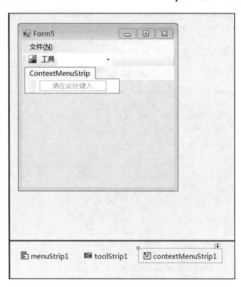

图 9.74　添加 ContextMenuStrip 控件

（2）添加菜单项，如图 9.75 所示。

（3）设置 Form5 窗体的 ContextMenuStrip 控件属性为 contextMenuStrip1，运行程序，在窗体上右击，效果如图 9.76 所示。

图 9.75 添加 ContextMenuStrip 菜单项　　　　　图 9.76 运行结果（10）

9.4 控 件 格 式

9.4.1 对齐控件

Windows 窗体应用程序很重要的一点就是美观，因此需要尽量将控件摆放整齐。Visual Studio 2022 提供了方便的对齐控件的方法。

选中多个控件，在"格式"菜单中选择"对齐"选项，可以看到 Visual Studio 2022 提供了以下选项。

- 左对齐
- 居中对齐
- 右对齐
- 顶端对齐
- 中间对齐
- 底部对齐
- 对齐到网格

这些选项的意义十分明显，此处就不介绍了，读者在使用时要注意对不同方向上的控件多次使用这些对齐方式。这样可以使程序上的控件更加美观。

9.4.2 控件顺序和层次

前面已经介绍过，通过 Tab 键可以依次访问到窗体中的各个控件，因此控件摆放的顺序十分重要。比较成功的应用程序都对控件的顺序进行了良好的编排，因此读者要注意在最终发布程序之前对窗体上所有控件的 Tab 键顺序进行调整。调整的方式是通过 TabIndex 属性进行设置。

尽管控件的 Tab 键顺序并没有一个固定的要求和标准，但读者应该遵循典型应用程序的设置原则。微软出品的软件对控件的 Tab 键顺序都进行了良好的设置，读者可以参考。设置时应该考虑以用户使用方便、减少误操作为原则，尽量按照控件的空间顺序编排其 Tab 键顺序。

由于控件是以二维的形式排列在窗体上的，尤其是某些容器控件，如果安排不当将会影响程序的使用。Visual Studio 2022 可以调整控件的层次，选中需要调整的控件并右击，在弹出的快捷菜单中有以下两项可供使用。

- 置于顶层
- 置于底层

通过这两个菜单项可以安排控件的层次，使其呈现在窗体合理的层次中。

9.4.3　控件的大小

通常一个 Windows 窗体应用程序中存在着大量的控件，控件的大小设置必须合理。一般遵循以下规则，也可以根据实际情况的不同进行灵活的调整。

（1）对于有同样属性或功能的控件尽量使其大小统一，如 Button 控件。

（2）控件的大小要根据其容器的大小进行不同的设置，尽量达到美观的目的。

（3）程序的控件安排要紧凑，不要出现大量空白或闲置的区域。

这些规则并不完整，也不绝对。通常需要根据读者自己的经验和对应用程序的理解进行调整。

Visual Studio 2022 中提供了一些调整控件大小的功能。选中多个控件，在"格式"菜单中选中"使大小相同"单选按钮，可以看到 Visual Studio 2022 提供了以下选项。

- 宽度
- 高度
- 两者
- 根据网格调整大小

这些功能可以根据已有的控件调整另一些控件的大小，建议经常使用。

9.4.4　控件的间距

通常窗体中控件的间距需要进行合理的设置，以达到美观的目的。Visual Studio 2022 提供了一些工具，用于调整控件之间的间距。选中多个控件，在"格式"菜单中选择"水平间距"或"垂直间距"选项，可以看到 Visual Studio 2022 提供了以下选项。

- 递增
- 递减
- 相同间隔
- 移除

可以通过这些菜单项调整控件之间的间距。

9.4.5　锁定控件

在进行应用程序设计时，往往会固定某些控件。有时由于控件已经调整完毕，为防止因误操作而改变了控件的外观属性，需要将控件锁定。

选中控件并右击，在弹出的快捷菜单中选择"锁定控件"选项，即可实现对控件的锁定操作。此功能十分实用，建议读者使用。

9.5 总　　结

本章全面介绍了基本的 Windows 窗体应用程序开发的各个方面，介绍了开发所需的知识，并对常用的 Windows 窗体应用程序控件进行了讲解，给出了示例和代码。

Windows 窗体应用程序开发涉及内容非常多，其中并不完全是编写代码的能力，还有很多人机交互和用户体验方面的知识。由于本书并不会涉及太多这方面的内容，希望读者根据自己对软件的认知进行应用程序的设计。

Windows 窗体应用程序是现在编程的主流，即使是面向命令行的程序也会提供一个 Windows 窗体应用程序作为管理界面。因此，掌握本章的内容是十分重要的，希望读者能够多动手，多编写一些小例子，以达到熟悉相关知识的目的。

本章结束后将介绍其他更深层次的内容，因此阶段性的总结是非常必要的。截至本章，读者根据书中介绍的知识已经可以编写一些简单的应用程序了。希望读者能够应用现有的知识，解决一些现实中的问题，成就感对于一门新知识的学习是大有裨益的。

9.6 习　　题

（1）Winform 中，下列关于 ToolBar 控件的属性和事件的描述不正确的是（　　）。

    A．Buttons 属性表示 ToolBar 控件上的所有工具栏按钮

    B．ButtonSize 属性表示 ToolBar 控件上的工具栏按钮的大小，如高度和宽度

    C．DropDownArrows 属性表明工具栏按钮（该按钮有一列值需要以下拉方式显示）旁边是否显示下箭头键

    D．ButtonClick 事件在用户单击工具栏任何地方时都会触发

（2）如果将窗体的 FormBoderStyle 设置为 None，则（　　）。

    A．窗体没有边框并不能调整大小

    B．窗体没有边框但能调整大小

    C．窗体有边框但不能调整大小

    D．窗体是透明的

（3）如果要将窗体设置为透明的，则（　　）。

    A．要将 FormBoderStyle 属性设置为 None

    B．要将 Opacity 属性设置为小于 100%的值

    C．要将 Locked 属性设置为 true

    D．要将 Enabled 属性设置为 true

第 10 章　异　　常

　　程序的编写是一个不断完善的过程，在这个完善的过程中不可避免地会出现一些错误。这些错误可以分为可预知的和不可预知的，代码中这些错误的出现可能会引发程序抛出异常。本章将对程序中的异常处理进行讲解。

10.1　异　常　简　介

　　错误的出现并不总是编写应用程序的开发人员的问题，有时应用程序会因为应用程序的最终用户触发的动作或运行代码的环境而出现错误。无论如何，我们都应预测应用程序中可能会出现的错误，并相应地进行编码。

　　.NET Framework 改进了处理错误的方式，C#处理错误的机制可以为每种错误提供自定义的处理方式，并把识别错误的代码与处理错误的代码分离开。

　　本章从异常的基础知识讲起，引导读者逐渐了解异常的概念，并学会处理异常。

10.1.1　什么是异常

　　异常用于表示在应用程序执行期间发生的错误，以及其他的意外行为。以下这些情况有可能引发异常。

　　（1）代码或调用的代码中有错误。

　　（2）操作系统资源不可用。

　　（3）公共语言运行库遇到意外情况。

　　（4）自定义抛出异常。

　　（5）其他。

　　其中，某些异常是可以恢复的，而另一些则不能。在.NET Framework 中，用 Exception 类表示基类异常，其他异常是从 Exception 类继承的。

　　下面介绍 Exception 类。Exception 类是其他异常类的基类，大多数异常对象都是 Exception 类或其某个派生类的实例。但是，任何从 Object 类派生的对象都可以作为异常引发。

　　异常类的常用属性如下。

1. StackTrace 属性

StackTrace 属性包含可用于确定错误发生位置的堆栈跟踪。如果有可用的调试信息，则堆栈跟踪中包含源文件名和程序行号。

2．InnerException 属性

InnerException 属性可用于在异常处理过程中创建和保留一系列异常。可使用此属性创建一个新异常包含以前捕捉的异常。原始异常可由 InnerException 属性中的第二个异常捕获，这使处理第二个异常的代码可以检查附加信息。

3．Message 属性

Message 属性可用于提供有关异常起因的详细信息。Message 用引发异常的线程的 Thread.CurrentUICulture 属性所指定的语言表示。

4．HelpLink 属性

HelpLink 属性可用于保存某个帮助文件的 URL 或 URN，该帮助文件通常会提供有关异常起因的大量信息。

5．Data 属性

Data 属性可以以键值对的形式保存任意数据，其类型为 IDictionary。

6．Source 属性

Source 属性可用于获取或设置导致错误的应用程序或对象的名称。

7．TargetSite 属性

TargetSite 属性可用于获取引发当前异常的方法。
可以使用以下代码定义一个异常。

```
Exception e;
```

Exception 类的构造函数有四种，通常比较常用的有以下三种。

（1）Exception()：此构造函数将新实例的 Message 属性初始化为系统提供的信息，该信息描述错误并考虑当前系统区域性。所有由 Exception 类派生的类均应提供此默认构造函数。

（2）Exception(string message)：使用指定的错误信息初始化 Exception 类的新实例。

（3）Exception(string message, Exception innerException)：使用指定的错误信息和对作为此异常原因的内部异常的引用初始化 Exception 类的新实例。其中，message 参数为解释异常原因的错误信息；innerException 参数为导致当前异常的异常。如果未指定内部异常，则是一个空引用。

异常从发生问题的代码区域引发，然后沿堆栈向上传递，直到应用程序处理它或程序终止。

10.1.2　C#中的异常

在程序中使用异常是一个非常好的习惯，一个优秀的应用程序的代码中应该包括大量的异常处理代码。有两种类型的异常：由执行程序生成的异常和由公共语言运行库生成的异常。另外，还有由应用程序或运行库触发的异常的层次结构。

C#中除了 Exception 类，还存在许多其他派生类，如下所述。

（1）ActiveDirectoryObjectExistsException：当创建了 ActiveDirectory 对象且该对象在基础目录存储区中已存在时，将引发该异常。

（2）ActiveDirectoryObjectNotFoundException：当在基础目录存储区中找不到请求的对象时，将引发该异常。

（3）ActiveDirectoryOperationException：当基础目录操作失败时，将引发该异常。该类还有两个派生类，分别为 ForestTrustCollisionException 和 SyncFromAllServersOperationException。

（4）ActiveDirectoryServerDownException：当服务器无法响应服务请求时，将引发该异常。

（5）InvalidActiveXStateException：由 ActiveX 控件引发的异常。

（6）ExceptionCollection：表示异常的集合。

（7）IsolatedStorageException：独立存储中的操作失败时引发的异常。

（8）MalformedLineException：当 ReadFields()方法不能使用指定格式分析行时引发的异常。

（9）MembershipCreateUserException：在成员资格提供程序未成功创建用户时引发的异常。

（10）MembershipPasswordException：无法从密码存储区检索到密码时引发的异常。

（11）ProviderException：当发生配置提供程序错误时引发的异常。如果提供程序内发生的内部错误没有映射到其他已存在的异常类，则提供程序也使用此异常类引发异常。

（12）RuntimeWrappedException：包装不是从 Exception 类派生的异常。

（13）SettingsPropertyIsReadOnlyException：提供只读 SettingsProperty 对象的异常。

（14）SettingsPropertyNotFoundException：提供未找到 SettingsProperty 对象的异常。

（15）SettingsPropertyWrongTypeException：提供在对 SettingsProperty 对象使用无效类型时引发的异常。

（16）SmtpException：表示当 SmtpClient 无法完成 Send 或 SendAsync 操作时引发的异常。派生出 SmtpFailedRecipientException 类，当 System.Net.Mail.SmtpClient 不能对特定收件人完成 Overload:System.Net.Mail.SmtpClient.Send 或 Overload:System.Net.Mail.SmtpClient.SendAsync 操作时引发的异常。

（17）SUDSGeneratorException：在生成 Web 服务描述语言（WSDL）的过程中发生错误时引发的异常。

（18）SUDSParserException：在分析 Web 服务描述语言的过程中发生错误时引发的异常。

（19）ViewStateException：当无法加载或验证视图状态时引发的异常。无法继承此类。

以上这些异常类均直接派生自 Exception 类，功能比较具体，读者可以在合适的时机选用这些特定的异常类型。C#还提供了另外两个常用的异常类型：ApplicationException 和 SystemException。这两个类又派生出许多异常类型，大部分都很常用。

SystemException 类派生出的类非常多，如前文提到的当数组索引超出范围时，将引发 IndexOutOfRangeException。IndexOutOfRangeException 类就是 SystemException 类的一个派生类。

关于 SystemException 类及其派生类的内容非常多，此处就不逐一介绍了。这些异常往往针对一些特定的类或操作，在相应部分通常都有介绍。读者应该熟知大部分常见的异常类，以便在程序中对其进行处理。

10.1.3　自定义异常

合理地编写自定义异常有助于对异常的类型进行正确判断，而不是统统将开发的应用程序中所有的错误类型都归结于.NET Framework 中已经定义好的类型。

自定义异常的编写通常遵循以下规则。

（1）避免使用很深的异常层次结构。

（2）尽量从 SystemException 类或其他常见的异常类中派生异常，而不是从 ApplicationException 类派生自定义异常。

（3）异常类名称尽量使用 Exception 作为结尾。

（4）一定要在所有异常中都提供常见的构造函数。

（5）详细编写自定义异常的相关信息。

【代码示例】定义一个自定义异常。

```
using System;
using System.Collections.Generic;
using System.Text;

namespace ExceptionSample
{
    //定义一个自定义异常，该异常继承自 InvalidOperationException 异常类
    class MyException : InvalidOperationException
    {
    }
}
```

代码中并没有任何对 MyException 类的实现。请读者注意，此处仅仅是为了演示自定义异常的定义方法。

10.2　异　常　捕　获

理解异常的定义只是应用异常的第一步，之后的工作才是捕获异常并对其进行处理。.NET Framework 提供了大量的预定义基类异常对象，本节将介绍捕获异常的办法。

10.2.1　try…catch 语句

try…catch 语句的语法如下。

```
try
{
    //代码
}
catch (Exception)
{
    //可以设置多个 catch 捕捉不同的异常（捕捉顺序从上往下）
```

```
    }
finally
{
    //可选
}
```

为了在 C#代码中处理可能出现的错误情况，一般要把程序的相关部分分为三种不同类型的代码块。

（1）try 块包含的代码组成了程序的正常操作部分，但这部分程序可能会遇到某些严重的错误。

（2）catch 块包含的代码处理各种错误情况，这些错误是执行 try 块中的代码时遇到的。这个块还可以用于记录错误。

（3）finally 块包含的代码清理资源或执行通常要在 try 块或 catch 块末尾执行的其他操作（无论是否抛出异常，finally 块都会执行）。因为 finally 块包含了总是执行的清理代码，如果在 finally 块放置了 return 语句，编译器就会标记一个错误。finally 块是完全可选的。如果不需要清理代码，就不需要包含此块。

try...catch 语句的执行过程如下。

（1）执行的程序流入 try 块。

（2）如果在 try 块中没有错误发生，在 try 块中就会正常执行操作。当程序流到达 try 块末尾后，如果存在一个 finally 块，程序流就会自动进入 finally 块[（第（5）步]。如果在 try 块中程序流检测到一个错误，程序流就会跳转到 catch 块[第（3）步]。

（3）在 catch 块中处理错误。

（4）catch 块执行完后，如果存在一个 finally 块，程序流就会自动进入 finally 块[第（5）步]。

（5）执行 finally 块（如果存在）。

【代码示例】能够抛出异常的代码。

```csharp
using System;
using System.Collections.Generic;
using System.Text;

namespace ExceptionSample
{
    class Program
    {
        static void Main(string[] args)
        {
            int[] myArray = new int[4]{1, 2, 3, 4};
            myArray[5] = 5;                          //错误的赋值，将会引发异常
        }
    }
}
```

显然，上述代码中存在错误，即数组的索引超限。运行程序会产生图 10.1 所示的错误提示。

图 10.1　错误提示

可以看到，Visual Studio 2022 抛出了一个 IndexOutOfRangeException 异常。这种异常可以使用 try…catch 语句进行处理。

【代码示例】try…catch 语句的用法。

```
using System;
using System.Collections.Generic;
using System.Text;

namespace ExceptionSample
{
    class Program
    {
        static void Main(string[] args)
        {
            int[] myArray = new int[4] { 1, 2, 3, 4 };

            //使用 try…catch 语句捕获异常
            try
            {
                myArray[5] = 5;     //错误的赋值，将会引发异常
            }
            catch (IndexOutOfRangeException e)
            {
                Console.WriteLine($"出现了 IndexOutOfRangeException 异常，请检查代码，
确认有无数组索引超出范围的情况！");
            }

            Console.ReadLine();
        }
    }
}
```

【运行结果】

出现了 IndexOutOfRangeException 异常，请检查代码，确认有无数组索引超出范围的情况！

可以看到，程序成功地捕获了 IndexOutOfRangeException 异常。如果使用以下代码，同样可以处理该异常。

【代码示例】抛出 Exception 类异常。

```
using System;
using System.Collections.Generic;
using System.Text;

namespace ExceptionSample
{
    class Program
    {
        static void Main(string[] args)
        {
            int[] myArray = new int[4] { 1, 2, 3, 4 };

            try
            {
                myArray[5] = 5;
            }
            catch (Exception e)
            {
```

```
                Console.WriteLine("出现了 IndexOutOfRangeException 异常，请检查代码，确
        认有无数组索引超出范围的情况！");
                }

                Console.ReadLine();
            }
        }
    }
```

可以看到，代码中选择了一种更为宽泛的异常类型，即异常的基类 Exception。这种编程方式是不合适的，因为当程序结构庞大起来时，代码块中产生的异常可能不止一种。而使用异常的基类 Exception 则将所有的异常都按同一种方式处理，这是一种不准确的处理方式。

可以看到，在 catch 关键字的后面声明了一个 IndexOutOfRangeException 类型的变量 e，可以通过输出变量 e 的属性获得相关信息。

【代码示例】声明 IndexOutOfRangeException 类型的变量 e。

```csharp
using System;
using System.Collections.Generic;
using System.Text;

namespace ExceptionSample
{
    class Program
    {
        static void Main(string[] args)
        {
            int[] myArray = new int[4] { 1, 2, 3, 4 };

            try
            {
                myArray[5] = 5;
            }
            catch (IndexOutOfRangeException e)
            {
                Console.WriteLine("出现了 IndexOutOfRangeException 异常，请检查代码，确
    认有无数组索引超出范围的情况！");

                //输出异常变量 e 的详细信息
                Console.WriteLine(e.Data.ToString());
                Console.WriteLine(e.HelpLink);
                Console.WriteLine(e.InnerException==null?"":e.InnerException.ToString());
                Console.WriteLine(e.Message);
                Console.WriteLine(e.Source);
                Console.WriteLine(e.StackTrace);
                Console.WriteLine(e.TargetSite.ToString());
            }

            Console.ReadLine();
        }
    }
}
```

代码中输出了变量 e 所有的属性，其中某些属性可能为空。

【运行结果】

```
出现了 IndexOutOfRangeException 异常，请检查代码，确认有无数组索引超出范围的情况！
System.Collections.ListDictionaryInternal
```

索引超出了数组界限。
ExceptionSample
在 ExceptionSample.Program.Main(String[] args) 位置 D:\Personal\My Documents\
Visual Studio 2022\Projects\ ExceptionSample \ ExceptionSample \Program.cs:行号 15

可以看到，变量 e 的属性值为开发人员提供了部分有价值的信息。

实际上，上面的代码还有几种变体。

（1）可以省略 finally 块，因为它是可选的。

（2）可以提供任意多个 catch 块，处理不同类型的错误，但不应该包含过多的 catch 块，以防降低应用程序的性能。

（3）可以定义过滤器，其中包含的 catch 块仅在过滤器匹配时捕获特定块中的异常。

（4）可以省略 catch 块，此时该语法不是标识异常，而是一种确保程序流在离开 try 块后执行 finally 块中的代码的方式。

10.2.2　抛出异常

前面演示了如何使用 try...catch 语句捕获程序抛出的预定义异常，这种异常通常只在代码出现错误时产生。其实还可以在代码中编写抛出异常的语句，方法是使用 throw 关键字。

【代码示例】使用 throw 关键字。

```
using System;
using System.Collections.Generic;
using System.Text;

namespace ExceptionSample
{
    class Program
    {
        static void Main(string[] args)
        {
            //定义异常变量 e，其类型为 IndexOutOfRangeException
            IndexOutOfRangeException e = new IndexOutOfRangeException();
            throw e;
        }
    }
}
```

运行程序，结果如图 10.2 所示。

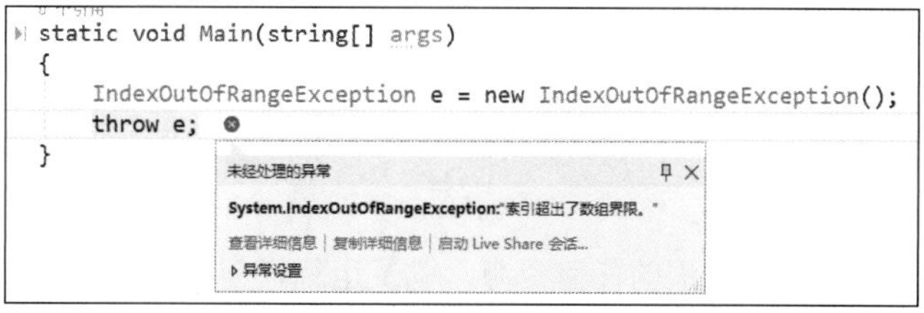

图 10.2　索引超出数组界限的错误提示

【代码示例】使用 try...catch 语句捕获异常。

```
using System;
using System.Collections.Generic;
using System.Text;

namespace ExceptionSample
{
    class Program
    {
        static void Main(string[] args)
        {
            try
            {
                IndexOutOfRangeException e = new IndexOutOfRangeException();
                throw e;
            }
            catch (IndexOutOfRangeException e)
            {
                Console.WriteLine("出现了 IndexOutOfRangeException 异常，请检查代码，确认有无数组索引超出范围的情况！");
                Console.WriteLine(e.Data.ToString());
                Console.WriteLine(e.HelpLink);

Console.WriteLine(e.InnerException==null?"":e.InnerException.ToString());
                Console.WriteLine(e.Message);
                Console.WriteLine(e.Source);
                Console.WriteLine(e.StackTrace);
                Console.WriteLine(e.TargetSite.ToString());
            }

            Console.ReadLine();
        }
    }
}
```

【运行结果】

出现了 IndexOutOfRangeException 异常，请检查代码，确认有无数组索引超出范围的情况！
System.Collections.ListDictionaryInternal

索引超出了数组界限。
ExceptionSample
在 ExceptionSample.Program.Main(String[] args) 位置 D:\Personal\My
Documents\Visual Studio 2022\Projects\ ExceptionSample \ ExceptionSample
\Program.cs:行号 15

可以看到，虽然代码中并没有使用数组，但仍然可以抛出此类异常并进行判断。因此，在使用
throw 关键字时要注意准确性，合理抛出异常，否则会导致异常捕获出现偏差，不利于程序的调试。

10.2.3　finally 关键字

finally 块用于清除 try 块中分配的任何资源，以及运行任何即使在发生异常时也必须执行的代
码。catch 块用于处理语句块中出现的异常，而 finally 块用于保证代码语句块的执行。控制总是传递
给 finally 块，与 try 块的退出方式无关。也就是说，finally 块总是会被执行到。finally 关键字既可以
与 try 关键字单独配对使用，也可以与 try…catch 语句共同使用。

【代码示例】finally 关键字与 try 关键字单独配对使用的方法。

```
using System;
using System.Collections.Generic;
using System.Text;

namespace ExceptionSample
{
    class Program
    {
        static void Main(string[] args)
        {
            try
            {
                int a = 5;
            }
            finally
            {
                Console.WriteLine("程序执行完毕！");
            }

            Console.ReadLine();
        }
    }
}
```

【运行结果】

程序执行完毕！

代码中 try 块的内容并没有实际意义，也不会产生异常，但是 finally 块中的内容还是会被执行。

【代码示例】finally 关键字与 try…catch 语句共同使用的方法。

```
using System;
using System.Collections.Generic;
using System.Text;

namespace ExceptionSample
{
    class Program
    {
        static void Main(string[] args)
        {
            try
            {
                IndexOutOfRangeException e = new IndexOutOfRangeException();
                throw e;
            }
            catch (IndexOutOfRangeException e)
            {
                Console.WriteLine("出现了 IndexOutOfRangeException 异常，请检查代码，确
认有无数组索引超出范围的情况！");
                Console.WriteLine(e.Data.ToString());
                Console.WriteLine(e.HelpLink);
                Console.WriteLine(e.InnerException == null ? "" :
e.InnerException.ToString());
                Console.WriteLine(e.Message);
                Console.WriteLine(e.Source);
                Console.WriteLine(e.StackTrace);
```

```
                    Console.WriteLine(e.TargetSite.ToString());
                }
                finally
                {
                    Console.WriteLine("程序运行完毕！");
                }

                Console.ReadLine();
            }
        }
    }
```

【运行结果】

出现了 IndexOutOfRangeException 异常，请检查代码，确认有无数组索引超出范围的情况！
System.Collections.ListDictionaryInternal

索引超出了数组界限。
ExceptionSample
在 ExceptionSample.Program.Main(String[] args) 位置 D:\Personal\My Documents\
Visual Studio 2022\Projects\ ExceptionSample \ ExceptionSample \Program.cs:行号 15
程序执行完毕！

10.3 异 常 处 理

10.3.1 默认的异常提示

程序中的错误通常是很难避免的，这时往往需要设计一个窗体，显示一些友好的界面。同时，请求使用者将这些异常信息通过一定的方式发送至开发人员处，从而避免由程序抛出使用户难以理解的异常提示窗口。Visual Studio 2022 的默认异常提示窗口如图 10.3 所示。

图 10.3 默认异常提示窗口

应该在程序中创建友好的提示界面。

10.3.2　创建异常处理程序

　　下面设计一个简单的异常处理程序，设计该程序的目的是捕获在程序中抛出的异常，并对其进行简单的处理。读者可以用其作为自己程序中异常处理部分的参考。

（1）新建一个 Windows 窗体应用程序。

（2）设计一个窗体，其布局如图 10.4 所示。

图 10.4　异常处理程序主界面布局

（3）分别实现各个按钮的 Click 事件，使其抛出不同的异常。

【代码示例】

```
using System;
using System.Collections.Generic;
using System.ComponentModel;
using System.Data;
using System.Drawing;
using System.Linq;
using System.Text;
using System.Threading.Tasks;
using System.Windows.Forms;

namespace WindowsFormsApp1
{
    public partial class Form1 : Form
    {
        public Form1()
        {
            InitializeComponent();
        }

        private void button1_Click(object sender, EventArgs e)
        {
            //抛出 IndexOutOfRangeException 类型异常
            throw new IndexOutOfRangeException();
        }

        private void button2_Click(object sender, EventArgs e)
        {
            //抛出 InvalidOperationException 类型异常
            throw new InvalidOperationException();
        }

        private void button3_Click(object sender, EventArgs e)
```

```
        {
            throw new InvalidCastException();  //抛出 InvalidCastException 类型异常
        }

        private void button4_Click(object sender, EventArgs e)
        {
            throw new InvalidProgramException(); //抛出 InvalidProgramException 类型异常
        }
    }
}
```

此时在项目的目录下运行编译成功的程序（请不要从 Visual Studio 2022 中运行），单击不同的按钮，将会引发不同的异常。

（4）设计另外一个窗体，如图 10.5 所示。

图 10.5　程序信息提示窗体

其中，包括两个 GroupBox 控件和一些 Label 控件以及 TextBox 控件，这些控件的用法读者或许已经比较熟悉了，就不逐一介绍了。另外，窗体上的两个图标使用的是两个 PictureBox 控件，PictureBox 控件是用于显示图像的，使用比较简单。读者只需根据以前介绍的导入图片的方法即可完成设置。

（5）程序需要在 Form1 窗体引发异常时弹出 Form2 窗体。因此，为 Form2 窗体的构造函数添加一个参数，用于传递异常变量，代码如下。

```
public Form2(Exception m_Exception)
{
    InitializeComponent();
    e = m_Exception;
}
Exception e = new Exception();
```

（6）编写 Form2 窗体的主体代码。Form2 窗体主要用于显示相关信息，完整代码如下。

```
using System;
using System.Collections.Generic;
using System.ComponentModel;
using System.Data;
using System.Drawing;
using System.Linq;
```

10

```
using System.Text;
using System.Threading.Tasks;
using System.Windows.Forms;

namespace WindowsFormsApp1
{
    public partial class Form2 : Form
    {
        public Form2(Exception m_Exception)
        {
            InitializeComponent();
            e = m_Exception;
            #region 提示信息

            label1.Text += e.Message;                    //用于显示异常相关信息
            label2.Text += e.HelpLink;                   //用于显示异常帮助链接
            label3.Text += e.Source;                     //用于显示导致异常的对象
            textBox1.Text += e.StackTrace;               //用于显示异常堆栈
            textBox2.Text += e.TargetSite.ToString();    //用于显示导致异常的方法

            #endregion

            #region 系统信息

            label6.Text += Environment.CurrentDirectory;  //用于显示当前工作路径
            label7.Text += Environment.MachineName;       //用于显示机器名
            label8.Text += Environment.OSVersion;         //用于显示操作系统版本
            label9.Text += Environment.SystemDirectory;   //用于显示系统路径
            label10.Text += Environment.UserName;         //用于显示用户名
            label7.Text += Environment.Version;           //用于显示.NET 版本

            #endregion
        }

        Exception e = new Exception();
    }
}
```

代码中使用了 Environment 类的相关方法和属性，Environment 类主要用于提供有关当前环境和平台的信息以及操作它们的方法。

（7）编写程序的主函数 Main()，使其能捕获异常，完整代码如下。

```
using System;
using System.Collections.Generic;
using System.Windows.Forms;

namespace Chap10_2
{
    static class Program
    {
        [STAThread]
        static void Main()
        {
            Application.EnableVisualStyles();
            Application.SetCompatibleTextRenderingDefault(false);
            try
```

```
            {
                Application.Run(new Form1());
            }
            catch (Exception e)
            {
                Form2 frm = new Form2(e);
                Application.Run(frm);
            }
        }
    }
}
```

运行程序，将首先显示 Form1 窗体，如图 10.6 所示。

此时读者可以尝试单击不同的按钮，查看出现的结果。例如，单击"异常一"按钮，结果如图 10.7 所示。

图 10.6　Form1 窗体

图 10.7　异常一结果展示

单击"异常三"按钮，结果如图 10.8 所示。

图 10.8　异常三结果展示

程序信息提示窗体中显示的信息是异常以及系统的相关信息。其中,上半部分显示的信息如下。

```
信息：指定的转换无效。
帮助链接：
对象：WindowsFormsApp1
堆栈：在 WindowsFormsApp1.Form1.button3_Click(Object sender, EventArgs e) 位置
C:\Users\Administrator\source\repos\WindowsFormsApp1\WindowsFormsApp1\Form1.cs:
行号 32
    在 System.Windows.Forms.Control.OnClick(EventArgs e)
    在 System.Windows.Forms.Button.OnClick(EventArgs e)
    在 System.Windows.Forms.Button.OnMouseUp(MouseEventArgs mevent)
    在 System.Windows.Forms.Control.WmMouseUp(Message& m, MouseButtons button,
Int32 clicks)
    在 System.Windows.Forms.Control.WndProc(Message& m)
    在 System.Windows.Forms.ButtonBase.WndProc(Message& m)
    在 System.Windows.Forms.Button.WndProc(Message& m)
    在 System.Windows.Forms.Control.ControlNativeWindow.OnMessage(Message& m)
    在 System.Windows.Forms.Control.ControlNativeWindow.WndProc(Message& m)
    在 System.Windows.Forms.NativeWindow.DebuggableCallback(IntPtr hWnd, Int32
msg, IntPtr wparam, IntPtr lparam)
    在 System.Windows.Forms.UnsafeNativeMethods.DispatchMessageW(MSG& msg)
    在 System.Windows.Forms.Application.ComponentManager.System.Windows.Forms.
UnsafeNativeMethods.IMsoComponentManager.FPushMessageLoop(IntPtr dwComponentID,
Int32 reason, Int32 pvLoopData)
    在 System.Windows.Forms.Application.ThreadContext.RunMessageLoopInner(Int32
reason, ApplicationContext context)
    在 System.Windows.Forms.Application.ThreadContext.RunMessageLoop(Int32
reason, ApplicationContext context)
    在 System.Windows.Forms.Application.Run(Form mainForm)
    在 WindowsFormsApp1.Program.Main() 位置 C:\Users\Administrator\source\repos\
WindowsFormsApp1\WindowsFormsApp1\Program.cs:行号 21
方法：void button3_Click(System.Object, System.EventArgs)
```

"提示信息"框中是异常的主要内容,如本例为"指定的转换无效"。

"对象"表示出现异常的对象,本例为 WindowsFormsApp1。

"堆栈"文本框是异常信息中最重要的部分,这部分内容可以提示出错的具体位置。通常开发人员会对此部分进行详细的分析以便寻找错误出现的根源。例如,本例中以下信息提示了出错的具体位置。

```
堆栈：在 WindowsFormsApp1.Form1.button3_Click(Object sender, EventArgs e) 位置
C:\Users\Administrator\source\repos\WindowsFormsApp1\WindowsFormsApp1\Form1.cs:
行号 32
```

本部分信息中明确指出在 WindowsFormsApp1\WindowsFormsApp1\Form1.cs 的第 32 行引发了异常,开发人员可以对此行代码加以分析,通常可以获得比较直接的信息。

在"方法"文本框中显示了产生异常的方法,本例产生异常的方法如下。

```
方法：void button3_Click(System.Object, System.EventArgs)
```

很显然,本例中的异常是在单击"异常三"按钮时产生的。

窗体的下半部分显示了系统的相关信息,本例中的各信息如下。

```
当前路径：C:\Users\Administrator\source\repos\WindowsFormsApp1\WindowsFormsApp1\
bin\Debug
机器名：YQG7GLER8MPKJLF
操作系统：Microsoft Windows NT 6.1.7601 Service Pack 2
系统路径：C:\Windows\system32
用户名：Administrator
.NET 版本：4.0.30319.42000
```

这些信息与运行程序的具体机器名及用户名、.NET 版本有关，因此，本例窗体上的信息和读者运行程序所得的信息可能略有不同，请读者注意。

本例中显示的这些信息都是应用程序运行时的基本信息。根据应用程序的不同，读者应该选择显示不同的内容，这样才能对应用程序的异常处理有良好的帮助。否则，过多的无用信息将会干扰正常情况下开发人员对异常信息的判断，效果会适得其反。

另外，读者可以为程序添加按钮，如"发送至作者"等，为此按钮编写实现代码，以实现将此窗体显示的信息发送至作者的电子邮箱。这样的功能在程序发布时显得尤为重要，因为开发人员不可能到任何一台使用该程序的机器上进行调试，也不可能重建每个发生异常时的软硬件环境。

10.4 总　结

本章主要介绍了程序中异常的处理的相关内容。异常通常表示程序中出现的错误，任何程序都需要对异常进行处理，而且这种处理通常占据相当大的比例。异常的处理通常通过 try、catch 和 finally 几个关键字进行。本章还讲解了在处理异常时需要注意的几个问题，最后给出一个实例，复习了所讲的内容。异常的处理是一种通用的做法，希望读者能够掌握。

异常的处理并不是一个处处可用的办法，因为用户对这些时常出现的异常提示的容忍度是有限的。因此，开发人员要做的是尽可能对程序进行详尽的测试，将程序可能发生异常的概率降到最低。请读者在理解异常的概念时牢记这样的准则，使程序尽可能地完善。

10.5 习　题

（1）"只有在不执行 catch 块的情况下，才执行 finally 块。"这句话对吗？为什么？

（2）在一个只有 100 个元素的数组中，访问 myArray[myArray.Length]，可以吗？为什么？

第 11 章　面向对象进阶

从本章开始，将介绍 C#程序设计语言中的一些高级内容。这些内容对于部分读者来说可能比较复杂。为了方便阅读，在每部分内容之后都给出了一个或几个代码示例，希望读者能认真学习这些示例。示例的学习是掌握这部分知识的捷径。

本章的内容是更深层次的面向对象编程技术。虽然不掌握这些内容也能编写用于实际应用的程序，但笔者相信这样的程序必定不是结构良好、组织严密、扩展性强和运行稳定的。

11.1　接　　口

11.1.1　接口的定义

接口（Interface）是面向对象编程技术的一个重要部分。具体来说，接口能够真正地将 what（有什么）和 how（怎么做）区分开。接口指定"有什么"，也就是方法的名称、返回类型和参数。至于具体"怎么做"，或者说方法具体该如何实现，则不是接口关心的。接口描述了类提供的功能，但不描述功能如何实现。也就是说，接口是把公共实例（非静态）方法和属性组合起来，以封装特定功能的一个集合。

接口和类的定义很相似。只是使用 interface 关键字而不是 class 关键字。在接口中按照与类和结构相同的方式声明方法，只是不允许指定任何修饰符（public、private 和 protected 都不行）。另外，接口中的方法是没有实现代码的，它们只是声明。因此，方法的主体被一个分号代替。

以下代码定义了一个接口。

```
Interface IComparable
{
   Int Comparable(object obj);
}
```

📢 注意

Microsoft.NET Framework 文档建议接口名称以大写字母 I 开头。这个约定是匈牙利记号法在 C#中的最后一处残留。

11.1.2　接口与类的区别

通常使用大写字母 I 加英文单词的方式定义接口的名称，这样可以方便地识别接口和类。名称通常使用 Pascal 命名法进行命名。

虽然接口的定义与类相似，但是要注意以下几点。

（1）接口不允许使用访问修饰符（public、private、protected 或 internal），所有的接口成员都必须是公共的；但是接口本身可以添加访问修饰符。

（2）接口成员不能包含代码实体。

（3）接口不包含任何数据，不可以向接口中添加任何字段（静态字段也不可以）。字段本质上是类或结构的实现细节。

（4）接口成员不能用关键字 static、virtual、abstract 或 sealed 定义。

（5）不能在接口中定义任何构造函数。

（6）不能在接口中定义任何析构函数。

（7）不能在接口中嵌套任何类型（如枚举、结构、类或其他接口）。

（8）接口可以彼此继承，其方式与类的继承方式相同。虽然一个接口能从另一个接口继承，但不允许从结构或类继承，因为结构和类中含有实现。

📢 注意

在大多数情况下，.NET 的用法规则不鼓励采用所谓的匈牙利记号法，在名称的前面加一个字母，表示定义对象的类型。接口是少数几个推荐使用匈牙利记号法的例外之一。

11.1.3 实现接口

接口不能单独存在，不能像实例化一个类那样实例化接口。另外，接口不能包含实现其成员的任何代码，而只能定义成员本身。为了实现接口，需要声明类或结构从接口继承，并实现接口指定的全部方法。虽然语法一样，且语义有继承的大量印记，但这并不是真正的"继承"。

下面开发一个遵循接口继承规范的示例，说明如何定义和使用接口。

【代码示例】接口的定义。

```
using System;

namespace InterfaceSample
{
    class Program
    {
        public interface IPerson
        {
            int Age { get; }
            string Name { get; }
            void Eat();
            void Sleep();
        }
    }
}
```

上述代码定义了一个 IPerson 接口，包含了 Eat()和 Sleep()两个方法，以及 Name 和 Age 两个属性。

可以看到，不管是属性还是方法，都只有定义而并没有代码实现。虽然接口中定义了属性，但并没有与此属性相关的字段，这是由于接口中不允许定义字段。下面在 Worker 类中实现该接口，具体做法就是从接口继承，并为接口定义的所有方法提供实现代码。代码如下。

【代码示例】接口的使用。

```
using System;

namespace InterfaceSample
{
    class Program
    {
        static void Main(string[] args)
        {
            IPerson worker = new Worker("Jack",34);
            worker.Eat();
            Console.WriteLine($"我是工人，姓名：{worker.Name}，年龄：{worker.Age}");

            Console.ReadLine();
        }

        public class Worker : IPerson
        {
            private int _age;
            private string _name;

            public Worker(string name,int age)
            {
                _name = name;
                _age = age;
            }

            public int Age => _age;

            public string Name => _name;

            public void Eat()=> Console.WriteLine($"工人需要吃饭");

            public void Sleep() => Console.WriteLine($"工人需要睡觉");
        }
    }
}
```

【运行结果】

```
工人需要吃饭
我是工人，姓名：Jack，年龄：34
```

上述代码中类的声明表示如下。

```
public class Worker : IPerson
```

Worker 类派生自 IPerson 接口，我们没有显式指出任何其他基类（这表示 Worker 类直接派生自 System.Object）。另外，从接口中派生完全独立于从类中派生。

Worker 类派生自 IPerson 接口，表示它获得了 IPerson 接口的所有成员，但接口并不实现其方法，所以 Worker 类必须提供这些方法的所有实现代码。如果缺少实现代码，编译器就会产生错误，如图 11.1 所示。

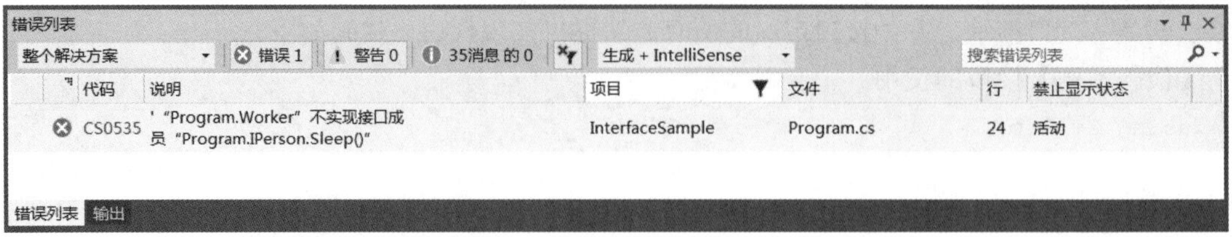

图 11.1 编译错误（1）

实现接口时，必须保证每个方法都完全匹配对应的接口方法，具体应遵循以下几个规则。

（1）方法名和返回类型必须匹配。

（2）所有参数（包括 ref 和 out 修饰符）都完全匹配。

（3）用于实现接口的所有方法都必须具有 public 可访问性。但如果使用显式接口实现（即实现时附加接口名前缀），则不应该为方法添加访问修饰符。

📢 注意

接口的定义和实现存在任何差异，类都无法进行编译。

【代码示例】不同的类使用相同的接口，Student 类也实现 IPerson 接口。

```csharp
using System;

namespace InterfaceSample
{
    class Program
    {
        static void Main(string[] args)
        {
            IPerson worker = new Worker("Jack",34);
            worker.Eat();
            Console.WriteLine($"我是工人，姓名：{worker.Name}，年龄：{worker.Age}");
            IPerson student = new Student("Lucy", 13);
            student.Sleep();
            Console.WriteLine($"我是学生，姓名：{student.Name}，年龄：{student.Age}");
            //调用由类中实现但不是接口中的方法
            Student stu = (Student)student;
            Console.WriteLine($"我的考试总分为：{stu.Score(91, 109, 101)}");
            Console.ReadLine();
        }

        public interface IPerson
        {
            int Age { get; }
            string Name { get; }
            void Eat();
            void Sleep();
        }

        public class Worker : IPerson
        {
            private int _age;
            private string _name;

            public Worker(string name,int age)
```

```
        {
            _name = name;
            _age = age;
        }

        public int Age => _age;

        public string Name => _name;

        public void Eat()=> Console.WriteLine($"工人需要吃饭");

        public void Sleep() => Console.WriteLine($"工人需要睡觉");
    }

    public class Student : IPerson
    {
        private int _age;
        private string _name;

        public Student(string name, int age)
        {
            _name = name;
            _age = age;
        }

        public int Age => _age;

        public string Name => _name;

        public void Eat()=> Console.WriteLine($"学生需要吃饭");

        public void Sleep() => Console.WriteLine($"学生需要睡觉");

        public int Score(int chinese, int math, int english) => chinese + math +
english;
    }
}
```

【运行结果】

```
工人需要吃饭
我是工人，姓名：Jack，年龄：34
学生需要睡觉
我是学生，姓名：Lucy，年龄：13
我的考试总分为：301
```

上述代码并不难理解，要点是将两个引用变量 worker 和 student 声明为 IPerson 接口引用的方式，这种表达表示它们可以指向实现这个接口的任何类的任何实例。如果要调用由类实现的但不在接口中的方法，就需要把引用强制转换为合适的类型，如上述代码中调用的 Score()方法（不是 IPerson 接口实现的），就是通过将 student 强制转换为 Student 类实现的。

接口引用完全可以看作类引用，但接口的强大之处在于它可以引用任何实现该接口的类。

11.1.4　接口与多重继承

类可以继承自一个类，但是 C#不允许类之间的多重继承。以下代码将引发错误提示。

```
using System;

namespace InterfaceSample
{
    public class ClassTest : ClassTest1, ClassTest2
    {

    }
    public class ClassTest1
    {

    }
    public class ClassTest2
    {

    }
}
```

ClassTest 类同时继承了 ClassTest1 类和 ClassTest2 类，编译时 Visual Studio 2022 会出现图 11.2 所示的错误。

图 11.2　编译错误（2）

假设有一类人，他们既有工作，同时还在上学，现在想对他们进行建模。如果同时还需要工人和学生这两种类型，那么就可以使用接口实现。也就是说，类可以实现接口的多重继承。

📢 注意

一个接口可从另一个接口继承。从技术上说这应该叫接口的扩展，而不是继承。

可以创建一个 IPerson 接口，再创建两个接口 IWorker 和 IStudent 继承 IPerson 接口。再创建一个类，名为 StudentWorker，使其继承 IWorker 和 IStudent 接口。这样，一个完整的框架就建立好了。类的关系如图 11.3 所示。

图 11.3　类关系图（1）

【代码示例】接口的继承。

```
using System;

namespace InterfaceSample
{
    class Program
    {
        static void Main(string[] args)
        {
            StudentWorker sw = new StudentWorker("Jack", 34);
            Console.WriteLine($"我是工人也是学生，我的姓名：{sw.Name}，年龄：{sw.Age}");
            Console.WriteLine($"这个月的绩效完成情况：{sw.IsAchievement(10)}");
            Console.WriteLine($"我的考试总分为：{sw.Score(91, 109, 101)}");

            Console.ReadLine();
        }

        public interface IPerson
```

```
    {
        int Age { get; }
        string Name { get; }
        void Eat();
        void Sleep();
    }

    public interface IWorker:IPerson
    {
        bool IsAchievement(int achievement);
    }

    public interface IStudent : IPerson
    {
        int Score(int chinese, int math, int english);
    }

    public class StudentWorker : IStudent, IWorker
    {
        private int _age;
        private string _name;

        public StudentWorker(string name,int age)
        {
            _name = name;
            _age = age;
        }

        public int Age => _age;

        public string Name => _name;

        public void Eat()=> Console.WriteLine($"人需要吃饭");

        public void Sleep() => Console.WriteLine($"人需要睡觉");

        public bool IsAchievement(int achievement)
        {
            if (achievement > 10)
                return true;
            return false;
        }

        public int Score(int chinese, int math, int english) => chinese + math +
english;
    }
}
```

【运行结果】

我是工人也是学生，我的姓名：Jack，年龄：34
这个月的绩效完成情况：False
我的考试总分为：301

　　上面这个完整的示例很好地解释了接口的继承关系以及用法。StudentWorker 类继承 IWorker
和 IStudent 接口，而 IWorker 和 IStudent 接口都继承 IPerson 接口，所以 IWorker 和 IStudent 接口
都拥有 IPerson 接口的所有成员和它自己的成员，这表示实现 IWorker 或 IStudent 接口的任何类都

11

必须实现 IPerson 接口的所有方法和在 IWorker 和 IStudent 接口中新定义的方法。如果没有实现所有这些方法,就会产生一个编译错误。

📢 注意

类或结构继承两个或两个以上接口时,那么该类必须实现所有接口中规定的所有方法。

【代码示例】类同时继承类和接口。

```
using System;

    namespace InterfaceSample
    {
        public class ClassTest : ClassTest1, InterfaceTest2
        {

        }
        public class ClassTest1
        {

        }
        public interface InterfaceTest2
        {

        }
}
```

可以看到,派生类 ClassTest 既继承了 ClassTest1 类,也继承了 InterfaceTest2 接口。

📢 注意

一个类可在继承一个类的同时实现接口。C#按位置区分,首先写基类名,再写逗号,最后写接口名。

11.2 抽象类与抽象方法

在 C#中有一种特殊的基类——抽象类。有时基类并不与具体的事物联系,而是表达一种抽象的概念,用于为它的派生类提供公共成员。因此,C#引入了抽象类和抽象方法的概念。

11.2.1 抽象类的定义

如果一个类不与具体的事物相联系,而只是表达一种抽象的概念,只是作为其派生类的一个基类,这样的类就是抽象类。也就是说,抽象类是提供多个派生类可共享的基类的公共定义,使用 abstract 关键字定义。abstract 关键字不仅可以创建仅用于继承用途的类,也可以定义类成员,即在抽象类中声明方法时,如果加上 abstract 关键字就是抽象方法。下面的代码定义了一个抽象类。

```
abstract class TestClass
```

```
    {
    }
```

抽象类的用途与接口很相似。抽象类也不能实例化，这点和接口相同，但抽象类中可以定义方法的实现。以下代码定义了一个抽象类，并定义了其方法、属性及其代码实现。

【代码示例】抽象类以及内部方法的定义。

```
using System;

namespace AbstractSample
{
    public abstract class People
    {
        public string Name { get; set; }
        public int Age { get; set; }

        public void Eat()=> Console.WriteLine($"人需要吃饭");

        public void Sleep() => Console.WriteLine($"人需要睡觉");

        public abstract string GetTypeOfWork(string informs);
    }
}
```

可以把抽象类看作接口和普通类的结合，这样理解起来更方便。

11.2.2　抽象类、非抽象类和接口的关系

抽象类的特点如下。

（1）凡是包含抽象方法的类都是抽象类，此时必须加 abstract 关键字。

（2）抽象类中不必非得包含抽象方法，此时向抽象类中添加的方法只能是静态方法。

（3）抽象类不能实例化，但仍然可以具有构造方法。

（4）在实现抽象类时，子类必须实现抽象类中声明的抽象方法。

（5）抽象类可以包含非抽象方法。

（6）如果继承的子类没有实现其中所有的抽象方法，那么这个子类也是抽象类。

（7）抽象方法也是虚拟的，但是不需要使用 virtual 修饰符。

（8）抽象类不能使用 new 关键字，不能被密封。

（9）在抽象方法声明中不能使用 static 或 virtual 修饰符。

1. 抽象类和一般类的异同点

相同点：都可以继承其他的类或接口，也可以派生子类，并且都有具体的方法。

不同点：

（1）抽象类中有抽象方法，一般类中没有。

（2）抽象类不可以实例化，一般类却可以。

2. 抽象类和接口的异同点

相同点：都不能实例化，继承抽象类的子类必须实现抽象类中的抽象方法，实现接口的子类必须实现接口中的全部方法和属性。

不同点：

（1）它们的派生类只能继承一个基类，即只能继承一个抽象类，但是可以继承多个接口。

（2）抽象类中可以定义成员方法的实现，但接口中不可以。

（3）抽象类中包含字段、构造函数、析构函数、静态成员或常量等，但接口中不可以。

（4）抽象类中的成员可以是私有的（只要不是抽象的）、受保护的、内部的或受保护的内部成员，但接口中的成员必须是公共的。

📢 注意

只有抽象类可以有抽象方法，不过抽象类可以有具体方法。如果把一个抽象方法放在一个类中，就必须标识这个类为抽象类。

11.2.3 抽象方法

抽象类中可以定义抽象方法，其定义方法为在定义的方法前加 abstract 关键字。

```
public abstract string GetTypeOfWork(string informs);
```

抽象方法必须是公共的，不能是私有的，否则会提示错误，如图 11.4 所示。

图 11.4　编译错误（3）

假设 ITCoder 类继承 People 类，但是没有实现其抽象方法，代码如下。

```
public abstract class People
    {
        public string Name { get; set; }
        public int Age { get; set; }

        public void Eat()=> Console.WriteLine($"人需要吃饭");

        public void Sleep() => Console.WriteLine($"人需要睡觉");

        public abstract string GetTypeOfWork(string informs);
    }

    public class ITCoder : People

    {
```

```
        public ITCoder(string name, int age)
        {
            Name = name;
            Age = age;
        }

        public string Salary(int workTime) => $"我的薪水是{workTime * 30 * 100}";
    }
```

此时，编译器会提示图 11.5 所示的错误。

图 11.5　编译错误（4）

可以看到，错误原因是没有实现继承的抽象成员。要实现抽象成员，必须使用 override 关键字，并且该成员不能为私有。修改上述代码。

```
public class ITCoder : People
{
        public ITCoder(string name, int age)
        {
            Name = name;
            Age = age;
        }

        public override string GetTypeOfWork(string informs) => $"我是{informs}，姓名:{Name}，年龄:{Age}";

        public string Salary(int workTime) => $"我的薪水是{workTime * 30 * 100}";
}
```

编译程序，没有出现错误。读者在使用抽象类时一定要注意此类问题。

11.2.4　抽象类的用法

下面介绍抽象类的用法。借用以前提到的示例，在之前的内容中将人（Person）作为一个接口，这样，Person 类中的 Name 属性、Age 属性，以及 Eat() 和 Sleep() 方法都需要在其所有派生类中实现，工作相当烦琐。而现实中，每个人都有自己的身份，他们是学生、工人等类型。

如果把人建模为一个普通的实体类，则意义不大，也不合逻辑。使用抽象类既可以在基类中实现部分代码，减轻工作量，又可以避免产生 Person 类型的变量。类的关系如图 11.6 所示。

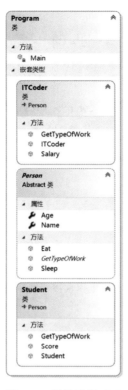

图 11.6　类关系图（2）

【代码示例】抽象类的使用。

```
using System;

namespace AbstractSample
{


    class Program
    {
        static void Main(string[] args)
        {
            ITCoder it = new ITCoder("Jack", 29);
            it.Eat();
            Console.WriteLine($"{it.GetTypeOfWork("程序员")}");
            Console.WriteLine($"{it.Salary(12)}");

            Student stu = new Student("lily", 13);
            stu.Sleep();
            Console.WriteLine($"{stu.GetTypeOfWork("学生")}");
            Console.WriteLine($"我的考试成绩：{stu.Score(100, 100)}");

            Console.ReadLine();
        }
```

```
public abstract class Person
{
    public string Name { get; set; }
    public int Age { get; set; }

    public void Eat() => Console.WriteLine($"人需要吃饭");

    public void Sleep() => Console.WriteLine($"人需要睡觉");

    public abstract string GetTypeOfWork(string informs);
}

public class ITCoder : Person
{
    public ITCoder(string name, int age)
    {
        Name = name;
        Age = age;
    }

    public override string GetTypeOfWork(string informs) => $"我是
{informs}，姓名：{Name}，年龄：{Age}";

    public string Salary(int workTime) => $"我的薪水是{workTime * 30 *
100}";
}

public class Student : Person
{
    public Student(string name, int age)
    {
        Name = name;
        Age = age;
    }
    public override string GetTypeOfWork(string informs) => $"我是
{informs}，我热爱学习，学习使我快乐";

    public int Score(int chinese, int math) => chinese + math;
}
}
}
```

【运行结果】

人需要吃饭
我是程序员，姓名：Jack，年龄：29
我的薪水是 36000
人需要睡觉
我是学生，我热爱学习，学习使我快乐
我的考试成绩：200

可以看到，这种组织形式是比较合理的。工人和学生都是现实存在的类型，因此以普通类实现，而 Person 类作为抽象类。而且，在 ITCoder 和 Student 两个类中都无须再实现 Person 类中的方法和属性。

11.3　密　封　类

继承不一定总是容易的，它要求考虑得较为长远。例如，决定创建接口或抽象类，就表明故意要写一些便于未来继承的方法或属性等。但麻烦在于未来的事情很难预测，需要长时间的工作经验，掌握一定技巧，付出一定努力，并对试图解决的问题有深刻的认知，才能编写出一个灵活的、易于使用的接口、抽象类和类层次结构。换言之，除非在刚开始设计一个类时就有意把它打造成基类，否则它以后很难作为基类使用。如果不想将一个类作为基类使用，那么可以使用 C#提供的 sealed（密封）关键字防止类被用作基类。

11.3.1　密封类的定义

密封类可以用来限制扩展性。当在程序中密封了某个类时，其他类不能继承该密封类。使用密封类可以防止对类型进行自定义，这种特性在某些情况下与面向对象编程技术的灵活性和可扩展性是相抵触的。通常不建议使用密封的方法处理类。

密封类的定义是通过 sealed 关键字实现的，以下代码定义了一个密封类。

```
sealed class MySealedClass
{
}
```

密封类不能用作基类。以下代码将产生编译时错误。

```
using System;
using System.Collections.Generic;
using System.Text;

namespace SealedSample
{
    sealed class BaseClass
    {

    }

    class MyClass : BaseClass
    {

    }
}
```

错误提示如图 11.7 所示。

图 11.7　错误列表

由于密封类的不可继承性，因此，它也不能是抽象类。密封类的主要作用是防止派生。

📢 注意

密封类中不能声明任何虚方法，而且抽象类不能密封。结构隐式密封。

11.3.2　密封类的使用

密封类除了不能被继承外，与非密封类的用法大致相同。对于 11.3.1 小节示例中的 MyClass，可以直接声明一个 MyClass 类型的变量，代码如下。

```
MyClass mc = new MyClass ();
```

正是由于密封的这种不可继承的特性，在使用密封类时要对其可能产生的后果进行充分的考虑。通常，在类中含有敏感性信息时可以考虑使用密封类。

对于密封类，编译器知道不能派生，因此用于虚方法的虚拟表可以缩短或消除，以提高性能。string 类是密封的。

11.3.3　密封方法

如果使用 sealed 关键字声明非密封类中的一个单独的方法是密封的，这意味着派生类不能重写该方法。只有使用 override 关键字声明的方法才能被密封，且方法要声明为 sealed override。

```
public sealed override void FinalMethod()
{
}
```

要在方法或属性上使用 sealed 关键字，必须先从基类上把它声明为要重写的方法或属性。如果基类不希望有重写的方法或属性，就不要把它声明为 virtual。

11.4　类型判断与转换

在处理对象之间的关系时经常需要对变量的类型进行判断，有些情况下还需要在不同类型的变量之间进行转换。本节介绍类型判断与转换的内容。

11.4.1　is 运算符

is 运算符用于检查对象是否与给定类型相兼容。显然，is 作为英文单词最常用的意思为"是"。可以用 is 运算符判断对象是否为某种给定的类型。例如，可以在 if 语句中用 is 检测对象，代码如下。

```
if (myObject is MyClass)
{
    //执行相应的操作
}
```

```
else
{
    //执行相应的操作
}
```

【代码示例】is 运算符对于抽象类的用法。

```
using System;

namespace SealedSample
{
    class Program
    {
        static void Main(string[] args)
        {
            ITCoder it = new ITCoder();
            if (it is ITCoder)
                Console.WriteLine($"it 是 ITCoder 的变量");
            else
                Console.WriteLine($"it 不是 ITCoder 的变量");

            if (it is IPerson)
                Console.WriteLine($"it 是 IPerson 的变量");
            else
                Console.WriteLine($"it 不是 IPerson 的变量");

            Console.ReadLine();
        }

        public interface IPerson
        {
        }

        public class ITCoder : IPerson
        {
        }
    }
}
```

【运行结果】

```
it 是 ITCoder 的变量
it 是 Person 的变量
```

事实上，it 变量是由 ITCoder 类定义的，在代码中可以看到。但程序运行结果显示，it 也是 Person 类型的变量。

从变量的现实意义上更容易理解这一现象，程序员是人，而 it 是程序员，那么 it 也是人。对于程序运行结果也可以这样理解。实际上，因为 ITCoder 类是 Person 类的子类，所以才会产生这样的结果。

【代码示例】is 运算符对于接口的用法。

```
using System;

namespace SealedSample
{
    class Program
```

```
        {
            static void Main(string[] args)
            {
                ITCoder it = new ITCoder();
                if (it is ITCoder)
                    Console.WriteLine($"it 是 ITCoder 的变量");
                else
                    Console.WriteLine($"it 不是 ITCoder 的变量");

                if (it is IPerson)
                    Console.WriteLine($"it 是 IPerson 的变量");
                else
                    Console.WriteLine($"it 不是 IPerson 的变量");

                Console.ReadLine();
            }

            public Interface IPerson
            {
            }

            public class ITCoder : IPerson
            {
            }
        }
    }
```

【运行结果】

```
it 是 ITCoder 的变量
it 是 IPerson 的变量
```

运行结果显示，继承了接口的类定义的对象进行 is 运算符检测时同样会得出上述结果。

11.4.2 强制转换运算符

强制转换运算符通常通过小括号"()"执行。读者在本书前面的章节已经接触过转换的代码。下面直接介绍其用法。

```
using System;
using System.Collections.Generic;
using System.Text;

namespace Chap11_4
{
    class Program
    {
        static void Main(string[] args)
        {
            int a = 0;

            //错误的赋值，将产生错误提示
            a = 0.7;
            Console.WriteLine(a);
            Console.ReadLine();
```

```
        }
    }
}
```

代码中将整型变量 a 赋值为 0.7，这显然将引发一个错误。Visual Studio 2022 给出的错误提示如图 11.8 所示。

图 11.8　编译错误（5）

【代码示例】使用强制转换运算符，修改上述代码。

```
using System;
using System.Collections.Generic;
using System.Text;

namespace Chap11_4
{
    class Program
    {
        static void Main(string[] args)
        {
            int a = 0;

            //强制转换 0.7 为整数，并存储至整型变量 a
            a = (int)0.7;
            Console.WriteLine(a);

            Console.ReadLine();
        }
    }
}
```

【运行结果】

```
0
```

可以看到，程序运行时将 0.7 强行截断，变量 a 所赋的值为 0。

11.4.3　as 运算符

as 运算符用于在兼容的引用类型之间执行转换。与强制转换运算符不同，as 运算符并不会引发错误。当转换失败时，as 运算符将产生空，而不是引发异常。

【代码示例】as 运算符的用法。

```
using System;
using System.Collections.Generic;
using System.Text;
```

```
namespace Chap11_4
{
    class Program
    {
        static void Main(string[] args)
        {
            object a = 0;
            string s = a as string;

            //判断转换结果
            if (s != null)
            {
                Console.WriteLine(a);
            }
            else
            {
                Console.WriteLine("a 不可以被转换为字符串！");
            }
            Console.ReadLine();
        }
    }
}
```

【运行结果】

a 不可以被转换为字符串！

可以看到，当发生转换失败的情况时，变量 s 的值为空。这样的结果说明 a 不可以被转换为字符串。as 运算符的这种特性可以避免在程序中抛出异常，保证程序的稳定性。

11.5　总　　结

本章介绍了面向对象编程技术的高级话题，主要内容包括接口、抽象、密封等方法，另外还介绍了对象之间的关系和转换，这些技术在编程中都有非常多的应用。

接口的存在可以使 C#中存在非类间的多重继承，使程序的结构更加合理。abstract 关键字实现了抽象的定义，而 sealed 关键字实现了密封的定义。这两种方法可以使程序的设计更加严密，使开发人员在编程时的选择更加多样化。面向对象编程中经常要处理对象之间的关系，转换和检测在代码中经常出现。is、as 和 "()" 运算符实现了不同的检测与转换功能，希望读者能细心体会它们之间的差别。

11.6　习　　题

（1）下列数据类型属于引用类型的是（　　　）。

　　A．整型

　　B．接口

C. 结构

D. 枚举

（2）在 C#程序中，下列关于接口的说法错误的是（　　）。

A. 接口中可以包含属性、方法等，但是都不能实现

B. 接口和类有重要的区别，前者可以被多重继承，后者不可以

C. 接口可以实例化，但实例化时必须实现所有未实现的方法

D. 实现接口的类必须实现接口中未实现的方法

（3）在 C#程序中定义以下 Iplay 接口，实现此接口的代码正确的是（　　）。

```
Interface Iplay
{
    void Play();
    void Show();
}
```

A.
```
class Teacher:Iplay
{
    void Play();
    {
    //省略部分代码
    }
    void Show();
    {
    //省略部分代码
    }
}
```

B.
```
class Teacher:Iplay
{
    public string Play();
    {
        //省略部分代码
    }
    public void Show();
    {
        //省略部分代码
    }
}
```

C.
```
class Teacher:Iplay
{
    public void Play();
    {
        //省略部分代码
    }
    public void Show();
    {
        //省略部分代码
    }
}
```

D.
```
class Teacher:Iplay
```

11

```
{
    public void Play();
    public void Show();
    {
        //省略部分代码
    }
}
```

第 12 章　数　组

前面的所有数据类型都有一个共同点：它们只能存储一个值。有时我们需要存储许多相同类型的数据，这样就会带来很多不便。要声明很多变量，所以引入了数组。如果需要使用同一类型的多个对象，就可以使用数组和集合。在 C#中这是一个非常重要的概念，这种类型可以存储多个数据，在程序开发中有着广泛的应用。

12.1　数　组　简　介

数组是最常见的一种结构，是相同类型的、用一个标识符封装到一起的基本类型数据序列或对象序列，可以用一个统一的数组名和下标确定数组中的元素。实质上，数组是一个简单的线性序列，因此数组访问起来速度很快。学习过其他编程语言的读者可以快速阅读本节内容。

12.1.1　什么是数组

数组从字面上理解就是存放的一组数据，但在 C#中数组存放的并不一定是数字，也可以是其他数据类型。在一个数组中存放的值都是同一数据类型的，而且可以通过循环以及数据操作的方法对数组的值进行运算或操作。

所有数组都是由连续的内存位置组成的。最低的地址对应第一个元素，最高的地址对应最后一个元素。C#中可以通过下标区别这些元素。数组元素的个数有时也称为数组的长度。当我们要查找数组中某个指定的元素时，可以通过下标（也叫索引）进行访问。

C#中数组从 0 开始建立索引，即数组索引从 0 开始。因此，最大的索引等于数组元素个数减 1。C#中数组的工作方式与在大多数其他流行语言中的工作方式类似，但还有一些差异应引起注意。例如，在声明数组时，方括号必须跟在类型后面，而不是标识符后面。

在 C#中，将方括号放在标识符后面是不合法的语法。

```
int[] table; // not int table[];
```

另一个细节是，数组的大小不是其类型的一部分，这就可以声明一个数组并向它分配 int 对象的任意数组，而不管数组长度如何。

数组类型是通过指定数组的元素类型、数组的秩（维数）和数组每个维度的上限与下限定义的。也就是说，一个数组的定义中包含以下几个要素。

（1）元素类型。

（2）数组的维数。

（3）每个维数的上下限。

这几个要素规定了定义数组的必要条件。首先，给定类型的数组只能保存该类型的元素。其次，要规定数组的维数，可以用几何的知识理解数组的维数，用一维坐标轴理解一维数组；用平面直角坐标系理解二维数组；用三维立体坐标系理解三维数组，等等。最后，数组必须规定每个维数的大小。

数组的元素表示某一种确定的类型，如整数或字符串等。那么，数组的确切含义是什么呢？数组类型的值是对象。数组对象被定义为存储数组元素类型值的一系列位置。也就是说，数组是一个存储一系列元素位置的对象。数组中存储位置的数量由数组的秩和边界确定。

数组类型从 System.Array 类继承而来。System.Array 类表示所有的数组，不论这些数组的元素类型或秩如何。对数组定义的操作有根据大小和下限信息分配数组；编制数组索引以读取或写入值；计算数组元素的地址；查询秩、边界和数组中存储的值的总数。

总结起来，数组具有以下属性。

（1）数组可以是一维、多维或交错的。

（2）创建数组实例时，将建立维度数量和每个维度的长度，这些值在实例的生命周期内无法更改。

（3）数值数组元素的默认值设置为 0，而引用元素设置为 null。

（4）交错数组是数组的数组，因此其元素为引用类型且被初始化为 null。

（5）数组从 0 开始编制索引；包含 n 个元素的数组的索引为 $0\sim n\text{-}1$。

（6）数组元素可以是任何类型，其中包括数组类型。

（7）数组类型是从抽象的基类型 Array 派生的引用类型。由于此类型实现 IEnumerable 和 IEnumerable<T>，因此可以在 C#中的所有数组上使用 foreach 迭代。

12.1.2 数组的声明

在声明数组时，应先定义数组中元素的类型，其后是一个空的方括号和一个变量名。例如，下面的代码声明了一个包含整型元素的数组。

```
int[] myArray;
```

12.1.3 数组的初始化

声明了数组后，就必须为数组分配内存，以保存数组的所有元素。数组是引用类型，所以必须给它分配堆上的内存。因此，应使用 new 运算符，指定数组中元素的类型和数量初始化数组的变量。下面的代码指定了数组的大小。

```
myArray=new int[4];
```

在声明和初始化数组后，myArray 变量就引用了 4 个整型值，它们位于托管堆上。

🔊 警告

在指定了数组的大小后，如果不复制数组中的所有元素，就不能重新设置数组的大小。如果事先不知道数组中应包含多少个元素，可以使用集合。

除了在两条语句中声明和初始化数组，还可以在一条语句中声明和初始化数组，如下所示。

```
int[] myArray= new int[4] ;
```

以上未被赋值的元素，.NET 会为其赋同一个默认值。值类型数据赋 0，引用类型数据赋 null。

当然，还可以使用数组初始化器为数组的每个元素赋值。数组初始化器只能在声明数组变量时使用，不能在声明数组变量之后使用。

```
int[] myArray=new int[4] {1, 2, 3,7};
```

如果用大括号初始化数组，还可以不指定数组的大小，因为编译器会计算出元素的个数。

```
int[] myArray=new int[] {1, 2, 3,7};
```

使用编译器还有一种更加简化的形式。使用大括号可以同时声明和初始化数组，编译器生成的代码与前面的示例相同。

```
int[] myArray= {1, 2, 3,7} ;
```

12.1.4　访问数组元素

数组在声明和初始化后，就可以使用索引器访问其中的元素了。数组只支持有整型参数的索引器。

通过索引器传送索引，即可访问数组。数组的索引也就是通常所说的数组下标，英文为 Index。索引器总是以 0 开头，表示第一个元素。可以传送给索引器的最大值是元素个数减 1，因为索引从 0 开始。

【代码示例】数组索引的用法。

```
using System;

namespace Sample
{
    class Program
    {
        public static void Main()
        {
            //用 5 个整型值声明一个数组 myArray，并初始化
            int[] myArray = new int[5] { 1, 2, 5, 6, 9 };

            int v1 = myArray[0];//读取第一个元素
            int v2 = myArray[3];//读取第四个元素

            myArray[4] = 55;//修改最后一个元素的值
            int v3 = myArray[4];

            Console.WriteLine($"该数组中第一个元素的值为{v1}\n 第四个元素的值为{v2}\n 最后一个元素的值为{v3}");

            Console.ReadLine();
        }
    }
}
```

【运行结果】

该数组中第一个元素的值为1
第四个元素的值为6
最后一个元素的值为55

📢 **警告**

如果使用错误的索引器值（不存在对应的元素），就会抛出 IndexOutOfRangeException 类型的异常。

Visual Studio 2022 中将弹出图 12.1 所示的异常提示窗口。

图 12.1　异常提示

这种异常的出现是必然的，因为数组中只有 5 个元素，其索引从 0～4。因此，采用 myArray[5] 这样的访问方式等于访问一个不存在的元素，所以 Visual Studio 2022 会给出异常提示。

上述讲解只涉及一维数组，但是数组可以具有多个维度。一般数组（也称为一维数组）用一个整数索引，多维数组用两个或多个整数索引。图 12.2 所示为二维数组的数学记号，该数组有三行四列。

$$A = \begin{bmatrix} 2,2,3,4 \\ 3,5,6,7 \\ 4,8,9,10 \end{bmatrix}$$

图 12.2　二维数组的数学记号

在 C#中声明这个二维数组，需要在方括号中加一个逗号。数组在初始化时应指定每维的大小（也称为阶）。接着，就可以使用两个整数作为索引器访问数组中的元素了。

以下代码声明了一个二维数组。

```
int[,] twodim = new int[2, 2];
```

📢 **提示**

数组声明之后，就不能修改其阶数了。

如果事先知道元素的值，也可以使用数组索引器初始化数组。初始化时，使用一个外层大括号，每行用包含在外层大括号中的内层大括号进行初始化，代码如下。

```
int[,] twoDim = {
            {2, 4},
            {6, 8},
        };
```

12

📣 **提示**

使用数组索引器初始化数组时，必须初始化数组的每个元素，不能遗漏任何元素。

在大括号中使用两个逗号，即可声明三维数组，例如：

```
int[,,] threeDim = {
            {{1,2 }, {3,4 } },
            {{5,6 },{7, 8 } },
            {{9,10 },{11, 12 } },
        };
```

多维数组的索引与一维数组并无太大差别，如上述二维数组中 6 的索引为 twoDim [1,0]。还有一种特殊的数组，称为锯齿数组（或交错数组），这种数组的元素是数组。锯齿数组元素的维度和大小可以不同。锯齿数组有时也称为"数组的数组"。图 12.3 比较了有 3×3 个元素的二维数组和有 11 个元素的锯齿数组的差异。

（a）二维数组 （b）锯齿数组

图 12.3 二维数组和锯齿数组

在声明锯齿数组时，要依次放置开闭括号。在初始化锯齿数组时，要先设置该数组包含的行数。定义各行中元素个数的第二个括号设置为空，因为这类数组的每行包含不同的元素数。之后，为每行指定行中的元素个数。以下代码声明了一个锯齿数组。

```
int[][] jagged = new int[3][];
```

此数组由三个元素构成，每个元素都是一个数组。同样，访问锯齿数组中的元素必须先对其进行初始化。

```
jagged[0] = new int[2] { 1, 2 };
jagged[1] = new int[6] { 3, 4,5,6,7,8 };
jagged[2] = new int[3] { 9, 10,11 };
```

这几个元素即通常的数组，可以按照对一般数组的操作进行。

【**代码示例**】锯齿数组的应用。

```
using System;

namespace Sample
{
    class Program
    {
        public static void Main()
        {
            //声明一个锯齿数组
            int[][] jagged = new int[3][];

            //初始化该数组
            jagged[0] = new int[2] { 1, 2 };
            jagged[1] = new int[6] { 3, 4,5,6,7,8 };
```

12

```
                jagged[2] = new int[3] { 9, 10,11 };

                for(int  row=0; row<jagged.Length; row++)
    {
                    for(int element=0;element<jagged[row].Length;element++)
                    {
                        Console.WriteLine($"第{row}行第{ element }个元素的值为:
    { jagged[row][element]}");
                    }
                }

                Console.ReadLine();
            }
        }
    }
```

【运行结果】

第 0 行第 0 个元素的值为：1
第 0 行第 1 个元素的值为：2
第 1 行第 0 个元素的值为：3
第 1 行第 1 个元素的值为：4
第 1 行第 2 个元素的值为：5
第 1 行第 3 个元素的值为：6
第 1 行第 4 个元素的值为：7
第 1 行第 5 个元素的值为：8
第 2 行第 0 个元素的值为：9
第 2 行第 1 个元素的值为：10
第 2 行第 2 个元素的值为：11

12.1.5 foreach 的用法

　　尽管可以采用索引访问数组中所有的元素，但是这种方法还是极其烦琐和复杂的。在程序中不可能采用这种方法依次访问数组中的每个元素。这样不仅代码量非常多，编程效率也低下。

　　针对这个问题，C#提供了 foreach 语句以实现数组的遍历功能。下面详细介绍 foreach 语句的构成和使用方法。

　　foreach 语句中的表达式由 in 关键字隔开的两个项组成。in 右边的项是数组名，in 左边的项是变量名，用于存放该集合中的每个元素。

　　foreach 遍历的工作流程如下：每次循环时，从集合中取出一个新的元素值，放到只读变量中，如果括号中的整个表达式返回值为 true，foreach 块中的语句就能够执行。一旦集合中的元素都已经被访问到，整个表达式的值就为 false，控制流程就转入 foreach 块后面的执行语句。foreach 语句经常与数组一起使用，C#中提供了 foreach 语句用于遍历数组中的元素，具体的语法形式如下。

```
foreach(数据类型 变量名 in 数组名)
{
    //语句块
}
```

　　这里变量名的数据类型必须与数组的数据类型相兼容。在 foreach 遍历中，如果要输出数组中的元素，不需要使用数组中的下标，直接输出变量名即可。

◀» 注意

foreach 语句仅能用于数组、字符串或集合数据类型。

【代码示例】 foreach 语句实现对一维数组的遍历。

```
using System;

namespace Sample
{
    class Program
    {
        public static void Main()
        {
            int[] myArray = new int[5] { 14, 25, 7, 36, 53 };

            //采用 foreach 语句对 myArray 进行遍历
            foreach (int number in myArray)
            {
                Console.WriteLine(number);
            }

            Console.ReadLine();
        }
    }
}
```

【运行结果】

```
14
25
7
36
53
```

【代码示例】 foreach 语句实现对多维数组的遍历。

```
using System;

namespace Sample
{
    class Program
    {
        public static void Main()
        {
            int[,] myArray =  {
                    { 14, 25 },
                    { 7, 36 },
                    { 53, 9},
            };

            //采用 foreach 语句对 myArray 进行遍历
            foreach (int number in myArray)
            {
                Console.WriteLine(number);
            }

            Console.ReadLine();
        }
    }
```

12

```
    }
```

```
14
25
7
36
53
9
```

12.1.6 数组的使用

【代码示例】求总分和平均分。

```
using System;

namespace Sample
{
    class Program
    {
        public static void Main()
        {
            //定义程序中用到的变量，用 scores 数组存储分数，另外两个双精度变量存储总分和平均分
            double[] scores = new double[10] { 80, 75, 89, 92, 64, 73, 53, 96, 74, 88 };
            double all = 0.0;
            double average = 0.0;

            Console.Write($"输出原始分数：");
            foreach (double score in scores)
            {
                //输出数组中的原始成绩
                Console.Write($"{score }\t");

                //累加分数
                all += score;
            }
            //求平均值
            average = all / 10;

            Console.WriteLine($"\n总分为：{ all }\n平均分为：{ average }");

            Console.ReadLine();
        }
    }
}
```

【运行结果】

```
输出原始分数：80      75      89      92      64      73      53      96
74      88
总分为：784
平均分为：78.4
```

12.2　Array 类

用括号声明数组是在 C#中使用 Array 类的标记。在后台使用 C#语法，会创建一个派生自抽象基类 Array 的新类。这样，就可以使用 Array 类为每个 C#数组定义方法和属性了。例如，前面使用的 Length 属性，foreach 语句迭代数组，其实就是使用了 Array 类中的 GetEnumerator()方法。本节介绍 Array 类的属性和部分常用方法的用法。希望读者多加练习，做到熟练掌握。

Array 类包含以下属性，见表 12.1。

表 12.1　Array 类的属性及其说明

属　　性	说　　明
IsFixedSize	获取一个值，该值指示 Array 类是否具有固定大小
IsReadOnly	获取一个值，该值指示 Array 类是否为只读
IsSynchronized	获取一个值，该值指示是否同步对 Array 类的访问（线程安全）
Length	获取 Array 类的所有维数中的元素总数
LongLength	获取一个 64 位的整数，该整数表示 Array 类的所有维数中的元素总数
Rank	获取 Array 类的秩（维数）。例如，一维数组返回 1，二维数组返回 2，依次类推
SyncRoot	获取可用于同步对 Array 类进行访问的对象

下面通过代码示例具体介绍 Array 类的常用方法，使用过程中会具体用到上述属性。

12.2.1　创建数组

Array 类是一个抽象类，所以不能使用构造函数创建数组。除了可以使用 C#语法创建数组实例，还可以使用静态方法 CreateInstance()创建数组。如果事先不知道元素的类型，就可以使用该静态方法，因为类型可以作为 Type 对象传送给 CreateInstance()方法。

【代码示例】创建 int 类型、大小为 5 的数组。SetValue()方法设置值，GetValue()方法读取值。

```
using System;

namespace Sample
{
    class Program
    {
        public static void Main()
        {
            Array intArray = Array.CreateInstance(typeof(int), 5);
            for(int i = 0; i < 5; i++)
            {
                intArray.SetValue(33, i);
            }

            for(int i = 0; i < 5; i++)
            {
```

```
                Console.WriteLine(intArray.GetValue(i));
            }

            Console.ReadLine();
        }
    }
}
```

【运行结果】

```
33
33
33
33
33
```

还可以将已创建的数组强制转换声明为 int[] 的数组。

```
int[] intArray1 = (int[])intArray;
```

CreateInstance()方法有许多重载版本，可以创建多维数组和不基于 0 的数组。下面创建一个二维数组。

【代码示例】 创建一个包含 2×3 个元素的二维数组，第一维基于 1，第二维基于 0。

```
using System;

namespace Sample
{
    class Program
    {
        public static void Main()
        {
            //创建二维数组
            int[] lengths = { 2, 3 };
            int[] lowerBounds = { 1, 10 };//下标
            Array arr1 = Array.CreateInstance(typeof(string), lengths, lowerBounds);

            //给数组赋值
            arr1.SetValue("一", 1, 10);
            arr1.SetValue("二", 1, 11);
            arr1.SetValue("三", 1, 12);
            arr1.SetValue("四", 2, 10);
            arr1.SetValue("五", 2, 11);
            arr1.SetValue("六", 2, 12);

            System.Collections.IEnumerator arr2 = arr1.GetEnumerator();

            int i = 0;
            int cols = arr1.GetLength(arr1.Rank - 1);//得到数组的维数
            while (arr2.MoveNext())
            {
                if (i < cols)
                {
                    i++;
                }
                else
                {
                    Console.WriteLine();
```

12

```
            i = 1;
        }
        Console.Write($"\t{ arr2.Current }");
    }
    Console.ReadLine();
}
}
}
```

【运行结果】

```
    一      二      三
    四      五      六
```

12.2.2 查找数组中的元素

由于数组的特性，如需查找其中的某个元素，则只能对其进行遍历比较。而.NET 为数组提供了许多查找的方法用于寻找数组中的元素。

在一维数组或该数组的一系列元素中搜索指定对象的索引的方法有 Array.IndexOf()方法和 Array.LastIndexOf()方法。切记，前提是一维数组。

【代码示例】Array.IndexOf()方法和 Array.LastIndexOf()方法的用法。

```
using System;

namespace Sample
{
  class Program
  {
    public static void Main()
    {
        int[] myArray = new int[8] { 13, 27, 46, 39, 62, 83, 27, 36 };

        //输出原始数组中的元素
        Console.WriteLine($"打印 myArray 数组中的所有元素");
        for (int i = 0; i < myArray.Length; i++)
        {
            Console.WriteLine($"[{i }]:{ myArray[i]}");
        }

        //在 myArray 数组中寻找第一个出现的值为 27 的元素的位置
        int m = Array.IndexOf(myArray, 27);
        Console.WriteLine($"27 在数组中第一次出现的位置是 {m}");

        //在 myArray 数组中寻找最后一个出现的值为 27 的元素的位置
        int n = Array.LastIndexOf(myArray, 27);
        Console.WriteLine($"27 在数组中最后出现的位置是 {n}");

        Console.ReadLine();

    }
  }
}
```

【运行结果】

打印 myArray 数组中的所有元素
[0]:13
[1]:27
[2]:46
[3]:39
[4]:62
[5]:83
[6]:27
[7]:36
27 在数组中第一次出现的位置是 1
27 在数组中最后出现的位置是 6

事实上，为了方便程序员的使用，.NET 提供的 Array.IndexOf()方法还提供了以下两种使用方法。

● Array.IndexOf(Array, Object, Int32)
● Array.IndexOf(Array, Object, Int32, Int32)

以上两种方法分别提供搜索指定的对象，并返回一维数组中从指定索引的元素到最后一个元素这部分元素中第一个匹配项的索引和从指定索引开始的指定个数的元素中第一个匹配项的索引的功能。这两种方法使搜索范围有效缩小。

【代码示例】在限定范围内查找数组中的元素。

```csharp
using System;

namespace Sample
{
    class Program
    {
        public static void Main()
        {
            String[] strings = { "the", "quick", "brown", "fox", "jumps",
                    "over", "the", "lazy", "dog", "in", "the",
                    "barn" };

            Console.WriteLine($"展示所有数组元素");
            for (int i = strings.GetLowerBound(0); i <= strings.GetUpperBound(0); i++)
                Console.WriteLine($"    [{i}]: { strings[i]}");

            // 查找第一个符合的值
            String searchString = "the";
            int index = Array.IndexOf(strings, searchString);
            Console.WriteLine($"首次出现 \"{ searchString }\" 的索引是 { index }。");

            // 从指定索引开始到最后结束，查找字符串第一次出现的索引位置
            index = Array.IndexOf(strings, searchString, 4);
            Console.WriteLine($"从索引为4开始到最后，首次出现 \"{ searchString }\"的位置是
{ index }。",);

            // 从指定索引开始到指定索引结束，查找搜索字符串出现的索引位置
            int position = index + 1;
            index = Array.IndexOf(strings, searchString, position,
strings.GetUpperBound(0) - position + 1);
            Console.WriteLine($"索引开始位置{ position }到结束位置
{ strings.GetUpperBound(0)}，首次出现 \"{ searchString }\"的索引是{ index }。");

            Console.ReadLine();
```

12

```
            }
        }
    }
```

【运行结果】

展示所有数组元素
```
    [0]: the
    [1]: quick
    [2]: brown
    [3]: fox
    [4]: jumps
    [5]: over
    [6]: the
    [7]: lazy
    [8]: dog
    [9]: in
    [10]: the
    [11]: barn
```
首次出现 "the" 的索引是 0。
从索引为 4 开始到最后，首次出现 "the"的位置是 6。
索引开始位置 7 到结束位置 11，首次出现 "the"的索引是 10。

同样，Array.LastIndexOf()方法也提供了类似的方法，与 Array.IndexOf()方法大致相同，此处不再赘述。下面给出定义。

● Array.LastIndexOf (Array, Object, Int32)

● Array.LastIndexOf(Array, Object, Int32, Int32)

当然，除了上述几种方法，.NET 还提供了许多更方便的重载方法，有兴趣的读者可以自行查阅资料。

除了根据索引搜索，还可以通过.NET 提供的 Find()、FindIndex()、FindAll()等方法进行与指定谓词定义的条件相匹配的元素搜索。这一部分内容相对有些难度，因为其中包含委托、泛型等概念，这里只举一个简单的例子，不进行展开说明。

【代码示例】

```csharp
using System;
using System.Drawing;

namespace Sample
{
    class Program
    {
        public static void Main()
        {
            Point[] points = { new Point(100, 200),
            new Point(150, 250), new Point(250, 375),
            new Point(275, 395), new Point(295, 450) };

            //找到 x*y 大于 100000 的第一个值
            Point first = Array.Find(points, ProductGT10);

            // 展示找到的值
            Console.WriteLine($"Found: X = { first.X }, Y = { first.Y }");

            Console.ReadLine();
```

```
        }

        /// <summary>
        /// 查找 point 的 x*y 是否大于 100000
        /// </summary>
        /// <param name="p">point</param>
        /// <returns>bool</returns>
        private static bool ProductGT10(Point p)
        {
            return p.X * p.Y > 100000;
        }
    }
}
```

【运行结果】

```
Found: X = 275, Y = 395
```

12.2.3　排序

通过遍历的方法对数组进行排序是非常麻烦的,而实际应用中会经常用到数组的排序。Array 类实现了对数组中元素的冒泡排序,即 Array.Sort()和 Array.Reverse()方法。Array.Sort()方法用于对一维数组对象中的元素进行冒泡排序。下面简单介绍这两种方法的用法。

【代码示例】使用 Array.Sort()方法将数组中的元素由小到大排序。

```
using System;

namespace Sample
{
    class Program
    {
        public static void Main()
        {
            int[] myArray = new int[8] { 13, 27, 46, 39, 62, 83, 27, 36 };

            Console.Write($"原数组展示: ");
            foreach (int i in myArray)
            {
                Console.Write(i);
                Console.Write(" ");
            }
            Console.WriteLine();

            Console.Write($"对数组中从索引为 1 开始的 3 个元素进行排序: ");
            Array.Sort(myArray, 1, 3);
            foreach (int i in myArray)
            {
                Console.Write(i);
                Console.Write(" ");
            }
            Console.WriteLine();

            Console.Write($"对数组中所有的元素进行排序后: ");
            Array.Sort(myArray);
            foreach (int i in myArray)
```

```
            {
                Console.Write(i);
                Console.Write(" ");
            }
            Console.WriteLine();

            Console.ReadLine();
        }
    }
}
```

【运行结果】

原数组展示：13 27 46 39 62 83 27 36

对数组中从索引为 1 开始的 3 个元素进行排序：13 27 39 46 62 83 27 36

对数组中所有的元素进行排序后：13 27 27 36 39 46 62 83

可以看到结果的变化，数组中的元素由小到大排列。这是由于代码中采取了默认的方法，并没有规定排序的方法。Array.Sort()方法还有其他用法，此处就不逐一介绍了。感兴趣的读者可以参考文档库中的说明。

Array.Reverse()方法可以反转一维数组或部分数组中元素的顺序。Array.Reverse()方法的应用非常简单，以下代码演示其功能。

【代码示例】Array.Reverse()方法的用法。

```
using System;

namespace Sample
{
    class Program
    {
        public static void Main()
        {
            int[] myArray = new int[8] { 13, 27, 46, 39, 62, 83, 27, 36 };

            Console.Write($"原数组展示：");
            foreach (int i in myArray)
            {
                Console.Write(i);
                Console.Write(" ");
            }
            Console.WriteLine();

            Console.Write($"对数组中从索引为 1 开始的 3 个元素进行逆序：");
            Array.Reverse (myArray, 1, 3);
            foreach (int i in myArray)
            {
                Console.Write(i);
                Console.Write(" ");
            }
            Console.WriteLine();

            Console.Write($"对数组中所有的元素进行逆序后：");
            Array.Reverse(myArray);
            foreach (int i in myArray)
```

```
        {
            Console.Write(i);
            Console.Write(" ");
        }
        Console.WriteLine();

        Console.ReadLine();
    }
  }
}
```

【运行结果】

原数组展示：13 27 46 39 62 83 27 36

对数组中从索引为 1 开始的 3 个元素进行逆序：13 39 46 27 62 83 27 36

对数组中所有的元素进行逆序后：36 27 83 62 27 46 39 13

可以看到，结果中相应的部分元素或全部元素的顺序进行了倒置。

12.2.4　清除数组中的元素

由于数组的大小是不可变的，其大小在初始化时已经确定。因此，数组元素的清除只是将数组中的某个范围的元素设置为每个元素类型的默认值。因此，.NET 提供了 Array.Clear()方法。Array.Clear()方法的定义如下。

```
public static void Clear (Array array,int index,int length);
```

其中，参数 array 为要进行清除操作的数组；参数 index 为要清除的一系列元素的起始索引；参数 length 为要清除的元素数。

【代码示例】

```
using System;

namespace Sample
{
    class Program
    {
        public static void Main()
        {
            int[] myArray = new int[5] { 1, 2, 3, 4, 5 };

            Console.Write($"输出原数组的元素值:\n");
            for (int i=0;i<myArray.Length;i++ )
            {
                Console.WriteLine($"[{0}]:{1}",i,myArray[i]);
            }
            Console.WriteLine($"数组长度为: { myArray.Length }\n");

            //从 myArray 数组的 1 号索引元素开始清除 3 个元素值
            Array.Clear(myArray, 1, 3);

            Console.Write($"输出改变后数组的元素值:\n");
            for (int i = 0; i < myArray.Length; i++)
            {
                Console.WriteLine($"[{i}]:{ myArray[i]}");
```

```
        }
        Console.WriteLine($"清除元素值之后的数组长度为: { myArray.Length }");

        Console.ReadLine();
        }
    }
}
```

【运行结果】

输出原数组的元素值:
[0]:1
[1]:2
[2]:3
[3]:4
[4]:5
数组长度为: 5

输出改变后数组的元素值:
[0]:1
[1]:0
[2]:0
[3]:0
[4]:5
清除元素值之后的数组长度为: 5

可以看到，数组中第二个、第三个和第四个元素已经被赋值为 0，这是因为数组元素是整型，但是数组的长度依然没有变化。

12.3 总 结

本章讲述了如何创建数组和使用数组处理数据集合，以及常见的数组类型及其用法。同时，对比讲解了如何使用常见的泛型集合类存储和访问数据。熟练掌握本章内容有助于程序的编写和设计。在程序中合理地使用数组可以提高程序运行效率，减少复杂操作。

希望读者在牢记以上知识的同时将其与后面讲到的知识有机结合，灵活运用。

12.4 习 题

（1）编写程序，从一个整数数组中取出最大的整数。

（2）编写程序，计算一个整数数组中所有元素的和。

（3）编写程序，将一个字符串数组的元素的顺序进行反转，如 {"3","a","8","haha"} → {"haha","8","a","3"}，即第 i 个和第 length−i+1 个元素进行交换。

第 13 章 集 合

第 12 章介绍了如何使用数组存储数据。数组很有用，但是限制也不少，它只提供了有限的功能，如不方便增大或减小数组大小，还不方便对数组中的数据进行排序。另一个问题是必须使用整数索引进行访问。如果应用程序需要使用其他机制存储和获取数据，那么数组就不是最合适的数据结构了。这正是集合可以大显身手的地方。

13.1 集 合 概 述

第 12 章介绍了数组和 Array 类，数组的大小是固定的。如果元素的个数是动态的，就应该使用集合类。大多数集合类都可在 System.Collections 和 System.Collections.Generic 命名空间中找到。泛型集合位于 System.Collections.Generic 命名空间中，用于特定类型的集合类位于 System.Collections.Specialized 命名空间中，用于线程安全的集合位于 System.Collections.Concurrent 命名空间中，不可变的集合类位于 System.Collections.Immutable 命名空间中。

List<T>是与数组相当的集合类。还有其他类型的集合，如队列、栈、链表、字典和集。其他集合类提供的访问集合元素的 API 可能稍有不同，它们在内存中存储元素的内部结构也有区别。

常用的集合类及其说明见表 13.1。

表 13.1　常用的集合类及其说明

集　　合	说　　明
List<T>	与数组类似，但是提供了其他方法进行搜索和排序
Queue<T>	先入先出数据结构，提供了方法将数据项添加到列的一端，从另一端删除项，以及只检查不删除
LinkedList<T>	双向有序列表，为任何一端的插入和删除进行了优化。此集合既可作为队列，也可作为栈，还支持列表那样的随机访问
HashSet<T>	无序值列表，为快速获取数据而优化
Dictionary<TKey,TValue>	字典集合允许根据键而不是索引来获取值

从上述集合名称中可以看出，这些集合都是泛型类型，都要求提供类型参数指定存储什么类型的数据。每个集合类都针对特定形式的数据存储和访问进行了优化，都提供了专门的方法支持集合的特殊功能。下面简单介绍这些集合类。

13.2　List\<T>

.NET Framework 为动态列表提供了泛型类 List\<T>（等效项 ArrayList）。在决定是使用 List\<T>类还是 ArrayList 类（两者都具有类似的功能）时，请记住 List\<T>类在大多数情况下性能更佳并且是类型安全的。该类是最简单的集合类，用法与数组类似。

集合比数组更灵活，具有以下优势。

（1）创建时无须指定容量，能随元素的增减而自动伸缩。

（2）添加、删除方便。

（3）调用 Sort()方法即可轻松对其对象中的数据进行排序。

13.2.1　创建列表

调用默认的构造函数就可以创建列表。在泛型 List\<T>中，必须声明列表值的指定类型。

```
List<string> myList = new List<string>();
```

还可以创建一个数组，将其传递给构造函数，并用数组的元素填充该列表。以下代码创建了一个字符串数组，然后传给列表，所以以列表的数据类型是 string。

```
string[] input = { "Brachiosaurus",
            "Amargasaurus",
            "Mamenchisaurus" };

List<string> myList = new List<string>(input);
```

当然，可以在初始化时指定其容量大小。

```
List<string> myList = new List<string>(4);
```

13.2.2　添加元素

List\<T>类提供了 Add()方法，通过 Add()方法即可直接给列表添加元素。

【代码示例】

```
using System;
using System.Collections.Generic;

namespace Sample
{
    class Program
    {
        public static void Main()
        {
            List<int> myList = new List<int>();

            myList.Add(1);
            myList.Add(2);
            myList.Add(3);
```

```
                myList.Add(4);
                myList.Add(5);

                Console.WriteLine($"列表中的元素个数为{ myList.Count }，分别是：");
                foreach (int item in myList)
                {
                    Console.WriteLine(item);
                }
Console.ReadLine();
            }
        }
}
```

【运行结果】

```
列表中的元素个数为 5，分别是：
1
2
3
4
5
```

使用 List<T>类的 AddRange()方法，可以一次性给集合添加多个元素。

📢 注意

集合初始值设定项只能在声明集合时使用，AddRange()方法则可以在初始化集合后调用。如果在创建集合后动态获取数据，就需要调用 AddRange()方法。

【代码示例】

```
using System;
using System.Collections.Generic;

namespace Sample
{
    class Program
    {
        public static void Main()
        {
            string[] input = { "Hello",
                        "World" };

            List<string> myList = new List<string>(input);

            Console.WriteLine($"列表中的元素个数为{ myList.Count }，分别是：");
            foreach (string item in myList)
            {
                Console.WriteLine(item);
            }

            string[] racer = { "NiKi",
                        "HANA" };
            myList.AddRange(racer);

            Console.WriteLine($"列表中的元素个数为{ myList.Count }，分别是：");
            foreach (string item in myList)
            {
                Console.WriteLine(item);
```

```
        }
        Console.ReadLine();
    }
  }
}
```

【运行结果】

```
列表中的元素个数为 2，分别是：
Hello
World

列表中的元素个数为 4，分别是：
Hello
World
NiKi
HANA
```

13.2.3 插入元素

使用 Insert()方法可以在指定位置插入元素，与 AddRange()方法类似，InsertRange()方法提供了插入大量元素的功能。

【代码示例】

```
using System;
using System.Collections.Generic;

namespace Sample
{
    class Program
    {
        public static void Main()
        {
            int[] input = { 1, 2, 3, 4, 5 };
            List<int> myList = new List<int>(input);

            Display(myList);

            //使用 Insert()方法
            Console.WriteLine($"在第一个位置插入一个元素");
            myList.Insert(0, 13);
            Display(myList);

            //使用 InsertRange()方法
            Console.WriteLine($"在第三个位置插入一个数组的所有元素");
            int[] newData = { 10, 11, 12, 15 };
            myList.InsertRange(3, newData);
            Display(myList);

            Console.ReadLine();
        }

        private static void Display(List<int> input)
        {
```

```
            Console.WriteLine($"列表中的元素个数为{ input.Count }，分别是：");
            foreach (int item in input)
            {
                Console.Write(item);
                Console.Write($"  ");
            }
            Console.WriteLine($"\n");
        }
    }
}
```

```
列表中的元素个数为 5，分别是：
1  2  3  4  5

在第一个位置插入一个元素
列表中的元素个数为 6，分别是：
13  1  2  3  4  5

在第三个位置插入一个数组的所有元素
列表中的元素个数为 10，分别是：
13  1  2  10  11  12  15  3  4  5
```

13.2.4 访问元素

实现了 IList 和 IList<T>接口的所有类都提供了一个索引器。因此，可以使用索引器，通过传递元素号来访问元素。第一个元素可以使用索引值 0 访问，指定 myList[3]可以访问列表中的第四个元素。

```
int item = myList[3];
```

可以使用 Count 属性确定元素个数，再使用 for 循环遍历集合中的每个元素，并使用索引器访问每一项。

又因为 List<T>类实现了 IEnumerable 接口，所以也可以使用 foreach 语句遍历集合中的元素。下面将使用 for 和 foreach 两种方式访问集合中的元素。

【代码示例】for 和 foreach 两种方式的对比使用。

```
using System;
using System.Collections.Generic;

namespace Sample
{
    class Program
    {
        public static void Main()
        {
            int[] input = { 1, 2, 3, 4, 5 };
            List<int> myList = new List<int>(input);

            Console.WriteLine($"使用 foreach 方式进行集合访问");
            foreachOfExample(myList);

            Console.WriteLine($"使用 for 方式进行集合访问");
            forOfExample(myList);
```

```
                Console.ReadLine();
            }

            private static void foreachOfExample(List<int> input)
            {
                foreach (int item in input)
                {
                    Console.Write(item);
                    Console.Write($" ");
                }
                Console.WriteLine($"\n");
            }

            private static void forOfExample(List<int> input)
            {
                for (int i=0;i<input.Count;i++)
                {
                    Console.WriteLine($"[{i}]: { input[i]}");
                }
            }
        }
    }
```

【运行结果】

使用 foreach 方式进行集合访问
1 2 3 4 5

使用 for 方式进行集合访问
[0]: 1
[1]: 2
[2]: 3
[3]: 4
[4]: 5

13.2.5 删除元素

List<T>类的删除方式有多种，可以利用索引进行删除，这种方式删除比较快。

```
myList.RemoveAt(2);
```

也可以通过将元素传递给 Remove()方法的方式来删除元素。RemoveRange()方法可以从集合中删除多个元素。它的第一个参数指定了开始删除元素的索引值，第二个参数指定了要删除元素的个数。

【代码示例】List<T>类中 RemoveAt()、Remove()和 RemoveRange()方法的用法。

```
using System;
using System.Collections.Generic;
namespace Sample
{
    class Program
    {
        public static void Main()
        {
            string[] input = { "one", "two", "three", "four", "five", "six",
"seven", "eight","nine", "ten" };
            List<string> myList = new List<string>(input);
```

```
            DisplayData(myList);

            myList.RemoveAt(2);
            myList.RemoveAt(2);
            Console.WriteLine($"使用 RemoveAt()方法");
            DisplayData(myList);

            if(myList.Remove("nine") && myList.Remove("seven"))
            {
                Console.WriteLine($"使用 Remove()方法");
                DisplayData(myList);
            }

            Console.WriteLine($"使用 RemoveRange()方法：从第一个元素开始删除两个元素");
            myList.RemoveRange(1, 2);
            DisplayData(myList);

            Console.ReadLine();
        }

        private static void DisplayData(List<string> input)
        {
            Console.WriteLine($"列表的元素个数为{ input.Count }，分别是：");
            foreach (string item in input)
            {
                Console.Write(item);
                Console.Write($"  ");
            }
            Console.WriteLine($"\n");
        }
    }
}
```

【运行结果】

列表的元素个数为10，分别是：
one two three four five six seven eight nine ten

使用 RemoveAt()方法
列表的元素个数为8，分别是：
one two five six seven eight nine ten

使用 Remove()方法
列表的元素个数为6，分别是：
one two five six eight ten

使用 RemoveRange()方法：从第一个元素开始删除两个元素
列表的元素个数为4，分别是：
one six eight ten

13.2.6 元素排序

List<T>类可以使用 Sort()方法对元素进行排序，Sort()方法使用了快速排序算法比较所有元素，直到整个列表排好序为止。

【代码示例】List<T>类中 Sort()方法的简单用法。

```
using System;
using System.Collections.Generic;

namespace Sample
{
    class Program
    {
        public static void Main()
        {
            string[] input = { "one", "two", "three", "four", "five", "six",
"seven", "eight","nine", "ten" };
            List<string> myList = new List<string>(input);
            DisplayData(myList);

            myList.Sort();
            DisplayData(myList);

            Console.ReadLine();
        }
    }
}
```

【运行结果】

列表的元素个数为 10，分别是：
one two three four five six seven eight nine ten

列表的元素个数为 10，分别是：
eight five four nine one seven six ten three two

13.2.7　搜索元素

搜索元素的方式有很多种，可以获得查找元素的索引，或者搜索元素本身。可使用的方法有 IndexOf()、LastIndexOf()、FindIndex()、FindLastIndex()、Find()和 FindLast()方法。如果仅仅是检查元素是否存在，使用 Exists()方法即可。

【代码示例】List<T>类中 IndexOf()、LastIndexOf()方法以及重载方法的用法。

```
using System;
using System.Collections.Generic;

namespace Sample
{
    class Program
    {
        public static void Main()
        {
            string[] input = { "one", "five", "three", "four", "five", "six",
"seven", "eight","five", "ten" };
            List<string> myList = new List<string>(input);
            DisplayData(myList);

            Console.WriteLine($"列表的元素个数为{input.Count}，分别是:");
            Console.WriteLine($"five 第一次出现的索引值为{input.IndexOf("five")}");
            Console.WriteLine($"five 第一次在 0～4 之间出现的索引值为
{input.IndexOf("five", 0, 4)}" );
```

```
            Console.WriteLine($"five 最后一次出现的索引值为{input.LastIndexOf("five")}");
            Console.WriteLine($"five 最后一次在 10～13 之间出现的索引值为
{input.LastIndexOf("five")}");

            Console.ReadLine();
        }
    }
}
```

【运行结果】

```
列表的元素个数为 10，分别是：
one  five  three  four  five  six  seven  eight  five  ten

five 第一次出现的索引值为 1
five 第一次在 0～4 之间出现的索引值为 1
five 最后一次出现的索引值为 13
five 最后一次在 10～13 之间出现的索引值为 13
```

13.3　Queue<T>

　　队列是其元素以先进先出（FIFO）的方式进行处理的集合。先放入队列中的元素会先读取，如银行取钱排队的队列、机场等需要排队的地方以及按循环方式等待 CPU 处理线程等。

　　队列使用 System.Collections.Generic 命名空间中的泛型类 Queue<T>实现。在内部，Queue<T>类使用 T 类型的数组，它实现 ICollection 和 IEnumerable<T>接口，但没有实现 ICollection<T>接口。因此，这个接口定义的 Add()和 Remove()方法不能用于队列。

　　由于 Queue<T>类没有实现 IList<T>接口，所以不能使用索引器访问队列。向队列添加的元素放在队尾（使用 Enqueue()方法），移除元素在头部进行（使用 Dequeue()方法）。

　　Queue<T>类的方法及其说明见表 13.2。

表 13.2　Queue<T>类的方法及其说明

Queue<T>类成员	说　　明
Count	Count 属性返回队列中的元素个数
Enqueue	Enqueue()方法在队列尾部添加元素
Dequeue	Dequeue()方法在队列头部读取和删除元素
Peek	Peek()方法在队列头部读取元素但不删除
TrimExcess	TrimExcess()方法重新设置队列的容量

下面将展示队列的简单操作。

【代码示例】

```
using System;
using System.Collections.Generic;

namespace Sample
{
    class Program
    {
```

```
public static void Main()
{
    Queue<int> queue = new Queue<int>();

    Console.WriteLine($"填充队列");
    foreach(int number in new int[5] { 2, 4, 6, 13, 9 })//语法糖
    {
        queue.Enqueue(number);
        Console.WriteLine($"{number}添加到队列");
    }

    Console.WriteLine($"\n 遍历队列");
    foreach(int number in queue)
    {
        Console.WriteLine(number);
    }

    Console.WriteLine($"\n 清空队列");
    while (queue.Count > 0)
    {
        int number = queue.Dequeue();
        Console.WriteLine($"{number}从队列中移除");
    }

    Console.ReadLine();
}
}
```

【运行结果】

填充队列:
2 添加到队列
4 添加到队列
6 添加到队列
13 添加到队列
9 添加到队列

遍历队列
2
4
6
13
9

清空队列
2 从队列中移除
4 从队列中移除
6 从队列中移除
13 从队列中移除
9 从队列中移除

13.4　LinkedList<T>

　　LinkedList<T>是一个双向链表，其元素指向它前面和后面的元素。这样一来，通过移动到下一个元素就可以正向遍历整个链表，通过移动到前一个元素就可以反向遍历整个链表。其优点是，插入一个元素时，只要修改上一个元素的 Next 引用和下一个元素的 Previous 引用，使它们引用所插入的元素即可。当然，缺点也是显而易见的，就是在访问元素时只能一个接一个地访问，对于中后部的元素就需要较长的访问时间。另外，链表不能在列表中存储元素，存储元素时必须还要存储它的上一个元素和下一个元素。

　　下面展示链表的属性和常用方法。

【代码示例】

```
using System;
using System.Collections.Generic;
using System.Text;

namespace Sample
{
    class Program
    {
        public static void Main()
        {
            string[] words =
            { "one", "two", "three", "four", "five" };

            LinkedList<string> linked = new LinkedList<string>(words);
            Display(linked, "链表元素有：");

            linked.AddFirst("zero");
            Display(linked, "Test 1: 添加 zero 到链表首位");

            LinkedListNode<string> mark1 = linked.First;
            linked.RemoveFirst();
            linked.AddLast(mark1);
            Display(linked, "Test 2: 移动第一个节点到最后一个节点");

            linked.RemoveLast();
            linked.AddLast("six");
            Display(linked, "Test 3: 改变最后一个节点为 six");


            linked.Remove("one");
            Display(linked, "Test 4: 移除 'one'");

            linked.RemoveLast();
            ICollection<string> icoll = linked;
            icoll.Add("ten");
            Display(linked, "Test 5: 移除最后一个节点并添加 'ten'");

            Console.WriteLine($"Test 6: 复制到数组中");
```

```
            string[] sArray = new string[linked.Count];
            linked.CopyTo(sArray, 0);

            foreach (string s in sArray)
            {
                Console.WriteLine(s);
            }

            Console.WriteLine($"Test 7：反向遍历该链表");
            for (LinkedListNode<string> node = linked.Last; node != null; node =
node.Previous)
            {
                string item = node.Value;
                Console.WriteLine(item);
            }

            // 清除链表
            linked.Clear();

            Console.WriteLine();


            Console.ReadLine();
        }

        private static void Display(LinkedList<string> words, string test)
        {
            Console.WriteLine(test);
            foreach (string word in words)
            {
                Console.Write(word + " ");
            }
            Console.WriteLine();
            Console.WriteLine();
        }
    }
}
```

【运行结果】

链表元素有：
one two three four five

Test 1：添加 zero 到链表首位
zero one two three four five

Test 2：移动第一个节点到最后一个节点
one two three four five zero

Test 3：改变最后一个节点为 six
one two three four five six

Test 4：移除 'one'
two three four five six

Test 5：移除最后一个节点并添加 'ten'
two three four five ten

```
Test 6：复制到数组中
two
three
four
five
ten

Test 7：反向遍历该链表
ten
five
four
three
two
```

13.5 HashSet\<T\>

HashSet\<T\>类专为集合操作进行优化，包括判断数据项是否为集合成员和产生并集/交集等。数据项使用 Add()方法插入集合，使用 Remove()方法删除。但其真正强大的功能是它具有破坏性的 IntersectWith()、UnionWith()和 ExceptWith()方法。这些方法会用新的集合覆盖原来 HashSet\<T\>对象中的内容。还可以用其他方法判断 HashSet\<T\>集合中的数据是否为另一个集合的子集或超集。

HashSet\<T\>类内部作为哈希表实现，可实现数据项的快速查找。但是一个大的 HashSet\<T\>集合可能需要消耗大量内存。

改变集合的值的方法见表 13.3。

表 13.3 HashSet\<T\>的修改方法及其说明

HashSet\<T\>的修改方法	说 明
Add()	将某个元素添加到集合中
Clear()	清除集合中的所有元素
Remove()	删除指定元素
CopyTo()	将集合中的元素复制到数组中
IntersectWith()	修改当前的 HashSet\<T\>对象，以仅包含该对象和指定集合中存在的元素
UnionWith()	修改当前 HashSet\<T\>对象已存在于该对象中、指定集合中或两者中的所有元素
ExceptWith()	从当前 HashSet\<T\>对象中移除指定集合中的所有元素

仅有返回信息但不修改元素的方法见表 13.4。

表 13.4 HashSet\<T\>的验证方法及其说明

HashSet\<T\>的验证方法	说 明
Contains()	确定 HashSet\<T\>对象是否包含指定的元素
IsSubsetOf()	确定 HashSet\<T\>对象是否为指定集合的子集
IsSupersetOf()	确定 HashSet\<T\>对象是否为指定集合的超集
IsProperSubsetOf()	确定 HashSet\<T\>对象是否为指定集合的真子集
IsProperSupersetOf()	确定 HashSet\<T\>对象是否为指定集合的真超集

Continued

続表

HashSet<T>的验证方法	说　明
Overlaps()	确定 HashSet<T>对象和指定集合是否共享通用元素
SetEquals()	确定 HashSet<T>对象和指定集合是否包含相同的元素

【代码示例】

```
using System;
using System.Collections.Generic;
using System.Text;

namespace Sample
{
    class Program
    {
        public static void Main()
        {
            HashSet<int> bigNums = new HashSet<int>();
            HashSet<int> smallNums = new HashSet<int>();
            HashSet<int> allNums = new HashSet<int>();

            //添加数据到集合中
            for (int i = 0; i < 13; i++)
                bigNums.Add(i * 2);
            Display(bigNums, "添加元素到bigNums 并展示: ");

            for (int i = 0; i < 4; i++)
                smallNums.Add((i * 2));
            Display(smallNums, "添加元素到 smallNums 并展示: ");

            for (int i = 0; i < 20; i++)
                allNums .Add(i);
            Display(allNums , "添加元素到 allNums 并展示: ");

            ProofMethods(bigNums, smallNums);

            // HashSet<T>修改方法的使用
            ReplaceMethods(bigNums, smallNums, allNums );

            Console.ReadLine();
        }

        /// <summary>
        /// HashSet<T>验证方法的使用
        /// </summary>
        /// <param name="oneNums"></param>
        /// <param name="antherNums"></param>
        private static void ProofMethods(HashSet<int> bigNums, HashSet<int> smallNums)
        {
            if (smallNums.Contains(2))
                smallNums.Remove(2);
            Display(smallNums, "该集合中是否包含 2，如果包含就删除，展示其剩余元素: ");

            Console.WriteLine($"smallNums 与 bigNums 是否共享通用元素:
{smallNums.Overlaps(bigNums)}");
```

- 259 -

```
        Console.WriteLine($"bigNums 与 smallNums 是否包含相同元素:
{bigNums.SetEquals(smallNums)}");
        Console.WriteLine($"smallNums 是否是 bigNums 的子集:
{smallNums.IsSubsetOf(bigNums)}");
        Console.WriteLine($"bigNums 是否是 smallNums 的超集:
{bigNums.IsSupersetOf(smallNums)}");
        Console.WriteLine($"smallNums 是否是 bigNums 的真子集:
{smallNums.IsProperSubsetOf(bigNums)}");
        Console.WriteLine($"bigNums 是否是 smallNums 的真超集:
{bigNums.IsProperSupersetOf(smallNums)}");
    }

    /// <summary>
    /// HashSet<T>修改方法的使用
    /// </summary>
    /// <param name="bigNums"></param>
    /// <param name="smallNums"></param>
    /// <param name="allNums "></param>
    private static void ReplaceMethods(HashSet<int> bigNums, HashSet<int>
smallNums,HashSet<int> allNums )
    {
        allNums .IntersectWith(bigNums);
        Display(allNums , "IntersectWith: allNums 与 bigNums 同时包含的元素: ");

        bigNums.ExceptWith(smallNums);
        Display(bigNums, "ExceptWith: 从 bigNums 中移除 smallNums 中的所有元素: ");

        allNums .UnionWith(smallNums);
        Display(allNums , "UnionWith: allNums 与 smallNums 中的所有元素: ");

        allNums .Clear();
        Display(allNums , "清空 allNums 中的所有元素");
    }

    private static void Display(HashSet<int> input,string words)
    {
        Console.Write(words);

        foreach (var item in input)
        {
            Console.Write(item);
            Console.Write($" ");
        }

        Console.WriteLine($"\n");
    }
    }
}
```

【运行结果】

添加元素到 bigNums 并展示: 0 2 4 6 8 10 12 14 16 18 20 22 24

添加元素到 smallNums 并展示: 0 2 4 6

添加元素到 allNums 并展示: 0 1 2 3 4 5 6 7 8 9 10 11 12 13 14 15 16 17 18 19

该集合中是否包含 2，如果包含就删除，展示其剩余元素：0 4 6

```
smallNums 与 bigNums 是否共享通用元素：True
bigNums 与 smallNums 是否包含相同元素：False
smallNums 是否是 bigNums 的子集：True
bigNums 是否是 smallNums 的超集：True
smallNums 是否是 bigNums 的真子集：True
bigNums 是否是 smallNums 的真超集：True
IntersectWith: allNums 与 bigNums 同时包含的元素：0 2 4 6 8 10 12 14 16 18

ExceptWith: 从 bigNums 中移除 smallNums 中的所有元素：2 8 10 12 14 16 18 20 22 24

UnionWith: allNums 与 smallNums 中的所有元素：0 2 4 6 8 10 12 14 16 18
```

清空 allNums 中的所有元素

上述代码基本涵盖了 HashSet<T>集合的常用方法，其余方法读者可在 Microsoft 文档中进行了解。

13.6　Dictionary<TKey,TValue>

字典（Dictionary）是一种非常复杂的数据结构，这种数据结构允许按照某个键来访问元素。字典也称为映射或散列表。字典的主要特征是能根据键快速查找值，也可以自由地添加和删除元素，这点与 List<T>类很像，但是没有在内存中移动后续元素的性能开销。

C#的 Dictionary<TKey,TValue>类在内部维护两个数组，一个存储映射键数组，另一个存储映射值数组。

但是，该集合类也有一些不足。

（1）Dictionary<TKey,TValue>集合中不能包含相同的键。

（2）Dictionary<TKey,TValue>集合内部采用的是稀疏数据结构，当有大内存时才高效。

（3）遍历时只能使用 foreach 语句。

Dictionary<TKey,TValue>的属性及其说明见表 13.5。

表 13.5　Dictionary<TKey,TValue>的属性及其说明

属　　性	说　　明
Comparer	获取用于确定字典中的键是否相等的 IEqualityComparer<T>
Count	获取包含在 Dictionary<TKey,TValue>中的键/值对的数目
Item[TKey]	获取或设置与指定的键关联的值
Keys	获得一个包含 Dictionary<TKey,TValue>中的键的集合
Values	获得一个包含 Dictionary<TKey,TValue>中的值的集合

下面展示 Dictionary<TKey,TValue>的常用方法。

【代码示例】

```
using System;
using System.Collections.Generic;
```

```
using System.Text;

namespace Sample
{
    class Program
    {
        public static void Main()
        {
            Dictionary<string, int> dic = new Dictionary<string, int>();

            //添加键/值对
            dic.Add("zhangsan", 32);//使用 Add()方法
            dic.Add("lisi", 43);
            dic["wangwu"] = 54;//使用方括号的方式
            dic["zhaoliu"] = 21;
            dic["zhaoliu"] = 10;

            Display(dic, $"该字典有{dic.Count}个元素，分别是：\n");

            //查询
            int value = 0;
            if (dic.TryGetValue("zhangsan", out value))
                Console.WriteLine($"key=zhangsan =>value={value}\n");
            else
                Console.WriteLine($"key=zhangsan 不在字典中\n");

            if (!dic.ContainsKey("lisi"))
            {
                dic["lisi"] = 1;
                Console.WriteLine($"dic 中新添加元素 lisi\n");
            }
            else
            {
                dic.Remove("lisi");
                Console.WriteLine($"dic 中删除 lisi，查看是否存在{dic.ContainsKey
("lisi")}\n");
            }

            Dictionary<string, int>.KeyCollection KeyColl = dic.Keys;
            Console.WriteLine($"\n 键的长度为{KeyColl.Count}，分别是：");
            foreach (var key in KeyColl)
                Console.WriteLine(key);

            Dictionary<string, int>.ValueCollection valueColl =dic.Values;
            Console.WriteLine($"\n 值的长度为{valueColl.Count}，分别是：");
            foreach (var val in valueColl)
                Console.WriteLine(val);

            //删除
            dic.Clear();
            Display(dic, $"清空字典，现在 dic 中的元素个数为{dic.Count}，分别是：");

            Console.ReadLine();
        }


        private static void Display(Dictionary<string, int> dic, string words)
```

```
        {
            Console.Write(words);

            foreach(var item in dic)
            {
                Console.WriteLine($"key : {item.Key},value:{item.Value}");
            }

            Console.WriteLine();
        }
    }
}
```

【运行结果】

```
该字典有 4 个元素，分别是：
key : zhangsan,value:32
key : lisi,value:43
key : wangwu,value:54
key : zhaoliu,value:10

key=zhangsan =>value=32

dic 中删除 lisi，查看是否存在 False

键的长度为 3，分别是：
zhangsan
wangwu
zhaoliu

值的长度为 3，分别是：
32
54
10

清空字典，现在 dic 中的元素个数为 0，分别是：
```

📢 **警告**

当调用 Add()方法时，添加相同的键会抛出 ArgumentException 类型异常。

如果添加以下代码，Visual Studio 2022 中将会弹出如图 13.1 所示的异常提示窗口。

```
dic.Add("lisi", 43);
dic.Add("lisi", 13);
```

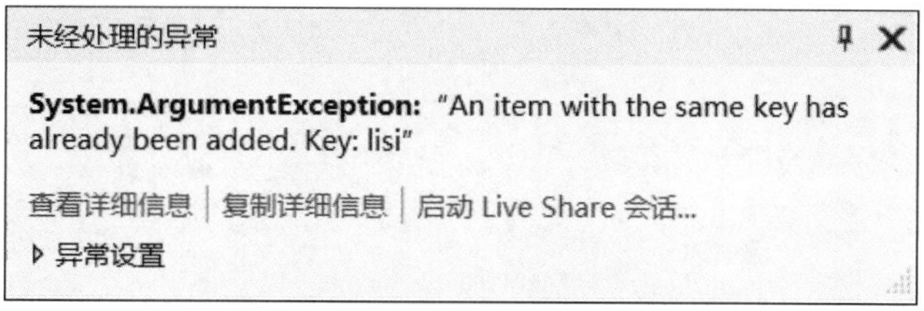

未经处理的异常	📌 ✕

System.ArgumentException: "An item with the same key has already been added. Key: lisi"

查看详细信息 | 复制详细信息 | 启动 Live Share 会话...

▶ 异常设置

图 13.1　异常提示

13.7　比较数组和集合

数组和集合的重要差异总结如下。

（1）数组实例具有固定大小，不能增大或缩小；集合则可以根据需要动态改变大小。

（2）数组可以多维，集合则是线性。但集合中的项可以是集合自身，所以可用集合的集合模拟多维数组。

（3）数组中的项通过索引进行存储和获取。但并非所有的集合都支持这种语法。

（4）许多集合都提供了 ToArray()方法，能创建数组并用集合的项进行填充。复制到数组中的项不从集合中删除。另外，这些集合还提供了直接从数组填充集合的构造函数。

13.8　总　　结

本章主要讲述了如何使用常见的泛型集合类存储和访问数据；特别强调了如何使用泛型类型创建类型安全的集合；还描述了数组和集合的区别。希望读者在牢固以上知识的同时多加练习。

13.9　习　　题

（1）编写一个控制台程序，把从控制台输入的数组字符串（如"123"）转换为中文大写（如"壹贰叁"）。要求使用 Dictionary<TKey, TValue>。

（2）编写一个控制台程序，实现 List<T>的添加、插入、删除、查找、排序等功能。

第 14 章　迭代器和部分类

前面的基础部分讲解了如何使用数组和集合存储数据序列或集合，还介绍了如何使用 foreach 语句遍历数组或集合中的元素。本章将深入探讨该语句，理解它实际上是如何工作的。本章将解释如何使集合"可枚举"。同时，还要介绍当一个类很大时，如何将其分开让多个开发人员同时进行工作。

14.1　迭　代　器

迭代器是程序设计的软件设计模式，是可在容器对象（container，如链表或数组）上遍访的接口，设计人员无须关心容器对象的内存分配的实现细节。

各种语言实现迭代器的方式不尽相同，C#已将迭代器的特性内置于语言当中，完美地与语言进行集成，我们称之为隐式迭代器（Implicit Iterator）。

在 foreach 语句中使用枚举，可以迭代集合中的元素，且不需要知道集合中的元素个数。foreach 语句使用一个枚举器，数组或集合实现带 GetEnumerator()方法的 IEnumerable 接口。GetEnumerator()方法返回一个实现 IEnumerable 接口的枚举，接着，foreach 语句就可以使用 IEnumerable 接口迭代集合了。

14.1.1　迭代器的描述

迭代器是一种对象，用于遍历容器中部分或全部的元素，每个迭代器对象代表容器中确定的地址。迭代器修改了常规指针的接口，其本身是一种概念上的抽象。

（1）迭代器可视为集合的书签，类似数据库的游标，表示一个集合中的某个位置。

（2）迭代器是针对集合对象而生的。

迭代器解决的是集合访问的问题，它提供了一种方法以顺序访问一个集合对象中的各个元素，而不暴露该对象的内部表示。迭代器还有一个别名，叫作游标（Cursor）。

迭代器是方法、get 访问器或运算符，使开发人员能够在类或结构中支持 foreach 迭代，而不必实现整个 IEnumerable 接口。只需提供一个迭代器，即可遍历类中的数据结构。当编译器检测到迭代器时，它将自动生成 IEnumerable 接口或 IEnumerable 接口的 Current()、MoveNext()和 Dispose()方法。

迭代器具有以下特点。

（1）迭代器是可以返回相同类型的值的有序序列的一段代码。

（2）迭代器可用作方法、运算符或 get 访问器的代码体。

（3）迭代器代码使用 yield return 语句依次返回每个元素。使用 yield break 语句将终止迭代。

（4）可以在类中实现多个迭代器。每个迭代器都必须像任何类成员一样有唯一的名称，并且可以在 foreach 语句中被客户端代码调用。

（5）迭代器的返回类型必须为 IEnumerable 和 IEnumerator 中的任意一种。

14.1.2　yield 语句

自 C#的第一个版本以来，使用 foreach 语句可以轻松地迭代集合。在 C# 1.0 中，创建枚举器仍需要做大量的工作。C# 2.0 添加了 yield 语句，以便创建枚举器。yield return 语句用于返回集合中的一个元素，并移到下一个元素上。

【代码示例】使用 yield return 语句实现一个简单的集合。

```
using System;
using System.Collections;
using System.Collections.Generic;
using System.Text;

namespace IteratorSample
{
    class SampleCollection
    {
        public IEnumerable<string> GetEnumerator()
        {
            yield return "hello";
            yield return "world";
        }
    }
}
```

📢 注意

yield 语句会生成一个枚举器，而不仅仅生成一个包含项的列表。这个枚举器通过 foreach 调用，从 foreach 中每次访问每一项时，都会访问到枚举器。这样就可以迭代大量的数据，而不需要一次性把所有的数据都读入内存。

14.1.3　创建迭代器

可以看到，迭代器的出现为方便地访问程序中的变量提供了一种可行的方法。下面展示如何创建迭代器及其用法。

【代码示例】

```
using System;
using System.Collections.Generic;

namespace IteratorSample
{
    class Program
    {
        static void Main(string[] args)
        {
```

```
            SampleCollection collection = new SampleCollection();

            var enumerators = collection.IteratorMethod();
            foreach (var item in enumerators)
                Console.WriteLine($"姓名：{item.Name}，年龄：{item.Age}");
            Console.ReadLine();
        }
    }
    class Person
    {
        public Person(string name,int age)
        {
            Name = name;
            Age = age;
        }
        public string Name { get; }
        public int Age { get; }
    }

    class SampleCollection
    {

        Person[] GetPeoples() => new Person[]
        {
          new Person("Harry",13),
          new Person("Lily",34),
          new Person("Lucy",24),
          new Person("Bell",5),
          new Person("Niki",18),
          new Person("Anne",56),
        };
        public IEnumerable<Person> IteratorMethod()
        {
            foreach(var item in GetPeoples())
                yield return (item);
        }

    }
}
```

【运行结果】

```
姓名：Harry，年龄：13
姓名：Lily，年龄：34
姓名：Lucy，年龄：24
姓名：Bell，年龄：5
姓名：Niki，年龄：18
姓名：Anne，年龄：56
```

可以看到，程序中为 Person 类实现了一个迭代器，并且通过迭代器获得了相应的字段值。

类的这种结构是比较合理的。当既需要通过遍历的方法获得对象中的全部内容，又需要单个获得其属性时，应当使程序实现迭代器以及相应的属性。这样的代码便于使用。

C#的 foreach 语句不会解析为 IL 代码中的 foreach 语句，C#编译器会把 foreach 语句转换为 IEnumerator 接口的方法和属性。例如，上述代码中 foreach 语句：

```
foreach (var item in enumerators)
```

```
        Console.WriteLine($"姓名: {item.Name},年龄: {item.Age}");
```

会解析为下面的代码：

```
IEnumerator<Person> people = enumerators.GetEnumerator();
        while(people.MoveNext())
        {
            Person person = people.Current;
            Console.WriteLine($"姓名: {person.Name},年龄: {person.Age}");
        }
```

首先，调用 GetEnumerator()方法，获得数组的一个枚举器。在 while 循环中，只要 MoveNext() 返回 true，就用当前的 Current 属性访问数组中的元素。

foreach 语句虽然用于访问数组或对象集合中的每个元素，但不应用于更改集合内容以避免产生不可预知的错误。

【代码示例】如果在对集合进行遍历的同时又对集合进行修改，运行程序，Visual Studio 2022 将给出如图 14.1 所示的异常提示。

```
using System;
using System.Collections;
using System.Collections.Generic;

namespace IteratorSample
{
    class Program
    {
        static void Main(string[] args)
        {
            //定义和初始化 ArrayList
            ArrayList myArrayList = new ArrayList();
            for (int i = 0; i < 5; i++)
            {
                myArrayList.Add(i + 1);
            }

            //使用 foreach 访问 ArrayList
            foreach (object i in myArrayList)
            {
                myArrayList.Remove(1);
                Console.WriteLine(i);
            }

            Console.ReadLine();
        }
    }
```

图 14.1　异常提示

引发的异常类型为InvalidOperationException，提示集合已修改，无法执行枚举操作。原因是代码在 foreach 的遍历过程中对 ArrayList 进行了移除某个对象的操作。因此，在编写代码时要避免这种情况的发生。

14.2 部 分 类

如果所创建的类包含一种类型或其他类型的许多成员时，就很容易引起混淆，代码文件也比较长。这时可以给代码分组。如何给代码分组则是本节要介绍的部分类（partial class）。简单地说，就是把类的定义放在多个文件中，使程序的结构更加合理，代码的组织更加紧密。

14.2.1 部分类的作用

可以将类、结构或接口的定义拆分到两个或多个源文件中。每个源文件包含类定义的一部分，Visual Studio 2022 在编译应用程序时会把所有部分组合起来。这样的类称为部分类。

部分类的应用场合主要有以下两个。

（1）当项目比较庞大时，使用部分类可以拆分一个类至几个文件中。这样的处理可以使不同的开发人员同时进行工作，避免了效率的低下。

（2）Visual Studio 2022 自动生成代码。例如，添加一个窗体时，Visual Studio 2022 会自动生成许多代码，使用部分类将这些代码放在单独的文件中可以使类看起来比较简洁，方便操作。

可以看到，部分类的出现为代码的编写带来了方便。

14.2.2 定义部分类

部分类使用关键字 partial 定义。其用法是把 partial 放在 class、struct 或 interface 关键字的前面。

在下面的例子中，SampleClass 类驻留在两个不同的源文件 SampleClassAutogenerated.cs 和 SampleClass.cs 中。

【代码示例】定义部分类并调用其方法。

```
using System;

namespace PartialSample
{
    class Program
    {
        static void Main(string[] args)
        {
            SampleClass sampleClass = new SampleClass();

            sampleClass.SayHello();
            sampleClass.SayWorld();

            Console.ReadLine();
```

```
            }
        }
    }


//SampleClass 类驻留在 SampleClass.cs 源文件中
using System;
using System.Collections.Generic;
using System.Text;

namespace PartialSample
{
    partial class SampleClass
    {
        public void SayHello() =>Console.Write($"Hello");
    }
}


//SampleClass 类驻留在 SampleClassAutogenerated.cs 源文件中
using System;
using System.Collections.Generic;
using System.Text;

namespace PartialSample
{
    partial class SampleClass
    {
        public void SayWorld() => Console.WriteLine($"World!");
    }
}
```

【运行结果】

```
HelloWorld!
```

当编译包含这两个源文件的项目时，会创建一个 SampleClass 类，它有两个方法：SayHello()和 SayWorld()。

如果声明类时使用了下面的关键字，则这些关键字就必须应用于同一个类的所有部分：

- public
- private
- protected
- internal
- abstract
- sealed
- new
- 一般约束

在嵌套的类型中，只要 partial 关键字位于 class 关键字的前面，就可以嵌套部分类。

可以看到，部分类的用法与普通类相同，只要在部分类中的任意部分定义了相应的方法或属性即可使用。

在 Windows 窗体应用程序中也可以使用部分类，如创建一个 Windows 窗体应用程序时，Visual

Studio 2022 创建一个名为 PartialForm 窗体的部分类。创建一个 Windows 窗体应用程序，其解决方案资源管理器如图 14.2 所示。

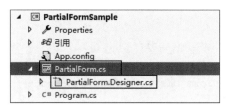

图 14.2　解决方案资源管理器

图 14.2 中标注的两个文件中就存在部分类的定义。其中，PartialForm.cs 文件中就是之前经常使用和修改代码的文件，其内容如下。

【代码示例】

```
using System;
using System.Collections.Generic;
using System.ComponentModel;
using System.Data;
using System.Drawing;
using System.Linq;
using System.Text;
using System.Threading.Tasks;
using System.Windows.Forms;

namespace PartialFormSample
{
    public partial class PartialForm : Form
    {
        public PartialForm()
        {
            InitializeComponent();
        }
    }
}
```

可以看到，结构非常简单，也没有实现什么功能。当向窗体上添加一个按钮时，这个文件的内容也不会变化。事实上，还有另一个文件 PartialForm.Designer.cs，其内容如下。

【代码示例】

```
namespace PartialFormSample
{
    partial class PartialForm
    {
        /// <summary>
        /// Required designer variable.
        /// </summary>
        private System.ComponentModel.IContainer components = null;

        /// <summary>
        /// Clean up any resources being used.
        /// </summary>
        /// <param name="disposing">true if managed resources should be disposed;
otherwise, false.</param>
```

```
        protected override void Dispose(bool disposing)
        {
            if (disposing && (components != null))
            {
                components.Dispose();
            }
            base.Dispose(disposing);
        }

        #region Windows Form Designer generated code

        /// <summary>
        /// Required method for Designer support - do not modify
        /// the contents of this method with the code editor.
        /// </summary>
        private void InitializeComponent()
        {
            this.components = new System.ComponentModel.Container();
            this.AutoScaleMode = System.Windows.Forms.AutoScaleMode.Font;
            this.ClientSize = new System.Drawing.Size(800, 450);
            this.Text = "PartialForm";
        }

        #endregion
    }
}
```

可以看到，在这个文件中详细定义了窗体的大小、名称和文本等内容。当添加按钮等其他控件时，该文件的内容也会随之改变。

从文件的名称也可以看出，PartialForm.Designer.cs 主要用于存储设计代码，而 PartialForm.cs 主要用于存储功能代码。这是一种合理的分配方式，请读者注意学习借鉴。

同样，在把部分类编译到类型中时，属性、XML 注释、接口、泛型类型的参数属性和成员会合并。

【代码示例】部分类拆分接口。

```
using System;
using System.Collections.Generic;
using System.Text;
using static PartialSample.AnotherAttribute;

namespace PartialSample
{
    [AnotherAttribute]
    partial class SampleClass: SampleBaseClass, ISampleClass
    {
        public void SayHello() =>Console.Write( $"Hello");
    }
}

using System;
using System.Collections.Generic;
using System.Text;
using static PartialSample.CustomAttribute;

namespace PartialSample
{
```

```
    [CustomAttribute]
    partial class SampleClass: IOtherSampleClass
        {
            public void SayWorld() => Console.WriteLine($"World!");
        }
}
```

编译后，等价的源文件变为如下内容。

```
using System;
using System.Collections.Generic;
using System.Text;
using static PartialSample.AnotherAttribute;
using static PartialSample.CustomAttribute;

namespace PartialSample
{
    [AnotherAttribute]
    [CustomAttribute]
    partial class SampleClass: SampleBaseClass, ISampleClass, IOtherSampleClass
        {
            public void SayHello() =>Console.Write($"Hello");
            public void SayWorld() => Console.WriteLine($"World!");
        }
}
```

🔊 注意

尽管 partial 关键字很容易创建跨多个文件的庞大的类，且不同的开发人员可以处理同一个类的不同文件，但该关键字并非用于这个目的。在此情况下，最好把大类拆分成几个小类，一个类只用于一个目的。

14.2.3　定义部分方法

部分类也可以定义部分方法（partial method）。部分方法在一个部分类中定义（没有方法体），在另一个部分类中实现。在这两个部分类中，都需要使用 partial 关键字。

【代码示例】部分方法的定义。

```
public partial class SampleClass
    {
        partial void SayHelloWrold();
    }
public partial class SampleClass
    {
        partial void SayHelloWrold() =>Console.Write($"Hello World!");
    }
```

部分方法也可以是静态的，但它们总是私有的，且不能有返回值。它们使用的任何参数都不能是 out 参数，但可以是 ref 参数。

实际上，部分方法的重要性体现在编译代码时，而不是使用代码时。

【代码示例】部分方法的用法。

```
using System;
```

```
namespace PartialSample
{
    class Program
    {
        static void Main(string[] args)
        {
            SampleClass sampleClass = new SampleClass();

            sampleClass.DoSomethingElse();

            Console.ReadLine();
        }
    }
}
```

```
using System;
using System.Collections.Generic;
using System.Text;

namespace PartialSample
{
    //在SampleClass.cs源文件中
    public partial class SampleClass
    {
        partial void DoSomething();
        public void DoSomethingElse()
        {
            Console.WriteLine($"DoSomethingElse()方法执行开始");
            DoSomething();
            Console.WriteLine($"DoSomethingElse()方法执行结束");
        }
    }
}
```

```
using System;
using System.Collections.Generic;
using System.Text;

namespace PartialSample
{
    //在SampleClassAutogenerated.cs源文件中
    public partial class SampleClass
    {
        partial void DoSomething() =>Console.WriteLine($"DoSomething()方法执行中");
    }
}
```

【运行结果】

```
DoSomethingElse()方法执行开始
DoSomething()方法执行中
DoSomethingElse()方法执行结束
```

如果删除SampleClassAutogenerated.cs源文件中的类定义，或者删除其中的部分方法的实现，也就是将如下代码注释掉：

```
namespace PartialSample
{
    //在 SampleClassAutogenerated.cs 源文件中
    public partial class SampleClass
    {
        //partial void DoSomething() =>Console.WriteLine($"DoSomething()方法执行中");
    }
}
```

则运行结果如下。

```
DoSomethingElse()方法执行开始
DoSomethingElse()方法执行结束
```

在编译代码时，如果代码包含一个没有实现代码的部分方法，编译器会完全删除该方法，还会删除对该方法的所有调用。执行代码时，不会检查实现代码，因为没有要检查的方法调用。这会略微提高性能。这就是为什么部分方法必须是 void 类型，如果部分方法有返回值，那么编译器在没有实现代码的情况下无法删除方法调用。

14.2.4 使用部分类的注意事项

使用部分类以及部分方法的注意事项如下。

（1）部分类的各个部分必须具有相同的可访问性。

（2）部分方法不能使用 virtual、abstract、override、new、sealed、out 或 extern 修饰符进行修饰。

（3）如果任意部分声明了其基类型，则整个类继承该类。

（4）部分类的各个部分都必须在同一程序集和同一模块（.exe 或.dll 文件）中进行定义。

（5）部分方法不能有返回值，必须为 void 类型。

（6）可以为已定义并实现的部分方法生成委托，但不能为已定义但未实现的部分方法生成委托。

部分类的使用应该根据不同的情况作出不同的选择，通常在项目中出现一个较大的文件或需要多个开发人员同时对一个文件进行操作时可以选用部分类。

14.3 总　　结

本章介绍了 C#中的两个实用功能：迭代器和部分类。它们为开发程序提供了更方便灵活的选择。迭代器可以使开发人员方便地使用 foreach 语句访问类中的字段值，而部分类使程序的结构更加灵活，协同工作更加方便。希望读者能灵活运用这些知识。

14.4 习　　题

（1）编写程序，使用迭代器获取 1000 以内的所有素数。

（2）编写程序，创建一个集合类 People，它是如下 Person 类的一个集合，该集合中的项可以通过一个字符串索引符进行访问，该字符串索引是人名，与 Person.Name 属性相同。

```
public class Person
    {
        private string name;
        private int age;

        public string Name
        {
            get { return name; }
            set { name = value; }
        }
        public int Age
        {
            get { return age; }
            set { age = value; }
        }
    }
```

然后给 People 类添加一个迭代器，通过下面的 foreach 循环获取所有成员的年龄。

```
foreach(int age in myPeople.Ages)
    {

    }
```

第 15 章 泛 型

泛型是 C#和.NET Framework 的一个重要概念。本章首先介绍泛型的概念，学习抽象的泛型术语，对高效使用它至关重要。虽然泛型类是在 C#中定义的，但是也可以在 Visual Basic 中使用一个特定的类型实例化该泛型。因为它不仅是 C#语言的一种结构，是在 CLR（公共语言运行库）中定义的，而且与程序集中的 IL（中间语言）代码紧密集成。

15.1 引 入 泛 型

本节从基础讲起，涵盖了平常使用泛型时需要了解的大多数知识，在开始本节的内容之前，回忆一下前面讲过的集合类型。基本集合可以包含在诸如 ArrayList 的类中，但这些类型的变量中可以存放任意类型的元素。此处适应任意类型指的不仅仅是.NET Framework 中的这些预定义类型，也包括开发人员自定义的类型。那么，集合是如何做到对任意类型的支持和控制的呢？在此之前，我们有必要了解数据在内存中是如何组织存储的。

15.1.1 数据存储方式

计算机使用内存容纳要执行的程序以及这些程序使用的数据。但是，这些数据在内存中是如何组织存储的呢？

操作系统和"运行时"通常将用于容纳数据的内存划分为两个独立的区域，每个区域以不同的方式进行管理。这两个区域分别称为栈（Stack）和堆（Heap）。栈和堆的设计目的完全不同。

所有的值类型数据都在栈上创建，而引用类型的实例（对象）都在堆上创建。

调用方法时，它的参数和局部变量所需的内存总是从栈中获取。方法调用结束后无论是抛出异常还是正常返回，都会将为参数和局部变量分配的内存自动归还给栈，并在另一个方法调用时重新使用。使用 new 关键字创建类的实例（对象）时，构造对象所需的内存总是从堆中获取。

"栈"和"堆"两个词来源于"运行时"的内存管理方式。

- 栈内存像一系列堆得越来越高的箱子。调用方法时，它的每个参数都被放入一个箱子并存放到栈顶。每个局部变量也同样分配到一个箱子，并同样放到栈顶。方法调用结束后，它的所有箱子都从栈中移除。

- 堆内存像散布在房间里的一大堆箱子，不像栈那样每个箱子都严格堆在另一个箱子上。每个箱子都有一个标签，标记了这个箱子是否正在使用。创建新对象时，"运行时"查找空箱子，把它分配给对象。对对象的引用则存储在栈上的一个局部变量中。"运行时"跟踪每个箱子的引用数量（注意，两个变量可能引用同一个对象）。一旦最后一个引用消失，"运行时"就将箱子标记为未使用。在将来某个不确定的时候，会清除箱子里的东西，使其能够重新使用。

15.1.2　System.Object

.NET Framework 最重要的引用类型之一是 System 命名空间中的 Object 类。所有的.NET 类最终都派生自 System.Object。实际上，如果在定义类时没有指定基类，编辑器就会自动假定这个类派生自 Object。

也就是说，Object 类的所有.NET 类的最终基类是类型层次结构的根。

System.Object 包含的方法及说明见表 15.1。

表 15.1　System.Object 包含的方法及说明

方　　法	说　　明
Object()	初始化 Object 类的新实例
Equals(Object)	确定指定对象是否等于当前对象
Equals(Object, Object)	确定指定的对象实例是否被视为相等
Finalize()	在垃圾回收将某一对象回收前允许该对象尝试释放资源并执行其他清理操作
GetHashCode()	用作默认哈希函数
GetType()	获取当前实例的类型
MemberwiseClone()	创建当前对象的浅表副本
ReferenceEquals(Object, Object)	确定指定的对象实例是否是相同的实例
ToString()	返回表示当前对象的字符串

上述方法是.NET Framework 中对象类型必须支持的基本方法。

15.1.3　装箱和拆箱

将数据项从栈自动复制到堆的行为称为装箱，即将值类型转换为引用类型。该转换可以隐式进行，代码如下。

```
int intNumber = 10;
object ObjectNumber = intNumber;
```

为了访问已装箱的值，必须进行强制类型转换的行为称为拆箱，简称转型，即将以前装箱的值类型强制转换为值类型。这种转换是显式进行的，代码如下。

```
int intNumber = 10;
object objectNumber = intNumber;//装箱
int secondNumber = (int)objectNumber;//拆箱
```

拆箱必须小心，确保得到的值变量有足够的空间存储拆箱的值中的所有字节，否则编译器会抛出一个 InvalidCastException 异常，如图 15.1 所示。

图 15.1 抛出异常（1）

注意

装箱和拆箱会产生较大的开销，因为它们涉及很多检查工作，而且需要分配额外的堆内存。装箱有一定用处，但是会影响性能。

15.2 泛型简介

C#通过泛型避免强制类型转换，增强类型安全性，减少装箱量，让开发人员可以更轻松地创建常规化的类和类型。下面详细介绍泛型。

15.2.1 泛型概述

非泛型类和泛型类之间存在某些区别，泛型类和泛型方法同时具备可重用性、类型安全和高效性，这是非泛型类和非泛型方法无法具备的。

泛型将类型参数的概念引入.NET Framework，这样就可以设计具有以下特征的类和方法：在客户端代码声明并初始化这些类或方法之前，这些类或方法会延迟指定一个或多个类型。也就是说，泛型类是以实例化过程中提供的类型或类为基础建立的，可以毫不费力地对对象进行强类型化。

例如，通过使用泛型类型参数 T，可以编写其他客户端代码能够使用的单个类，而不会产生运行时转换或装箱操作的成本或风险，代码如下。

```
CollectionClasses<ItemClass> items = new CollectionClasses<ItemClass>();
items.Add(new ItemClass());
```

其中，尖括号语法是把类型参数传递给泛型类型的方式。

虽然泛型通常用于集合和在集合上运行的方法中，但是它不只涉及集合。创建一个泛型类，就可以生成一些方法，它们的签名可以强类型化为我们需要的任何类型，该类型甚至可以是值类型或引用类型，以处理各自的操作。还可以把用于实例化泛型类的类型限制为支持某个给定的接口或派生自某种类型，从而只允许使用类型的一个子集。泛型并不限于类，还可以创建泛型接口、泛型方法，甚至泛型委托。这样做极大地提高了代码的灵活性。

15.2.2 性能

泛型的一个主要优点是性能。下面将 System.Collections 命名空间中的 ArrayList 类和 System.Collections.Generic 命名空间中的 List<T>类进行比较。

　　ArrayList 类存储对象，Add()方法定义为需要把一个对象作为参数，所以要进行装箱操作。在读取 ArrayList 类中的值时，要进行拆箱操作，要使用类型强制转换运算符。

　　List<T>类不使用对象，而是在使用时定义类型，无须进行装箱和拆箱操作。

【代码示例】ArrayList 类与 List<T>的比较。

```
using System;
using System.Collections;
using System.Collections.Generic;

namespace GenericSample
{
    class Program
    {
        static void Main(string[] args)
        {
            ArrayListSample();
            ListSample();

            Console.ReadLine();
        }

        public static void ArrayListSample()
        {
            ArrayList myArrayList = new ArrayList();
            for (int i = 0; i < 5; i++)
            {
                myArrayList.Add(i + 1);//装箱
            }
            int l1 =(int) myArrayList[0];
            Console.WriteLine(l1);
        }

        public static void ListSample()
        {
            List<int> list = new List<int>();
            for (int i = 0; i < 5; i++)
            {
                list.Add(i + 1);
            }
            int l1 = list[0];
            Console.WriteLine(l1);
        }
    }
}
```

【运行结果】

```
1
1
```

如果在 ArrayList 集合中不进行强制转换，则编译器会提示错误，如图 15.2 所示。

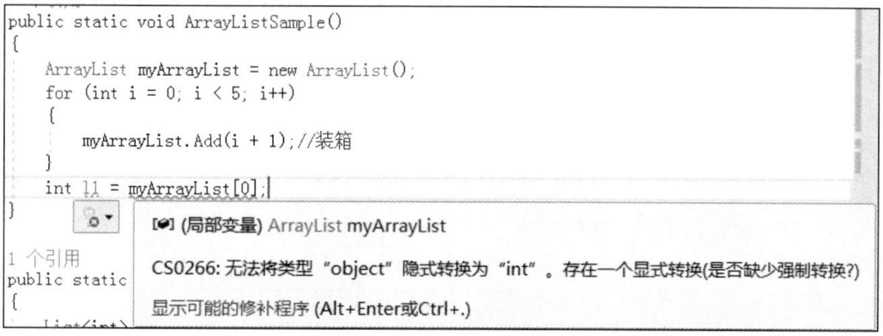

```
public static void ArrayListSample()
{
    ArrayList myArrayList = new ArrayList();
    for (int i = 0; i < 5; i++)
    {
        myArrayList.Add(i + 1);//装箱
    }
    int 11 = myArrayList[0];
}

[●] (局部变量) ArrayList myArrayList

CS0266: 无法将类型"object"隐式转换为"int"。存在一个显式转换(是否缺少强制转换?)

显示可能的修补程序 (Alt+Enter或Ctrl+.)
```

图 15.2　错误提示（1）

15.2.3　类型安全

泛型的另一个特性是类型安全。与 ArrayList 类一样，如果使用对象，就可以在这个集合中添加任意类型。

【代码示例】

```
public static void ArrayListSample()
    {
        ArrayList myArrayList = new ArrayList();
        myArrayList.Add(3);
        myArrayList.Add("hello world!");
        myArrayList.Add(new Person("lily",39));
    }
```

上述代码使用 foreach 语句进行迭代，编译器会接收这段代码，但是元素类型为 Object，代码如下。

```
foreach(object item in myArrayList)
{
    Console.WriteLine(item);
}
```

【运行结果】

```
3
hello world!
GenericSample.Person
```

如果将元素的数据类型改为 int，那么 myArrayList 中并不是所有的元素都可以强制转换为 int，所以会出现一个运行时异常，如图 15.3 所示。

未经处理的异常　　　　　　　　　　　　📌 ✕

System.InvalidCastException: "Unable to cast object of type 'System.String' to type 'System.Int32'."

查看详细信息 | 复制详细信息 | 启动 Live Share 会话...
▷ 异常设置

图 15.3　抛出异常（2）

在泛型类 List<T>中，泛型类型 T 一旦定义，就只能添加该类型数据，否则编译器会提示错误，如图 15.4 所示。

```
public static void ListSample()
    {
        List<int> list = new List<int>();
        list.Add(1);
        list.Add("hello world!");
    }
```

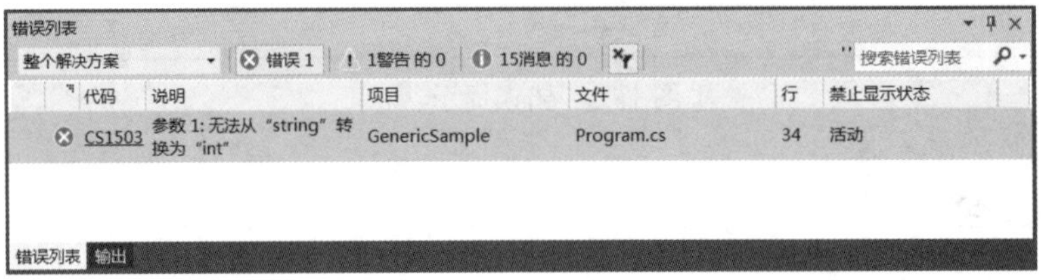

图 15.4　错误提示（2）

15.2.4　代码扩展

使用不同的特定类型实例化泛型类时，会产生多少代码？因为泛型类的定义会放在程序集中，所以用特定类型实例化泛型类不会在 IL 代码中复制这些类。但是，在 JIL 编译器把泛型类编译为本地代码时，会给每个值类型创建一个新类。引用类型共享同一个本地类的所有相同的实现代码。这是因为引用类型在实例化的泛型类型中只需要 4 字节的内存地址（32 位系统），就可以引用一个引用类型。值类型包含在实例化的泛型类的内存中，同时因为每个值类型对内存的要求不同，所以要为每个值类型实例化一个新类。

15.2.5　命名规则

如果在程序中使用泛型，泛型的命名规则在区分泛型类型和非泛型类型时就会有一定的帮助。下面是泛型类型的命名规则。

（1）泛型类型的名称用字母 T 作为前缀。

（2）如果没有特殊的要求，泛型类型允许使用任意类代替，且只使用了一个泛型类型，就可以用字符 T 作为泛型类型的名称。

（3）如果泛型类型有特定的要求（如它必须实现一个接口或派生自基类），或者使用了两个或多个泛型类型，就应给泛型类型使用描述性名称。

15.3　创建泛型类

创建泛型类时，还需要一些其他 C#关键字。例如，不能把 null 赋给泛型类型，可用 default 关键字。如果泛型类不需要 Object 类的功能，但需要调用泛型类上的某些特定方法，就可以定义约束。

15.3.1 定义泛型类

要创建泛型类，只需要在类定义中包含尖括号语法，代码如下。

```
class GenericList<T>
{
     //代码块
}
```

其中，T 可以是任意标识符，只要遵循通常的 C#命名规则即可。泛型类可在定义中包含任意多个类型参数，参数之间用逗号隔开。例如：

```
class GenericList<T1,T2,T3>
{
     //代码块
}
```

15.3.2 default 关键字

如果在泛型类中要把类型 T 指定为 null，但是又不能把 null 赋给泛型类型，原因是泛型类型也可以实例化为值类型，而 null 只能用于引用类型。为了解决这个问题，可以使用 default 关键字。通过 default 关键字，将 null 赋给引用类型，将 0 赋给值类型。

15.3.3 类型参数的约束

如果泛型类需要调用泛型类型中的方法，就必须添加约束。例如，基类约束告诉编译器，仅此类型的对象或派生自此类型的对象可用作类型参数。编译器有了此约束后，就能够允许在泛型类中调用该类型的方法。

约束告知编译器类型参数必须具备的功能。在没有任何约束的情况下，类型参数可以是任何类型。编译器只能假定 System.Object 的成员，它是任何.NET 类型的最终基类。如果客户端代码使用不满足约束的类型，编译器将发出错误。通过使用 where 上下文关键字可以指定约束。

各种类型的约束见表 15.2。

表 15.2 约束类型及说明

约　　束	说　　明
where T : struct	类型参数必须是不可为 null 的值类型。由于所有值类型都具有可访问的无参数构造函数，因此 struct 约束表示 new()约束，并且不能与 new()约束结合使用。struct 约束也不能与 unmanaged 约束结合使用
where T : class	类型参数必须是引用类型。此约束还应用于任何类、接口、委托或数组类型。在 C# 8.0 或更高版本中的可以为 null 的上下文中，T 必须是不可以为 null 的引用类型

notNull 约束：从 C# 8.0 开始，在可以为 null 的上下文中，使用 notnull 约束指定类型参数必须是不可以为 null 的值类型或不可以为 null 的引用类型。notnull 约束只能在 nullable enable 上下文中使用。在可以为 null 的上下文中，class 约束指定的类型参数必须是不可以为 null 的引用类型。在可

以为 null 的上下文中，当类型参数是可为 null 的引用类型时，编译器会生成警告。

枚举约束：从 C# 12.3 开始，还可以指定 System.Enum 类型作为基类约束。CLR 始终允许此约束，但 C#语言不允许。使用 System.Enum 的泛型提供类型安全的编程，缓存使用 System.Enum 中静态方法的结果。

15.4 泛型的用法

本节具体讲解泛型用法中的各种问题。

15.4.1 泛型用例

以下代码尝试建立了一个集合类型。该类可以实现类似于 ArrayList 的功能，能够通过其提供的 Add()方法向该类中添加某种类型的对象，并能够通过其提供的迭代器遍历访问其中的所有元素。

【代码示例】

```
using System;
using System.Collections;
using System.Collections.Generic;

namespace GenericSample
{
    class Program
    {
        static void Main(string[] args)
        {
            var list = new GenericList<int>();
            for (int i = 1; i < 5; i++)
                list.AddHead(i);

            foreach (int item in list)
                Console.WriteLine(item);

            Console.ReadLine();
        }

    }

    public class GenericList<T>
    {
        private class Node
        {
            public Node(T t)
            {
                next = null;
                data = t;
            }

            private Node next;
            public Node Next
            {
```

```
                get { return next; }
                set { next = value; }
            }

            private T data;
            public T Data
            {
                get { return data; }
                set { data = value; }
            }
        }

        private Node head;


        public GenericList()
        {
            head = null;
        }

        public void AddHead(T t)
        {
            Node n = new Node(t);
            n.Next = head;
            head = n;
        }

        public IEnumerator<T> GetEnumerator()
        {
            Node current = head;

            while (current != null)
            {
                yield return current.Data;
                current = current.Next;
            }
        }
    }
```

【运行结果】

```
4
3
2
1
```

　　读者可以从上面的代码中了解泛型类的用法。上面的代码中定义了一个泛型类，名为 GenericList。类名 GenericList 的后面有尖括号，里面是一个参数 T。T 的意思就是 type，即类型。这是一个类型参数，可以通过传入不同的类型，将整个类中的 T 都替换为这个类型。

　　代码中使用了类似链表的结构，链表中的每个节点，即 Node，都分为两部分，分别是存储 GenericList 元素的 data 变量，以及指向下一个元素的 next 变量。这样，所有加入集合的元素即构成了一个有序的链条。

15

15.4.2 泛型接口

为泛型集合类或表示集合中的项的泛型类定义接口通常很有用。为避免对值类型的装箱和取消装箱操作，泛型类的首选项使用泛型接口，如 IComparable<T>，而不是 IComparable。.NET 类库定义了多个泛型接口，以便被 System.Collections.Generic 命名空间中的集合类所使用。当接口被指定为类型参数上的约束时，仅可使用能实现接口的类型。

同定义泛型类一样，可以定义泛型接口。其定义方法如下。

```
interface IMyInterface<T>
{
}
```

【代码示例】泛型接口的使用。

```
using System;
using System.Collections;
using System.Collections.Generic;

namespace GenericSample
{
    class Program
    {
        static void Main(string[] args)
        {
            SortedList<Person> list = new SortedList<Person>();

            string[] names = new string[]
            {
            "Lily",
            "Bill",
            "Lucy",
            "Harry",
            "Potter",
            };

            int[] ages = new int[] { 3, 19, 28, 23, 18 };

            for (int x = 0; x < 5; x++)
            {
                list.AddHead(new Person(names[x], ages[x]));
            }

            foreach (Person p in list)
            {
                Console.WriteLine(p.ToString());
            }

            Console.WriteLine($"根据年龄做冒泡排序");
            list.BubbleSort();

            foreach (Person p in list)
            {
                Console.WriteLine(p.ToString());
            }
```

```
            Console.ReadLine();
}

public class GenericList<T> : IEnumerable<T>
{
    protected Node head;
    protected Node current = null;

    protected class Node
    {
        public Node next;
        private T data;

        public Node(T t)
        {
            next = null;
            data = t;
        }

        public Node Next
        {
            get { return next; }
            set { next = value; }
        }

        public T Data
        {
            get { return data; }
            set { data = value; }
        }
    }

    public GenericList()
    {
        head = null;
    }

    public void AddHead(T t)
    {
        Node n = new Node(t);
        n.Next = head;
        head = n;
    }

    public IEnumerator<T> GetEnumerator()
    {
        Node current = head;
        while (current != null)
        {
            yield return current.Data;
            current = current.Next;
        }
    }
    IEnumerator IEnumerable.GetEnumerator()
    {
        return GetEnumerator();
    }
```

15

```
        }

    public class SortedList<T>:GenericList<T> where T:IComparable<T>
    {
        /// <summary>
        /// 冒泡排序
        /// </summary>
        public void BubbleSort()
        {
            if (null == head || null == head.Next)
            {
                return;
            }
            bool swapped;

            do
            {
                Node previous = null;
                Node current = head;
                swapped = false;

                while (current.next != null)
                {
                    if (current.Data.CompareTo(current.next.Data) > 0)
                    {
                        Node tmp = current.next;
                        current.next = current.next.next;
                        tmp.next = current;

                        if (previous == null)
                        {
                            head = tmp;
                        }
                        else
                        {
                            previous.next = tmp;
                        }
                        previous = tmp;
                        swapped = true;
                    }
                    else
                    {
                        previous = current;
                        current = current.next;
                    }
                }
            } while (swapped);
        }
    }

    public class Person:IComparable<Person>
    {
        string name;
        int age;

        public Person(string s, int i)
        {
            name = s;
            age = i;
```

```
            }

            public int CompareTo(Person p)
            {
                return age - p.age;
            }

            public override string ToString()
            {
                return name + ":" + age;
            }

            public bool Equals(Person p)
            {
                return (this.age == p.age);
            }
        }
    }
```

【运行结果】

```
Potter:18
Harry:23
Lucy:28
Bill:19
Lily:3
根据年龄做冒泡排序
Lily:3
Potter:18
Bill:19
Harry:23
Lucy:28
```

可将多个接口指定为单个类型上的约束，如下所示。

```
class Stack<T> where T : System.IComparable<T>, IEnumerable<T>
{
}
```

一个接口可定义多个类型参数，如下所示。

```
interface IDictionary<K, V>
{
}
```

适用于类的继承规则也适用于接口。

15.4.3　泛型方法

同样，可以定义泛型方法。以下代码定义了泛型方法。

```
void SayHello<T>()
{
}
```

下面给出一个著名的方法的泛型实现。读者或许记得以下方法。

```
public void Swap(ref int a, ref int b)
{
```

```
    int c = 0;
    int c = a;
    int a = b;
    int b = c;
}
```

这个方法实现了两个整数之间的交换。事实上，很多类型的变量都可能会遇到交换的问题，此处可以定义一个泛型方法。

```
static void Swap<T>(ref T a, ref T b)
{
    T c;
    a = a;
    a = b;
    b = c;
}
```

以下是其调用过程。

```
public static void Test()
{
    int a = 1;
    int b = 2;

    Swap<int>(ref a, ref b);
    Console.WriteLine(a);
    Console.WriteLine(b);

    Console.ReadLine();
}
```

这个方法对其他类型的变量也适用。可以编写如下代码。

```
public static void Test()
{
    class MyClass
    {
    }
    MyClass a = new MyClass();
    MyClass b = new MyClass();

    Swap<MyClass>(ref a, ref b);
    Console.WriteLine($"交换完毕！");

    Console.ReadLine();
}
```

15.4.4 泛型结构

与类相似，结构也可以是泛型的。它们与泛型类很相似，只是没有继承特性。本小节介绍泛型结构 Nullable<T>，它由.NET Framework 定义。结构 Nullable<T>定义了一个约束，其中的泛型类型 T 必须是一个结构。泛型结构还定义了两个只读属性 HasValue 和 Value，可使用 Value 属性来查看可空类型的值。如果 HasValue 为 true，则说明 Value 属性有一个非空值；如果 HasValue 为 false，则说明变量被赋予了 null，尝试访问属性 Value 将引发 InvalidOperationException 异常。

【代码示例】泛型结构的定义与使用。

```
using System;
using System.Collections;
using System.Collections.Generic;

namespace GenericSample
{
    class Program
    {
        static void Main(string[] args)
        {
            Nullable<int> x=1;

            Console.WriteLine(x.HasValue);
            Console.WriteLine(x.Value);

            Console.ReadLine();
        }
    }
}
```

【运行结果】

```
True
1
```

但如果修改上述代码如下。

```
Nullable<int> x=null;
```

则抛出异常，如图 15.5 所示。

图 15.5　抛出异常（3）

因为可空类型使用非常频繁，所以 C#使用了一种特殊语法，用于定义可空类型变量，就是"?"
运算符。语法如下。

```
int? x = 5;
```

为了避免可空类型的空值检查，我们可以使用"?."运算符。例如：

```
int count = 0;
  if (people.Count != null)
  {
    count = people.Count;
  }
```

可替换为

```
        int count = people?.Count;
```

15.4.5 类型参数的约束用例

【代码示例】使用 where 关键字约束泛型类型。

```
using System;
using System.Collections;
using System.Collections.Generic;

namespace GenericSample
{
    class Program
    {
        static void Main(string[] args)
        {
            var persons = new GenericList<Person>();
            persons.AddHead(new Person("Lily", 23));
            persons.AddHead(new Person("Harry", 12));
            persons.AddHead(new Person("Lucy", 32));
            persons.AddHead(new Person("Bill", 12));
            persons.AddHead(new Person("Potter", 4));

            Console.WriteLine($"罗列大家的姓名和年龄");
            foreach (var item in persons)
                Console.WriteLine($"姓名：{item.Name}  年龄：{item.Age}");

            //查找匹配元素
            Person person= persons.FindFirst("Harry");
            Console.WriteLine($"找到名为 Harry 的人，他的年龄是{person.Age}");

            Console.ReadLine();
        }
    }

    public class Person
    {
        public Person(string name, int age)
        {
            Name = name;
            Age = age;
        }
        public string Name { get; }
        public int Age { get; }
    }

    public class GenericList<T> where T : Person
    {
        private class Node
        {
            public Node(T t) => (Next, Data) = (null, t);

            public Node Next { get; set; }
            public T Data { get; set; }
        }
```

```
        private Node head;

        public void AddHead(T t)
        {
            Node n = new Node(t) { Next = head };
            head = n;
        }

        public IEnumerator<T> GetEnumerator()
        {
            Node current = head;

            while (current != null)
            {
                yield return current.Data;
                current = current.Next;
            }
        }

        public T FindFirst(string s)
        {
            Node current = head;
            T t = null;

            while (current != null)
            {
                if (current.Data.Name == s)
                {
                    t = current.Data;
                    break;
                }
                else
                {
                    current = current.Next;
                }
            }
            return t;
        }
    }
}
```

【运行结果】

罗列大家的姓名和年龄
姓名：Potter　年龄：4
姓名：Bill　年龄：12
姓名：Lucy　年龄：32
姓名：Harry　年龄：12
姓名：Lily　年龄：23
找到名为 Harry 的人，他的年龄是 12

约束使泛型类能够使用 Person.Name 属性。约束指定类型 T 的所有项都保证是 Person 对象或从 Person 继承的对象。

可以对同一类型参数应用多个约束，并且约束自身可以是泛型类型，如下所示。

```
class PersonList<T> where T : Person, IPerson, System.IComparable<T>
{
    //...
}
```

在应用 where T : class 约束时，请避免对类型参数使用"=="和"!="运算符，因为这些运算符仅测试引用标识而不测试值的相等性。即使在用作参数的类型中重载这些运算符也会发生此行为。下面的代码说明了这一点，即使 String 类重载"=="运算符，输出也为 false。

【代码示例】枚举约束用例。本示例查找枚举类型的所有有效值，然后生成将这些值映射到其字符串表示形式的字典。

```csharp
using System;
using System.Collections;
using System.Collections.Generic;

namespace GenericSample
{
    enum WeekDay
    {
        Monday,
        Tuesday,
        Wednesday,
        Thursday,
        Friday,
        Saturday,
        Sunday,
    }
    class Program
    {
        static void Main(string[] args)
        {
            var map = EnumNamedValues<WeekDay>();
            foreach (var pair in map)
                Console.WriteLine($"{pair.Key}:\t{pair.Value}");

            Console.ReadLine();
        }


        public static Dictionary<int, string> EnumNamedValues<T>() where T :
System.Enum
        {
            var result = new Dictionary<int, string>();
            var values = Enum.GetValues(typeof(T));

            foreach (int item in values)
                result.Add(item, Enum.GetName(typeof(T), item));
            return result;
        }
    }
}
```

【运行结果】

```
0:      Monday
1:      Tuesday
2:      Wednesday
3:      Thursday
4:      Friday
5:      Saturday
6:      Sunday
```

15

上述 Enum.GetValues() 和 Enum.GetName() 使用反射，这会对性能产生影响。可调用 EnumNamedValues()方法生成可缓存和重用的集合，而不是重复执行需要反射才能实施的调用。

还有一种 new()约束指定泛型类声明中的类型实参必须有公共的无参数构造函数。若要使用 new()约束，则该类型不能为抽象类型。代码如下。

```
class ItemFactory<T> where T:new()
{
    public T GetNewItem()
    {
        return new T();
    }
}
```

当与其他约束一起使用时，new()约束必须最后指定。

```
public class ItemFactory2<T> where T:IComparable, new()
{
    //
}
```

【代码示例】非托管约束用例。

```
unsafe public static byte[] ToByteArray<T>(this T argument) where T:unmanaged
{
    var size = sizeof(T);
    var result = new Byte[size];
    Byte* p = (byte*)&argument;
    for (var i = 0; i < size; i++)
        result[i] = *p++;
    return result;
}
```

从 C# 12.3 开始，可使用 unmanaged 约束指定类型参数必须是不可为 null 的非托管类型。通过 unmanaged 约束，用户能编写可重用例程，从而使用可作为内存块操作的类型，如上述示例所示。但是，以上方法必须在 unsafe 上下文中编译，因为它并不是在已知的内置类型上使用 sizeof 运算符。如果没有 unmanaged 约束，则 sizeof 运算符不可用。

📢 注意

unmanaged 约束表示 struct 约束，且不能与其结合使用。因为 struct 约束表示 new()约束，且 unmanaged 约束也不能与 new()约束结合使用。

15.5 总 结

本章介绍了 CLR 中一个非常重要的特性——泛型。泛型的应用比较复杂，既有泛型类，也有泛型接口、泛型方法等。虽然合理地使用泛型类可以减少重复的代码，但这往往需要高级的编程技巧和合理的设计。这些内容对初学者而言比较难，希望读者能尽可能地掌握本章的内容，如果实在不能理解，可以采取暂时搁置的办法。但在经过一段时间的学习之后，建议读者能再次仔细学习本章的内容，届时可能会有一种豁然开朗的感觉。

15.6 习　　题

（1）下列关于 C#中泛型的描述正确的是（　　　）。

    A．不同泛型方法的类型参数名称必须不同

    B．类型参数表中只能将类型参数声明一次，但可以在方法的参数表中多次出现

    C．所有泛型方法声明都将类型参数表放在方法名称的前面

    D．类型参数最多只能有一个接口约束，但可以有多个类约束

（2）下列关于 C#中泛型的约束的描述错误的是（　　　）。

    A．where T：IFoo 表示要替换 T 的必须是接口

    B．where T：struct 表示要替换的 T 必须是结构体类型

    C．where T：new()表示要替换 T 的必须是有默认构造函数的类型

    D．where T：class 表示要替换 T 的必须是引用类型

（3）判断：语句 Stack objectStack=new Stack ();表示 objectStack 保存的是 int 型变量。

（4）判断：泛型方法的类型参数表用括号分隔，类型参数指定了方法实参的类型和返回类型。

第 16 章　正则表达式

字符串的相关内容在本书前面的章节中就已经介绍过，本章内容仍然与字符串有着紧密的联系。阅读前，请读者先回忆一下字符串的相关内容。

16.1　正则表达式基础

正则表达式主要用于解决字符串匹配问题，C#为正则表达式提供了良好的支持。本节介绍正则表达式的相关内容。

16.1.1　什么是正则表达式

正则表达式的应用十分广泛，如著名的 AWK 工具包在很早就提供了这方面的支持。另外，Perl编程语言也提供了对正则表达式功能的支持。很多文本编辑器和编程工具都提供了使用正则表达式搜索文本的功能。目前，这种趋势十分明显。

与传统方式不同，正则表达式提供了功能强大、灵活而又高效的方法处理文本。正则表达式的全面模式匹配表示法使快速分析大量文本以找到特定的字符模式成为可能。另外，正则表达式还可以用于提取、编辑、替换或删除文本子字符串，或将提取的字符串添加到集合以生成报告。对于处理字符串的许多应用程序而言，正则表达式是不可缺少的工具。

没有正则表达式基础的读者不用担心，因为.NET Framework 正则表达式并入了其他正则表达式实现的最常见功能，如在 Perl 语言和 AWK 工具包中提供的那些功能。这些功能被设计为与 Perl 语言的正则表达式兼容，.NET Framework 正则表达式还包括一些在其他工具的实现中尚未提供的功能，如从右到左匹配和即时编译等。

16.1.2　正则表达式概述

请读者回忆一下 DOS 操作系统中的“*”和“?”通配符，在 Windows 的命令行窗口中也提供此类支持。在命令行窗口中输入“dir *”,将会列出当前目录下的所有文件和文件夹，如当前目录为 C盘根目录，则会得出以下结果。

```
C:\>dir *
 驱动器 C 中的卷没有标签。
 卷的序列号是 8843-8A82
```

```
C:\ 的目录

2006-03-22  21:47    <DIR>          WINDOWS
2006-03-22  21:56    <DIR>          Documents and Settings
2006-03-22  22:08    <DIR>          Program Files
2006-04-26  16:42             133 file.txt
2006-04-25  10:50    <DIR>          Files
2006-06-03  16:59    <DIR>          temp
                1 个文件            133 字节
                5 个目录  5,474,762,752 可用字节
```

在上面的例子中，"*"是一个通配符，该通配符代表任意多个字符。若只想列出名称以字母 f 开头的文件和目录，则应输入"dir f*"，结果如下。

```
C:\>dir f*
 驱动器 C 中的卷没有标签。
 卷的序列号是 8843-8A82

C:\ 的目录

2006-04-26  16:42             133 file.txt
2006-04-25  10:50    <DIR>          Files
                1 个文件            133 字节
                1 个目录  5,474,762,752 可用字节
```

而前文提到的"?"则是另一种通配符，该通配符代表一个任意字符。若想列出名称中包含字母 s 且字母 s 前面有 4 个其他字符的文件或目录，则应输入"dir ????s"，结果如下。

```
C:\>dir ????s
 驱动器 C 中的卷没有标签。
 卷的序列号是 8843-8A82

C:\ 的目录

2006-04-25  10:50    <DIR>            Files
                0 个文件              0 字节
                1 个目录  5,474,762,752 可用字节
```

C#对正则表达式的支持就是提供了这样一组元素，这些元素都具有类似于"*"和"?"的特定功能。通过对这些元素的使用，可以创造出匹配任何复杂模型的正则表达式。

下面介绍正则表达式的语言元素。

1. 字符转义

大多数重要的正则表达式语言运算符都是非转义的单个字符。转义字符"\"（单个反斜杠）告诉正则表达式分析器反斜杠后面的字符不是运算符。例如，分析器将星号（*）视为重复限定符，而将前接反斜杠的星号（*）视为普通星号字符。

（1）一般字符：除.、$、^、{、[、(、|、)、*、+、?、\外，其他字符与自身匹配。

（2）\a：与响铃（警报）\u0007 匹配。

（3）\b：与退格符 \u0008 匹配。

（4）\t：与 Tab 符 \u0009 匹配。

（5）\r：与回车符 \u000D 匹配。

（6）\v：与垂直 Tab 符 \u000B 匹配。

（7）\f：与换页符 \u000C 匹配。

（8）\n：与换行符 \u000A 匹配。

（9）\e：与 Esc 符 \u001B 匹配。

2．替换

提供有关在替换模式中使用的特殊构造的信息。字符转义和替换是在替换模式中识别的唯一的特殊构造。下面描述的所有语法构造只允许出现在正则表达式中，替换模式中不识别它们。例如，星号（*）在替换模式中不会被当作元字符，仅仅是一个普通字符；而替换模式中的"\$"在正则表达式中仅仅是表示指定字符串结尾的意思。

（1）\$数字：替换按组号 number（十进制）匹配的最后一个子字符串。

（2）\${name}：替换由"?<name>"组匹配的最后一个子字符串。

（3）\$\$：替换单个\$字符。

（4）\$&：替换完全匹配本身的一个副本。

（5）\$`：替换匹配前的输入字符串的所有文本。

（6）\$'：替换匹配后的输入字符串的所有文本。

（7）\$+：替换最后捕获的组。

（8）\$_：替换整个输入字符串。

3．字符类

提供字符类与一组字符中的任何一个字符匹配的信息。字符类包括以下列出的语言元素。

（1）.：匹配除"\n"以外的任何字符。如果已用 Singleline 选项做过修改，则句点字符可与任何字符匹配。

（2）[aeiou]：与指定字符集中包含的任何单个字符匹配。即与 a、e、i、o 和 u 中的任意一个匹配。

（3）[^aeiou]：与不在指定字符集中的任何单个字符匹配。即与除 a、e、i、o 和 u 之外的字符匹配。

（4）[0-9a-fA-F]：使用连字符（-）允许指定连续字符范围。此处为 0~9 与 a~f 和 A~F 中的任何一个匹配。

（5）\p{name}：与{name}指定的命名字符类中的任何字符都匹配。支持的名称为 Unicode 组和块范围，如 Ll、Nd、Z、IsGreek、IsBoxDrawing。

（6）\P{name}：与在{name}中指定的组和块范围不包括的文本匹配。

（7）\w：与任何单词字符匹配。等效于 Unicode 字符类别[\p{Ll}\p{Lu}\p{Lt}\p{Lo}\p{Nd}\p{Pc}\p{Lm}]。如果用 ECMAScript 选项指定了符合 ECMAScript 的行为，则\w 等效于[a-zA-Z_0-9]。

（8）\W：与任何非单词字符匹配。等效于 Unicode 字符类别[^\p{Ll}\p{Lu}\p{Lt}\p{Lo}\p{Nd}\p{Pc}\p{Lm}]。如果用 ECMAScript 选项指定了符合 ECMAScript 的行为，则\W 等效于[^a-zA-Z_0-9]。

（9）\s：与任何空白字符匹配。等效于 Unicode 字符类别[\f\n\r\t\v\x85\p{Z}]。如果用

ECMAScript 选项指定了符合 ECMAScript 的行为，则\s 等效于[\f\n\r\t\v]。

（10）\S：与任何非空白字符匹配。等效于 Unicode 字符类别[^\f\n\r\t\v\x85\p{Z}]。如果用 ECMAScript 选项指定了符合 ECMAScript 的行为，则\S 等效于[^ \f\n\r\t\v]。

（11）\d：与任何十进制数字匹配。对于 Unicode 类别的 ECMAScript 行为，等效于\p{Nd}；对于非 Unicode 类别的 ECMAScript 行为，等效于[0-9]。

（12）\D：与任何非数字匹配。对于 Unicode 类别的 ECMAScript 行为，等效于\P{Nd}；对于非 Unicode 类别的 ECMAScript 行为，等效于[^0-9]。

4．正则表达式选项

可以使用影响匹配行为的选项修改正则表达式模式。例如，在 Regex(pattern, options)构造函数中的 options 参数中指定，其中 options 是 RegexOptions 枚举值的按位或组合。options 参数具有以下选项。

（1）None：指定不设置任何选项。

（2）IgnoreCase：指定不区分大小写的匹配。

（3）Multiline：指定多行模式。更改 "^" 和 "$" 的含义，以使它们分别与任何行的开头和结尾匹配，而不只是与整个字符串的开头和结尾匹配。

（4）ExplicitCapture：指定唯一有效的捕获是显式命名或编号的 "?<name>…" 形式的组。这允许圆括号充当非捕获组，从而避免了由 "?:…" 导致的语法上的笨拙。

（5）Compiled：指定正则表达式将被编译为程序集。生成该正则表达式的微软中间语言（MSIL）代码；以较长的启动时间为代价，得到更快的执行速度。

（6）Singleline：指定单行模式。更改句点字符（.）的含义，以使它与每个字符（而不是除 "\n" 之外的所有字符）匹配。

（7）IgnorePatternWhitespace：指定从模式中排除非转义空白并启用数字符号（#）后面的注释。

（8）RightToLeft：指定搜索是从右向左而不是从左向右进行的。具有此选项的正则表达式将移动到起始位置的左边而不是右边。因此，起始位置应指定为字符串的结尾而不是开头。RightToLeft 只更改搜索方向，不会反转所搜索的子字符串。

（9）ECMAScript：指定已为表达式启用了符合 ECMAScript 的行为。此选项仅可与 IgnoreCase 和 Multiline 标志一起使用。将 ECMAScript 同任何其他标志一起使用将导致异常。

（10）CultureInvariant：指定忽略语言中的区域性差异。

5．原子零宽度断言

提供有关零宽度断言的信息，该断言根据正则表达式分析器在输入字符串中的当前位置使匹配成功或失败。

（1）^：指定匹配必须出现在字符串的开头或行的开头。

（2）$：指定匹配必须出现在字符串结尾、字符串结尾处的 "\n" 之前或行的结尾。

（3）\A：指定匹配必须出现在字符串的开头而忽略 Multiline 选项。

（4）\Z：指定匹配必须出现在字符串的结尾或字符串结尾处的 "\n" 之前，忽略 Multiline 选项。

（5）\z：指定匹配必须出现在字符串的结尾，忽略 Multiline 选项。

（6）\G：指定匹配必须出现在上一个匹配结束的地方。与 Match.NextMatch() 一起使用时，此断言确保所有匹配都是连续的。

（7）\b：指定匹配必须出现在 "\w"（字母数字）和 "\W"（非字母数字）字符之间的边界上。匹配必须出现在单词边界上，即出现在由任何非字母数字字符分隔的单词中的第一个或最后一个字符上。

（8）\B：指定匹配不得出现在 \b 边界上。

6. 限定符

提供有关修改正则表达式的可选数量数据的信息。限定符将可选数量的数据添加到正则表达式中。限定符表达式作用于紧挨着它前面的字符、组或字符类。

（1）*：指定 0 个或多个匹配，如 \w* 或 (abc)*。等效于 {0,}。

（2）+：指定一个或多个匹配，如 \w+ 或 (abc)+。等效于 {1,}。

（3）?：指定 0 个或一个匹配，如 \w? 或 (abc)?。等效于 {0,1}。

（4）{n}：指定恰好 n 个匹配，如（Hello）{2}。

（5）{n,}：指定至少 n 个匹配，如（abc）{2,}。

（6）{n,m}：指定至少 n 个但不多于 m 个匹配。

（7）*?：指定尽可能少地使用重复的第一个匹配。等效于 lazy*。

（8）+?：指定尽可能少地使用重复但至少使用一次。等效于 lazy+。

（9）??：指定使用 0 次重复或一次重复（等效于 lazy?）。

（10）{n}?：等效于 {n} 和 lazy{n}。

（11）{n,}?：指定尽可能少地使用重复但至少使用 n 次。等效于 lazy{n,}。

（12）{n,m}?：指定介于 n 次和 m 次之间，尽可能少地使用重复。等效于 lazy{n,m}。

对于正则表达式的学习，就好像学习一门新的语言，就像 C# 一样，其中充满了大量的语法、新名词等。相信读者通过对 C# 语言的学习，已经有了学习语言的经验，能够尽快掌握正则表达式的相关语法。

16.1.3　正则表达式类

C# 提供了 System.Text.RegularExpressions 命名空间，这个命名空间下包含一些类，这些类提供对 .NET Framework 正则表达式引擎的访问。该命名空间主要就是提供正则表达式的功能。下面简要介绍这些类的作用。

1. Regex 类

Regex 类表示不可变（只读）正则表达式类。它还包含各种静态方法，允许在不显式创建其他类的实例的情况下使用其他正则表达式类。

下面的代码示例演示了 Regex 类的简单用法。

【代码示例】

```
//声明一个 Regex.变量
```

```
Regex r;
//初始化，并用正则表达式初始化
r = new Regex("[a, e, i, o, u]");
```

2. Match 类

Match 类表示正则表达式匹配操作的结果。

下面的代码示例使用 Regex 类的 Match()方法返回 Match 类型的对象，以便找到输入字符串中的第一个匹配项。此示例使用 Match 类的 Match.Success 属性指示是否已找到匹配。

【代码示例】

```
using System;
using System.Collections;
using System.Text.RegularExpressions;

namespace MatchSample
{
    class Program
    {
        static void Main(string[] args)
        {
            //创建 Regex 对象
            Regex r = new Regex("o");

            //在给定字符串中搜索 o
            Match m = r.Match($"Hello World!");

            //判断是否成功并输出
            if (m.Success)
            {
                Console.WriteLine($"搜索成功！");
                Console.WriteLine($"位置: " + m.Index);
            }
            else
            {
                Console.WriteLine($"未找到该字符串！");
            }

            Console.ReadLine();
        }
    }
}
```

【运行结果】

```
搜索成功！
位置: 4
```

可以看到，成功地在"Hello World!"字符串中搜索到了 o，并获得了其索引位置。本例并不能展示出使用正则表达式的好处，因为之前这样的工作没有正则表达式也可以完成。

3. MatchCollection 类

MatchCollection 类表示成功的非重叠匹配的序列。该集合为不可变（只读）的，并且没有公共构造函数。MatchCollection 的实例是由 Regex.Matches()方法返回的。

　　下面的代码示例使用 Regex 类的 Matches()方法，通过在输入字符串中找到的所有匹配填充 MatchCollection。此示例将此集合复制到一个字符串数组和一个整数数组中，其中字符串数组用于保存每个匹配项，整数数组用于指示每个匹配项的位置。

【代码示例】

```csharp
using System;
using System.Collections;
using System.IO;
using System.Text.RegularExpressions;

namespace MatchSample
{
    class Program
    {
        static void Main(string[] args)
        {
            Regex r = new Regex("o");
            MatchCollection myMC;          //创建 MatchCollection 对象
            myMC = r.Matches("Hello World!");

            if (myMC.Count > 0)
            {
                Console.WriteLine("搜索成功！");
                foreach (Match m in myMC)
                {
                    Console.WriteLine("位置: " + m.Index);
                }
            }
            else
            {
                Console.WriteLine("未找到该字符串！");
            }

            Console.ReadLine();
        }
    }
}
```

【运行结果】

```
搜索成功！
位置: 4
位置: 7
```

　　可以看到，输出了成功搜索出字符串 o 在字符串"Hello World!"中的所有索引位置。本示例的功能已经逐渐体现出正则表达式的优点了。

4．GroupCollection 类

　　GroupCollection 类表示捕获的组的集合并返回单个匹配中捕获的组的集合。该集合为不可变（只读）的，并且没有公共构造函数。GroupCollection 的实例在 Match.Groups 属性返回的集合中返回。下面的代码示例查找并输出由正则表达式捕获的组的数目。

【代码示例】

```csharp
using System;
```

```
using System.Collections;
using System.IO;
using System.Text.RegularExpressions;

namespace MatchSample
{
    class Program
    {
        static void Main(string[] args)
        {
            Regex r = new Regex("(x(y))z");             //创建 Regex 对象
            Match m = r.Match("xyuxyz");                 //在给定字符串中搜索"xyuxyz"

            if (m.Groups.Count > 0)
            {
                Console.WriteLine("搜索成功! ");
                Console.WriteLine("共找到: " + m.Groups.Count);
            }
            else
            {
                Console.WriteLine("未找到! ");
            }

            Console.ReadLine();
        }
    }
}
```

【运行结果】

搜索成功!
共找到: 3

5. CaptureCollection 类

CaptureCollection 类表示捕获的子字符串的序列，并且返回由单个捕获组执行的捕获的集合。由于有限定符，捕获组可以在单个匹配中捕获多个字符串。Captures 属性（CaptureCollection 类的对象）是作为 Match 和 Group 类的成员提供的，以便对捕获的子字符串的集合进行访问。

例如，如果使用正则表达式((a(b))c)+（其中+限定符指定一个或多个匹配）从字符串"abcabcabc"中捕获匹配，则子字符串的每一次匹配的 Group 的 CaptureCollection 将包含三个成员。

下面的代码示例使用正则表达式(Hello)+查找字符串"HiHelloHelloHelloWorldHelloHi"中的一个或多个匹配。该示例阐释了使用 Captures 属性返回多组捕获的子字符串的用法。

【代码示例】

```
using System;
using System.Collections;
using System.IO;
using System.Text.RegularExpressions;

namespace MatchSample
{
    class Program
    {
        static void Main(string[] args)
        {
```

```
                  Regex r = new Regex("(Hello)+");
                  CaptureCollection myCC;
                  GroupCollection myGC;
                  int myCount;

                  //在给定字符串中搜索"HiHelloHelloHelloWorldHelloHi"
                  Match m = r.Match("HiHelloHelloHelloWorldHelloHi");
                  myGC = m.Groups;
                  Console.WriteLine("共找到 groups: = " + myGC.Count.ToString());
                  //输出所有找到的 groups
                  for (int i = 0; i < myGC.Count; i++)
                  {
                      myCC = myGC[i].Captures;
                      myCount = myCC.Count;

                      //输出 group 中所有的 Captures
                      Console.WriteLine("共找到 Captures: = " + myCount.ToString());

                      for (int j = 0; j < myCount; j++)
                      {
                          Console.WriteLine(myCC[j] + "  开始于 " + myCC[j].Index);
                          //输出索引位置
                      }
                  }

                  Console.ReadLine();
              }
          }
      }
```

【运行结果】

```
共找到 groups: ＝2
共找到 Captures: ＝1
HelloHelloHello  开始于 2
共找到 Captures: ＝3
Hello 开始于 2
Hello 开始于 7
Hello 开始于 12
```

本示例的作用实际就是在一个复杂字符串中搜索可能重复的子串，请读者注意体会。

6. Group 类

Group 类表示来自单个捕获组的结果。因为 Group 可以在单个匹配中捕获 0 个、1 个或更多的字符串，所以它包含 Capture 对象的集合。因为 Group 继承自 Capture，所以可以直接访问最后捕获的子字符串，Group 实例本身等价于 Captures 属性返回的集合的最后一项。

Group 的实例是由 Match.Groups(groupnum)属性返回的，或者在使用 "(?<groupname>)" 分组构造的情况下，是由 Match.Groups("groupname")属性返回的。

下面的代码示例使用嵌套的分组构造将子字符串捕获到组中。

【代码示例】

```
using System;
using System.Collections.Generic;
```

```
using System.Text;
using System.Text.RegularExpressions;

namespace MatchSample
{
    class Program
    {
        static void Main(string[] args)
        {
            Regex r = new Regex("(x(y))z");
            Match m = r.Match("xyuxyz");    //在给定字符串中搜索"xyuxyz"

            if (m.Groups.Count > 0)
            {
                Console.WriteLine("搜索成功！");
                Console.WriteLine("共找到：" + m.Groups.Count);
                Console.WriteLine("分别是：");
                foreach (Group myGroup in m.Groups)
                {
                    Console.Write(myGroup.Value);
                    Console.WriteLine("   位于：" + myGroup.Index);
                }
            }
            else
            {
                Console.WriteLine("未找到！");
            }
            Console.ReadLine();
        }
    }
}
```

【运行结果】

```
搜索成功！
共找到：3
分别是：
xyz  位于：3
xy   位于：3
y    位于：4
```

7. Capture 类

Capture 类包含来自单个子表达式捕获的结果。

下面的代码示例在 Group 集合中循环，从 Group 的每一成员中提取 Capture 集合，并且将变量 myPosition 和 myLength 分配给找到每个字符串的初始字符串中的字符位置，以及每个字符串的长度。

【代码示例】

```
using System;
using System.Collections;
using System.IO;
using System.Text.RegularExpressions;

namespace MatchSample
{
    class Program
```

```
    {
        static void Main(string[] args)
        {
            Regex r = new Regex("(x(y))z");
            CaptureCollection myCC;
            int myPositon;
            int myLength;
            Match m = r.Match("xyuxyz");
            for (int i = 0; m.Groups[i].Value != ""; i++)
            {
                //获取 Captures 变量
                myCC = m.Groups[i].Captures;
                for (int j = 0; j < myCC.Count; j++)
                {
                    Console.Write("值: ");
                    Console.WriteLine(m.Groups[i].Value.ToString());

                    myPositon = myCC[j].Index;                    //位置
                    Console.WriteLine("位置: " + myPositon);
                    myLength = myCC[j].Length;                    //长度
                    Console.WriteLine("长度: " + myLength);
                }
            }

            Console.ReadLine();
        }
    }
}
```

【运行结果】

```
值: xyz
位置: 3
长度: 3
值: xy
位置: 3
长度: 2
值: y
位置: 4
长度: 1
```

16.2　常用的正则表达式

下面给出一些常用的正则表达式，供读者学习和在程序中使用。

（1）匹配中文字符的正则表达式：[\u4e00-\u9fa5]。

（2）匹配双字节字符（包括汉字在内）的正则表达式：[^\x00-\xff]。

（3）匹配空行的正则表达式：\n[\s|]*\r。

（4）匹配 HTML 标记的正则表达式：/<(.*)>.*<\/\1>|<(.*) \/>/。

（5）匹配首尾空格的正则表达式：(^\s*)|(\s*$)。

（6）匹配 E-mail 地址的正则表达式：\w+([-+.]\w+)*@\w+([-.]\w+)*\.\w+([-.]\w+)*。

（7）匹配 http 网址 URL 的正则表达式：http://([\w-]+\.)+[\w-]+(/[\w- ./?%&=]*)?。

【代码示例】应用匹配 E-mail 地址的正则表达式抓取文件中的电子邮箱地址。

```
using System;
using System.Collections;
using System.IO;
using System.Text.RegularExpressions;

namespace MatchSample
{
    class Program
    {
        static void Main(string[] args)
        {
            //定义用于获取 E-mail 地址的正则表达式
            Regex r = new Regex(@"\w+([-+.]\w+)*@\w+([-.]\w+)*\.\w+([-.]\w+)*");

            //从 C:\mail.txt 中读取文本，并将读取到的文本转换为 string 类型
            StreamReader sr = new StreamReader(@"C:\mail.txt");
            string s = sr.ReadToEnd();
            Match m = r.Match(s);

            if (m.Success)
            {
                Console.WriteLine("搜索成功! ");
                Console.WriteLine("位置: " + m.Index);
            }
            else
            {
                Console.WriteLine("未找到该字符串! ");
            }

            Console.ReadLine();
        }
    }
}
```

考虑到程序的实用性，将获取 E-mail 地址的源文本设置为文件。关于文件的操作，读者可以暂时先不用了解，将会在第 17 章专门进行介绍。在 C:\mail.txt 文件中输入部分文本如下。

```
第一行
第二行
第三行
第四行
zhang@zhang.com
第五行
第六行
第七行
```

【运行结果】

```
搜索成功!
位置: 31
```

当输入文本中不包含 E-mail 信息时，将产生如下结果。

```
未找到该字符串!
```

读者可以搜集部分常用的正则表达式，以供编程时使用。

16.3 总 结

使用正则表达式的主要目的是处理复杂的文本匹配、替换等问题。本章简要介绍了正则表达式的概念、基础知识，以及部分语法；接下来介绍了使用正则表达式所需用到的几个类，并给出了相应的代码示例；最后介绍了一些常用的正则表达式。正则表达式的出现的确减轻了文本处理方面编程的负担，如果读者平时注意积累，一定可以熟练掌握这门知识。

16.4 习 题

（1）使用正则表达式匹配中国固定电话号码。

最开始的一位一定为 0，表示长途；接着是由 2 位、3 位或者 4 位组成的区号；然后是 7 位或是 8 位的电话号码（其中首位不为 1）。

例如：

    029 88457890

    02988457890

    (029)88457890

    029-88457890

    029-8845-7890

（2）使用正则表达式匹配中华人民共和国公民身份号码。

可能是 15 位或 18 位。前 6 位是户口所在地的编码，其中第一位是 1~8；此后是出生年月日，出生年份的前两位只能是 18、19、20，且是可选的，月份的第一位只能是 0 或 1，日期的第一位只能是 0~3；最后一位是校验位，是数字或 X，可选。

（3）使用正则表达式匹配 URL 地址。

对 URL 地址进行匹配是一个相当困难的任务，其复杂性取决于想获得多精确的匹配结果。最简单的情况下，URL 应该匹配的内容有协议名（http/https）、一个主机名、一个可选的端口号和一个文件路径。

扫一扫，看视频

第 17 章 XML 和 JSON

XML（Extensible Markup Language，可扩展标记语言）在.NET Framework 中有着极其重要的作用，.NET Framework 不仅允许在应用程序汇总中使用 XML，其本身也在配置文件和源代码中使用 XML，而且还包含了 System.XML 命名空间。本章主要介绍 XML 的相关知识，并简单介绍 JSON。

17.1 XML 和 JSON 简介

XML 是一种可扩展标记的数据语言，它将数据以一种简单的文本格式存储，是一种 W3C 标准格式，类似于 HTML。XML 用于配置文件、源代码文档、使用 SOAP（Simple Object Access Protocol，简单对象访问协议）的 Web 服务等。近年来，它在某些方面已被 JSON 取代（如配置文件和在基于 REST 的 Web 服务中传输数据），因为 JSON 使用的开销更少，很容易在 JavaScript 中使用。然而，JSON 不能在今天所有使用 XML 的场景中代替 XML。

17.1.1 XML 的特点及应用

XML 主要具有以下几个特点：
（1）简洁有效。
（2）易学易用。
（3）开放的国际化标准。
（4）高效可扩充。

XML 不仅包括 XML 标记语言，同时还包括很多相关的规范，如文档模式技术、文档样式技术、文档查询技术、文档解析技术、文档链接技术和文档定位技术等。这些规范还支持很多高层的应用协议，如 SOAP 和 BizTalk 等。

17.1.2 .NET 支持的 XML 标准

W3C（World Wide Web Consortium，万维网联盟）开发了一组标准，它为 XML 提供了强大的功能和潜力。如果没有这些标准，XML 就不会对开发领域有它应有的影响。W3C 网站中包含 XML 的所有有用信息。

.NET Framework 支持以下 W3C 标准：
（1）XML 1.0，包括 DTD 支持。

（2）XML 名称空间，包括流级和 DOM。

（3）XML 架构。

（4）XPath 表达式。

（5）XSLT 转换。

（6）DOM Level 1 Core。

（7）DOM Level 2 Core。

（8）SOAP 1.1。

随着 Microsoft 和社区更新.NET Core，W3C 更新所推荐的标准，标准支持的级别也会改变，因此，必须确保标准和 Microsoft 提供的支持级别都是最新的。

17.1.3 XML

下面是一个简单的示例，是一个简单 XML 文件的内容。

```
<?xml version="1.0"?>
<!--This is a letter-->
<mail date=01/01/06>
<to>Li</to>
<from>Zhang</from>
<title>Hello</title>
<body>How are you?</body>
</mail>
```

上面的内容使用 XML 语法描述了一封信件。内容很容易理解，可以看出这是一封信。是写给 Li 的，信的作者是 Zhang，题目是 Hello，信件的主体内容是"How are you?"。

下面看看这个 XML 文件的内容部分。XML 文件的内容应该以 XML 声明开头，它指定了 XML 版本号。

```
<?xml version="1.0"?>
```

可以把注释放在 XML 文件的任何标记之外，以"<!--"开头，以"-->"结束。

```
<!--This is a letter-->
```

17.1.4 JSON

JSON（JavaScript Object Notation，JavaScript 对象表示法），是存储和交换文本信息的语法，具有文本量更小、更快和更易解析的特点。JSON 和 HTML 不一样，HTML 主要用于显示数据，JSON 主要用于传递数据，所以一般作为数据的查询接口。

在 JavaScript 语言中，一切都是对象。因此，任何支持的类型都可以通过 JSON 表示，如字符串、数字、对象、数组等。

对象和数组是比较特殊且常用的两种类型，它们具有以下特征：

（1）对象表示为键值对。

（2）数据由逗号分隔。

（3）大括号保存对象。

（4）方括号保存数组。

JSON 格式也是非常简单的，将上述 XML 显示的信件在 JSON 中显示如下：

```json
{
"mail": [{
    "data":"01/01/06",
    "to":"Li",
    "from":"Zhang",
    "title":"Hello",
    "body":"How are you?"}]
}
```

JSON 是一种比 XML 更紧凑的格式，但人们很难阅读它，特别是复杂数据中会使用很多大括号和方括号进行深度嵌套。

17.2　创建 XML 文件

17.2.1　使用 Visual Studio 创建 XML

本小节使用 Visual Studio 2022 创建一个 XML 文件。具体步骤如下。

（1）打开 Visual Studio 2022，执行"文件"→"新建"→"文件"菜单命令，如图 17.1 所示。

如果没有看到这个选项，请先创建一个新项目。在解决方案资源管理器中右击项目，选择添加一个新项，如图 17.2 所示。

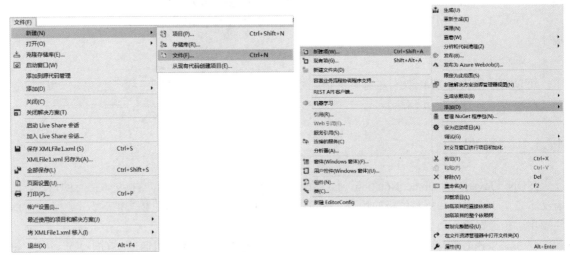

图 17.1　新建文件　　　　　　　　　　　　　　图 17.2　添加新项

（2）从对话框中选择"XML 文件"，之后单击"打开"按钮即可，如图 17.3 所示。

（3）Visual Studio 2022 会自动创建一个新的 XML 文件，如图 17.4 所示。

图 17.3　添加面板

（4）将光标移至 XML 声明下面的代码行，输入文本内容。当输入大于号关闭开始标记时，Visual Studio 2022 会自动置入结束标记。

（5）保存输入文档，可以按快捷键 Ctrl+S 或执行"文件"→"保存 XMLFile.xml"命令，如图 17.5 所示。

XMLFile.xml
```
<?xml version="1.0" encoding="utf-8" ?>
```

图 17.4　XML 文件头部　　　　　图 17.5　保存 XML 文件

17.2.2　使用记事本创建 XML

还可以使用记事本编写一个 XML 文件，如图 17.6 所示。将其另存为 mail.xml 文件，然后单击"是"按钮即可，如图 17.7 所示。

XML 文件通常在 Windows 系统中会被识别成如图 17.8 所示的图标，用浏览器将其打开，如图 17.9 所示。

图 17.6　使用记事本编写 XML 文件

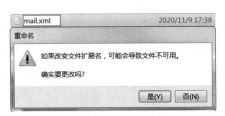

图 17.7　另存文件

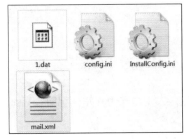

图 17.8　XML 文件图标

图 17.9　运行 XML 文件

17.3　读/写流格式的 XML

对 XML 处理的支持是由.NET 的 System.Xml 命名空间中的类支持的。主要的 XML 读取器和写入器见表 17.1。

表 17.1　XML 读写器及说明

类　名	说　明
XmlReader	一个抽象基类，提供对 XML 数据的非缓存、只进、只读访问
XmlWriter	一个抽象基类，提供只进、只写、非缓存的方式生成 XML 流
XmlTextReader	扩展 XmlReader，提供访问 XML 数据的快速只向前流
XmlTextWriter	扩展 XmlWriter，快速生成只向前的 XML 流

下面先使用 XmlWriter 编写一个 XML 文件，之后再使用 XmlReader 读取这个文件。

17.3.1　使用 XmlWriter 类

XmlWriter 实例使用 System.Xml.XmlWriter.Create()静态方法创建，XmlWriter 实例使用 Create() 方法创建。XmlWriterSettings 类用于指定要在新的 XmlWriter 对象上启用的功能集。使用

XmlWriterSettings 类的属性启用或禁用功能,通过将 XmlWriterSettings 对象传递给 Create()方法,指定要支持的写入器功能。

使用 Create()方法和 XmlWriterSettings 类,具有以下优点。

(1)可以指定要在所创建的 XmlWriter 对象上支持的功能。

(2)XmlWriterSettings 对象可以重复使用,以创建多个写入器对象。将为每个创建的写入器复制 XmlWriterSettings 对象并标记为只读。更改 XmlWriterSettings 实例上的设置不会影响具有相同设置的现有写入器。因此,可以使用相同的设置创建多个具有相同功能的写入器,也可以修改 XmlWriterSettings 实例上的设置并创建具有不同功能集的新写入器。

(3)可以将功能添加到现有写入器中。Create()方法可以接收其他 XmlWriter 对象。基础 XmlWriter 对象不必是通过 Create()静态方法创建的写入器。例如,可以指定用户定义的写入器或要添加附加功能的 XmlTextWriter 对象。

(4)充分利用此版本的 XmlWriter 类中增加的所有新功能。某些功能只能在通过 Create()静态方法创建的 XmlWriter 对象上使用。

如果 XmlWriterSettings 对象未传递给 Create()方法,将使用默认的写入器设置。XmlWriterSettings 类的默认设置见表 17.2。

表 17.2　XmlWriterSettings 类的默认设置

属　　　性	初　始　值
CheckCharacters	true
CloseOutput	false
ConformanceLevel	ConformanceLevel.Document
Encoding	Encoding.UTF8
Indent	false
IndentChars	两个空格
NewLineChars	\r、\n(回车符、换行符)
NewLineHandling	NewHandling.Replace
NewLineOnAttributes	false
OmitXmlDeclaration	false

【代码示例】

```
using System;
using System.Collections.Generic;
using System.IO;
using System.Linq;
using System.Text;
using System.Threading.Tasks;
using System.Xml;

namespace XMLAndJSON
{
    class Program
    {
        static void Main(string[] args)
        {
```

```
            string path = @"c:\ people.xml";
            var settings = new XmlWriterSettings
            {
                Indent = true,
                NewLineOnAttributes = true,
                Encoding = Encoding.UTF8,
                WriteEndDocumentOnClose = true
            };
            StreamWriter stream = File.CreateText(path);
            using (XmlWriter writer = XmlWriter.Create(stream, settings))
            {
                writer.WriteStartDocument();
                //Start creating elements and attributes
                writer.WriteStartElement("Harry");
                writer.WriteAttributeString("age", "13");
                writer.WriteAttributeString("sex", "男");
                writer.WriteElementString("school", "Hogwarts School of Witchcraft
and Wizardry ");
                writer.WriteStartElement("inform");
                writer.WriteElementString("name", "Harry Potter");
                writer.WriteEndElement();
                writer.WriteEndDocument();
            }
        }
    }
}
```

程序将会在 C 盘根目录下产生一个 people.xml 文件，查看 people.xml 的内容如下。

【运行结果】

```
<?xml version="1.0" encoding="UTF-8"?>
<Harry sex="男" age="13">
    <school>Hogwarts School of Witchcraft and Wizardry </school>
    <inform>
        <name>Harry Potter</name>
    </inform>
</Harry>
```

在开始和结束写入元素和属性时，要注意控制元素的嵌套。在给 inform 元素添加 name 子元素时，就可以看到这种嵌套。注意 WriteStartElement()和 WriteEndElement()方法调用是如何安排的，以及它们如何在输出文件中生成嵌套的元素。

除了 WriteElementString()和 WriteAttributeString()方法，还有其他几个专用的写入方法。WriteComment()方法以正确的 XML 格式写入注释；WriteChars()方法输出字符缓冲区的内容，WriteChars()方法需要一个缓冲区（一个字符数组）、写入的起始位置（一个整数）和要写入的字符个数（一个整数）。

下面在这个 XML 文件中再添加一些信息，然后使用 XmlReader 读取它。

17.3.2 使用 XmlReader 类

XmlReader 类支持从流或文件中读取 XML 数据。该类定义的方法和属性支持浏览数据并读取节点的内容，其中当前节点指读取器所处的节点。

XmlReader 类的功能如下。

（1）检查字符是不是合法的 XML 字符，元素和属性的名称是不是有效的 XML 名称。

（2）检查 XML 文件的格式是否正确。

（3）根据 DTD 或架构验证数据。

（4）从 XML 流检索数据或使用提取模型跳过不需要的记录。

因为 XmlReader 是一个抽象类，所以不能直接进行实例化，而要调用工厂方法 Create()，返回派生自 XmlReader 基类的一个实例。Create()方法提供了几个重载版本，其中第一个参数可以提供文件名、TextReader 或 Stream。示例代码直接把文件地址名传递给文件。在创建读取器时，节点可以使用 Read()方法读取。只要没有节点可用，Read()方法就返回 false。可以调试 while 循环，查看 people.xml 返回的所有节点类型。只有 XmlNodeType.Text 类型的节点值才写入控制台。

XmlReader 类的常用方法见表 17.3。

表 17.3　XmlReader 类的常用方法

方　　法	说　　明
IsStartElement()	检查当前节点是否为开始标记或空的元素标记
ReadStartElement()	检查当前节点是否为开始标记并将读取器推进到下一个节点
ReadEndElement()	检查当前节点是否为结束标记并将读取器推进到下一个节点
ReadElementString()	读取纯文本元素
ReadToDescendant()	将 XmlReader 前进到具有指定名称的下一个子代元素
ReadToNextSibling()	将 XmlReader 前进到具有指定名称的下一个同辈元素
IsEmptyElement()	检查当前元素是否包含空的元素标记

【代码示例】

```
using System;
using System.Collections.Generic;
using System.IO;
using System.Linq;
using System.Text;
using System.Threading.Tasks;
using System.Xml;

namespace XMLAndJSON
{
    class Program
    {
        static void Main(string[] args)
        {
            string path = @"c:\people.xml";
            using (XmlReader reader = XmlReader.Create(path))
            {
                while (reader.Read())
                {
                    if (reader.NodeType == XmlNodeType.Text)
                    {
                        Console.WriteLine(reader.Value);
                    }
                }
            }
            Console.ReadLine();
```

```
            }
        }
    }
```

【运行结果】

```
Hogwarts School of Witchcraft and Wizardry
Harry Potter
Hogwarts School of Witchcraft and Wizardry
Hermione Granger
Hogwarts School of Witchcraft and Wizardry
Ron Weasley
Hogwarts School of Witchcraft and Wizardry
Albus Dumbledore
Hogwarts School of Witchcraft and Wizardry
Professor Minerva Mcgonagall
```

1. Read()方法

遍历文档有几种方式，如前面的示例所示，Read()方法可以进入下一个节点，然后验证该节点是否有一个值（HasValue()），或者该节点是否有特性（HasAttributes()）。也可以使用 ReadStartElement()方法，该方法验证当前节点是否为开始标记，如果是开始标记，就可以定位到下一个节点；如果不是开始标记，就引发一个 XmlException 异常。调用这个方法与调用 Read()方法后再调用 IsStartElement()方法是一样的。

ReadElementString()方法类似于 ReadString()方法，但它可以选择以元素名作为参数。如果下一个内容节点不是开始标记，或者如果 Name 参数不匹配当前的节点 Name，就会引发异常。

【代码示例】ReadElementString()方法的用法。

```
using System;
using System.Collections.Generic;
using System.IO;
using System.Linq;
using System.Text;
using System.Threading.Tasks;
using System.Xml;

namespace XMLAndJSON
{
    class Program
    {
        static void Main(string[] args)
        {
            string path = @"c:\people.xml";
            using (XmlReader reader = XmlReader.Create(path))
            {
                while (!reader.EOF)
                {
                    if (reader.MoveToContent() == XmlNodeType.Element &&
reader.Name == "school")
                    {
                        Console.WriteLine(reader.ReadElementContentAsString());
                    }
                    else
                    {
                        reader.Read();
                    }
```

17

                    }
                    Console.ReadLine();
                }
            }
        }
    }

【运行结果】

```
Hogwarts School of Witchcraft and Wizardry
Hogwarts School of Witchcraft and Wizardry
Hogwarts School of Witchcraft and Wizardry
Hogwarts School of Witchcraft and Wizardry
Hogwarts School of Witchcraft and Wizardry
```

◀》 注意

因为这个示例使用了 FileStream，所以需要确保导入 System.IO 命名空间。

2. 检索特性

在运行示例代码时，你可能注意到在读取节点时没有看到特性。这是因为特性不是文档结构的一部分。针对元素节点，可以检查特性是否存在，并可选择性地检索特性值。例如，如果有特性，HasAttributes 属性就返回 true，否则返回 false。AttributeCount 属性确定特性的个数。GetAttribute() 方法按照名称或索引获取特性。如果要一次迭代一个特性，就可以使用 MoveToFirstAttribute() 和 MoveToNextAttribute() 方法。

【代码示例】迭代 people.xml 文件中的特性。

```
using System;
using System.Collections.Generic;
using System.IO;
using System.Linq;
using System.Text;
using System.Threading.Tasks;
using System.Xml;

namespace XMLAndJSON
{
    class Program
    {
        static void Main(string[] args)
        {
            string path = @"c:\people.xml";
            using (XmlReader reader = XmlReader.Create(path))
            {
                while (reader.Read())
                {
                    if (reader.NodeType == XmlNodeType.Element)
                    {
                        for (int i = 0; i < reader.AttributeCount; i++)
                        {
                            Console.WriteLine(reader.GetAttribute(i));
                        }
                    }
                }
                Console.ReadLine();
```

```
        }
      }
    }
```

【运行结果】

```
13
男
13
女
13
男
70
男
60
女
```

此次查找元素节点，找到一个节点后，就迭代其所有的特性，使用 GetAttribute()方法把特性值加载到列表框中。在本例中，这些特性是 age 和 sex。

17.4 XML 文档对象模型

XML 文档对象模型（DOM）是一组以非常直观的方式访问和处理 XML 的类。DOM 不是读取 XML 数据的最快捷的方式，但只要理解了类和 XML 文档中元素之间的关系，DOM 就很容易使用。

下面罗列出常用的 DOM 类，见表 17.4。

表 17.4　常用的 DOM 类及说明

类　　名	说　　明
XmlNode	抽象类，表示 XML 文档中的一个节点，是 XML 命名空间中几个类的基类
XmlDocument	扩展 XmlNode，这是 W3C DOM 的实现方式，给出 XML 文档在内存中的树形表示
XmlDataDocument	扩展 XmlDocument，即从 XML 数据中加载的文档，或从 ADO.NET DataSet 的关系数据中加载的文档，允许把 XML 和关系数据混合在同一个视图中
XmlResolver	抽象类，分析基于 XML 的外部资源
XmlNodeList	可以迭代的一组 XmlNode
XmlURIResolver	扩展 XmlReader，使用 URI 解析外部资源

17.4.1　XmlDocument 类

通常，要处理 XML 的应用程序，首先应从磁盘中读取它。与 XmlWriter 和 XmlReader 不同，XmlDocument 具有读/写功能，并可以随机访问 DOM 树。使用 XmlDocument 类创建新实例，并在其中加载 people.xml 的代码如下。

```
XmlDocument xml = new XmlDocument();
xml.Load(@"c:\people.xml");
```

但是，除了加载和保存 XML 外，XmlDocument 类还负责维护 XML 结构。因此，这个类有许多方法可以用于创建、修改和删除树中的节点。下面介绍另一个类——XmlElement 类，与其配合使用。

17.4.2 XmlElement 类

文档加载到内存后，就要对它执行一些操作。创建 XmlDocument 实例后，它的 DocumentElement 属性会返回一个 XmlElement 实例。这个实例非常重要，有了它，我们就可以访问文档中的所有信息。XmlElement 类包含的属性和方法可以处理树的节点和特性。

XmlElement 的属性见表 17.5。

表 17.5　XmlElement 的属性及说明

属　　性	说　　明
FirstChild	获取节点的第一个子级
HasAttributes	获取一个布尔值，该值指示当前节点是否有任何属性
HasChildNodes	获取一个值，该值指示当前节点是否有任何子节点
Value	获取或设置节点的值
ParentNode	获取该节点的父级（针对可以拥有父级的节点）
Name	获取节点的限定名称
LastChild	获取节点的最后一个子级

下面通过一个小的 WPF 应用程序，迭代 XML 文档中的所有节点，输出元素名称。

（1）创建一个 WPF 项目，方法是选择"文件"→"新建"→"项目"菜单项，在打开的界面中选择 Visual C#→WPF.App(.NET Framework)，将项目名称定为 PeopleXMLDocument，然后按 Enter 键。

（2）将一个 TextBlock 和一个 Button 控件拖放到窗体上，如图 17.10 所示。

图 17.10　WPF 应用程序主界面

（3）将 TextBlock 控件命名为 textBlockResults，Botton 控件命名为 buttonLoop。允许 TextBlock 控件填满按钮没有使用的全部空间。

（4）为按钮的单击事件添加事件处理程序，输入以下代码（要记得添加命名空间）。

【代码示例】

```csharp
using System;
using System.Collections.Generic;
using System.Linq;
using System.Text;
using System.Threading.Tasks;
using System.Windows;
using System.Windows.Controls;
using System.Windows.Data;
using System.Windows.Documents;
using System.Windows.Input;
using System.Windows.Media;
using System.Windows.Media.Imaging;
using System.Windows.Navigation;
using System.Windows.Shapes;
using System.Xml;

namespace PeopleXMLDocument
{
    /// <summary>
    /// Interaction logic for MainWindow.xaml
    /// </summary>
    public partial class MainWindow : Window
    {
        public MainWindow()
        {
            InitializeComponent();
        }

        private string FormatText(XmlNode node,string text,string indent)
        {
            if(node is XmlText)
            {
                text += node.Value;
                return text;
            }
            if (string.IsNullOrEmpty(indent))
            {
                indent = "";
            }
            else
            {
                text += "\r\n" + indent;
            }
            if(node is XmlDocument)
            {
                text += node.OuterXml;
                return text;
            }
            text += "<" + node.Name;
            if (node.Attributes.Count > 0)
                AddAttributes(node, ref text);
            if (node.HasChildNodes)
            {
                text += ">";
                foreach (XmlNode child in node.ChildNodes)
                {
                    text = FormatText(child, text, indent + " ");
                }
                if (node.ChildNodes.Count == 1 && (node.FirstChild is XmlText ||
```

```
node.FirstChild is XmlComment))
                    {
                        text += "</" + node.Name + ">";
                    }
                    else
                    {
                        text += "\r\n" + indent + "</" + node.Name + ">";
                    }
                }
                else
                {
                    text += "/>";
                }
                return text;
        }

        private void AddAttributes(XmlNode node,ref string text)
        {
            foreach (XmlAttribute item in node.Attributes)
                text += " " + item.Name + "='" + item.Value + "'";
        }

        private void buttonLoop_Click(object sender, RoutedEventArgs e)
        {
            string path = @"c:\people.xml";
            XmlDocument document = new XmlDocument();
            document.Load(path);

            textBkockResults.Text = FormatText(document.DocumentElement as XmlNode,
"", "");
        }
    }
}
```

运行该程序，单击 Loop 按钮，运行结果如图 17.11 所示。

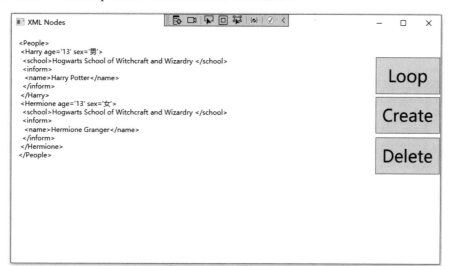

图 17.11　运行结果（1）

上述代码并不难理解，当单击按钮时，会调用 XmlDocument 的 Load()方法。这个方法把文件加载到 XmlDocument 实例中，XmlDocument 实例用于访问 XML 元素。接着调用一个方法迭代 XML，并把 XML 文档的根节点传送给方法。根元素是使用 XmlDocument 类的属性 DocumentElement 获得的。除了在传送给 FormatText()方法的根参数上检查 null 外，还要注意 if 语句：

```
if(node is XmlText)
{
}
```

is 运算符可以检查对象的类型，如果实例是指定的类型，就返回 true。即使根节点声明为 XmlNode，这也是要操作的对象的基本类型。使用 is 运算符可在运行期间确定对象类型，并根据该类型选择要执行的操作。

17.4.3 修改节点的值

节点值一般比较复杂，实际上，即使派生于 XmlNode 的所有类都包含 Value 属性，它也很少返回有用的信息。表 17.6 中罗列了获取节点值的三种方法。

表 17.6 获取节点值的方法

方　法	说　明
InnerText()	获取或设置节点及其所有子级的串连值
InnerXml()	获取或设置仅表示此节点的子级的标记
Value()	获取或设置节点的值

1. 插入节点

在列表中插入新元素时，需要知道 XmlDocument 和 XmlNode 类中的方法。表 17.7 中罗列了用于创建节点的方法。

表 17.7 创建节点的方法及说明

方　法	说　明
CreateNode()	创建任意类型的节点，有三个重载
CreateElement()	只能创建 XmlElement 类型的节点
CreateAttribute()	只能创建 XmlAttribute 类型的节点
CreateTextNode()	只能创建 XmlTextNode 类型的节点
CreateComment()	创建注释，以便读取数据

表 17.7 中的方法都用于创建节点，在调用其中一个方法后，就必须执行一些操作。在创建节点后，节点中并未包含其他信息，节点也没有插入文档中。因此，还需要使用派生自 XmlNode 类型中的方法，表 17.8 中罗列了用于插入的方法。

表 17.8　插入节点的方法及说明

方　　法	说　　明
AppendChild()	将指定的节点添加到该节点的子节点列表的末尾
InsertAfter()	将指定的节点紧接着插入指定的引用节点之后
InsertBefore()	将指定的节点紧接着插入指定的引用节点之前

下面以前面的示例为基础，在 people.xml 文档中插入一个 Ron 节点。

（1）先将 TextBlock 的 VerticalScrollBarVisibility 属性设为 Auto。

（2）在窗体中再添加一个按钮，命名为 buttonCreateNode，将其 Content 属性改为 Create。

（3）为新按钮添加单击事件的处理程序，然后输入以下代码。

【代码示例】

```
private void buttonCreateNode_Click(object sender, RoutedEventArgs e)
    {
        XmlDocument xml = new XmlDocument();
        xml.Load(path);
        XmlElement root = xml.DocumentElement;
        XmlElement newPeople = xml.CreateElement("Ron");
        newPeople.SetAttribute("sex", "男");
        newPeople.SetAttribute("age", "13");
        XmlElement newSchool = xml.CreateElement("school");
        newSchool.InnerText = "Hogwarts School of Witchcraft and Wizardry";
        newPeople.AppendChild(newSchool);
        XmlElement newInform = xml.CreateElement("inform");
        newPeople.AppendChild(newInform);
        XmlElement newName = xml.CreateElement("name");
        newName.InnerText="Ron Weasley";
        newInform.AppendChild(newName);
        root.InsertAfter(newPeople, root.LastChild);
        xml.Save(path);
    }
```

运行该程序，单击 Create 按钮，再单击 Loop 按钮，运行结果如图 17.12 所示。

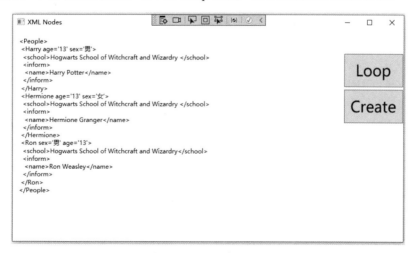

图 17.12　运行结果（2）

上述示例是在 buttonCreateNode_Click()方法中创建了所有节点。所有节点都是用封装 XmlDocument 实例的方法创建的。XmlElement 节点是用 CreateElement()方法创建的。

创建完节点后，还需要把它们插入 XML 树中。这是使用元素上的 AppendChild()方法实现的，新节点将成为该元素的一个子节点。其中 Ron 是所有新节点的根节点。这个节点使用根对象的 InsertAfter()方法插入树中。使用 AppendChild()方法插入的所有节点总是成为子节点列表的最后一项，而 InsertAfter()方法允许指定节点的位置。

2．删除节点

学习了如何创建新节点后，下面学习如何删除节点。派生自 XmlNode 的所有类都包含允许从文档中删除节点的两个方法，见表 17.9。

表 17.9　删除节点的方法及说明

方　　法	说　　明
RemoveAll()	移除当前节点的所有子节点和/或属性
RemoveChild()	移除指定的子节点

下面以前面的示例为基础，在 people.xml 文档中找出 Ron 节点并删除。

（1）在前两个按钮下面再添加一个按钮，命名为 buttonRemoveNode，将其 Content 属性设置为 Delete。

（2）为新按钮添加单击事件的处理程序，然后输入以下代码。

【代码示例】

```
private void buttonRemoveNode_Click(object sender, RoutedEventArgs e)
    {
        XmlDocument xml = new XmlDocument();
        xml.Load(path);
        XmlElement element = xml.DocumentElement;
        if(element.HasChildNodes)
        {
            XmlNode node = element.LastChild;
            element.RemoveChild(node);
            xml.Save(path);
        }
    }
```

运行程序，单击 Delete 按钮之后再单击 Loop 按钮，树中的最后一个节点就会消失，运行结果如图 17.13 所示。

上述示例把 XML 加载到 XmlDocument 对象上后，就检查根元素，确定在加载的 XML 中是否有子元素。如果有，就使用 XmlElement 类的 LastChild 属性获取最后一个子元素。然后，调用 RemoveChild()方法，传送要删除的元素实例。

3．选择节点

前面介绍了创建新的节点以及删除它们的方法，现在介绍在不遍历整个树的情况下选择节点的方法。XmlNode 类包含的两个方法从文档中选择节点，且不遍历其中的每个节点。表 17.10 中列出了使用一种特殊的查询语言 XPath 选择节点的两个方法。

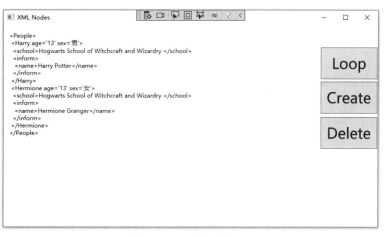

图 17.13　运行结果（3）

表 17.10　选择节点及说明

方　　法	说　　明
SelectSingleNode()	选择匹配 XPath 表达式的第一个 XmlNode
SelectNodes()	选择匹配 XPath 表达式的节点列表

17.5　XPath 命名空间

NuGet 包 System.Xml.XPath 中的 System.Xml.XPath 命名空间建立在速度的基础上，由于它提供了 XML 文档的一种只读视图，因此没有编辑功能。这个命名空间中的类可以采用光标的方式在 XML 文档中进行快速迭代和选择操作。

表 17.11 中列出了 System.Xml.XPath 命名空间中的重要类，并对每个类的功能进行了简单的说明。

表 17.11　XPath 命名空间下的重要类

类　　名	说　　明
XPathDocument	提供整个 XML 文档的视图，只读
XPathNavigator	提供 XPathDocument 的导航功能
XPathNodeIterator	提供节点集的迭代功能
XPathExpression	表示编译好的 XPath 表达式，由 SelectNodes、SelectSingleNodes、Evaluate 和 Matches 使用

17.5.1　XPathDocument 类

XPathDocument 类没有提供 XmlDocument 类的任何功能，它唯一的功能是创建 XPathNavigator。因此，这是 XPathDocument 类上唯一可用的方法（除了其他由 Object 提供的方法）。XPathDocument

类可以通过许多不同的方式创建。可以给构造函数传递 XmlReader 或基于流的对象，其灵活性非常大。

17.5.2　XPathNavigator 类

XPathNavigator 类使用 XPath 语法从 XML 文档中选择、迭代和查找数据。XPathNavigator 类可以从 XmlDocument 中创建，XmlDocument 不能改变，它用于提高性能和只读。与 XmlReader 类不同，XPathNavigator 类不是一个流模型，所以文档只进行一次读取和分析操作。与 XmlDocument 类似，它需要把完整的文档加载到内存中。

XPathNavigator 类包含移动和选择所需元素的所有方法。表 17.12 中罗列了一些移动方法。

表 17.12　移动方法及说明

方　　法	说　　明
MoveTo()	将 XPathNavigator 移动到与指定的 XPathNavigator 相同的位置
MoveToAttribute()	将 XPathNavigator 移动到具有匹配的本地名称和命名空间 URI 的属性上
MoveToFirstAttribute()	将 XPathNavigator 移动到当前节点的第一个属性
MoveToNextAttribute()	将 XPathNavigator 移动到当前节点的下一个属性
MoveToFirst()	将 XPathNavigator 移动到当前节点的第一个同级节点
MoveToNext()	将 XPathNavigator 移动到当前节点的下一个同级节点
MoveToPrevious()	将 XPathNavigator 移动到当前节点的上一个同级节点
MoveToParent()	将 XPathNavigator 移动到当前节点的父节点
MoveToChild()	将 XPathNavigator 移动到当前节点的子节点
MoveToFirstChild()	将 XPathNavigator 移动到当前节点的第一个子节点

要选择文档的一个子集，可以使用表 17.13 中所列的方法。

表 17.13　选择文档的子集的方法

方　　法	说　　明
Select()	使用指定的 XPath 表达式选择节点集
SelectAncestors()	根据 XPath 表达式选择当前节点的所有祖先节点
SelectChildren()	根据 XPath 表达式选择当前节点的所有子节点
SelectDescendants()	根据 XPath 表达式选择当前节点的所有子孙节点
SelectSingleNode()	根据 XPath 表达式选择一个节点

如果 XPathNavigator 是从 XPathDocument 中创建的，那么它就是只读的；如果 XPathNavigator 是从 XmlDocument 中创建的，那么它就可以用于编辑文档。

17.5.3　XPathNodeIterator 类

XPathDocument 代表完整的 XML 文档，XPathNavigator 允许选择文档中的节点，把光标移动到指定的节点。XPathNodeIterator 允许遍历一组节点。XPathNodeIterator 类由 XPathNavigators 类的 Select()方法返回，使用它可以迭代 XPathNavigator 类的 Select()方法返回的节点集。使用 XPathNodeIterator 类的 MoveNext()方法不会改变创建它的 XPathNavigator 类的位置。但是，使用 XPathNodeIterator 的 Current 属性可以得到一个新的 XPathNavigator。Current 属性返回一个设置为当前位置的 XPathNavigator。

17.5.4　使用 XPath 导航 XML

下面直接使用代码进行演示。

【代码示例】在控制台输出要寻找的内容。

```csharp
using System;
using System.Collections.Generic;
using System.IO;
using System.Linq;
using System.Text;
using System.Threading.Tasks;
using System.Xml;
using System.Xml.XPath;

namespace XMLAndJSON
{
    class Program
    {
        static void Main(string[] args)
        {
            string path = @"c:\people.xml";

            XPathDocument document = new XPathDocument(path);
            XPathNavigator nav = ((IXPathNavigable)document).CreateNavigator();
            XPathNodeIterator iter = nav.Select("/people/Harry");
            string text = null;
            while (iter.MoveNext())
            {
                XPathNodeIterator iterator = iter.Current.SelectDescendants
(XPathNodeType.Element, false);
                while (iterator.MoveNext())
                {
                    text += iterator.Current.Name + ":" + iterator.Current.Value +
"\r\n";
                }
            }

            Console.WriteLine(text);
            Console.ReadLine();
        }
    }
}
```

本示例使用 Select()方法获取 Harry 下的所有节点，使用 MoveNext()方法迭代该节点下的所有节点。

要把数据加载到控制台，需要使用 XPathNodeIterator.Current 属性。根据 XPathNodeIterator 指向的节点，创建一个新的 XPathNavigator 对象。然后循环提取这个 XPathNavigator，调用 Select()方法的另一个重载方法 SelectDescendants()创建另一个 XPathNodeIterator。这样，XPathNodeIterator 就包含了 Harry 节点的所有子节点。

然后，在这个 XPathNodeIterator 上执行另一个 MoveNext()循环，给 text 加载元素名称和元素值。

【运行结果】

```
school:Hogwarts School of Witchcraft and Wizardry
inform:Harry Potter
name:Harry Potter
```

假设需要给 people.xml 文档添加一个节点，使用 InsertAfter()方法可以很容易地插入一个节点，代码示例如下。

【代码示例】

```
using System;
using System.Collections.Generic;
using System.IO;
using System.Linq;
using System.Text;
using System.Threading.Tasks;
using System.Xml;
using System.Xml.XPath;

namespace XMLAndJSON
{
    class Program
    {
        static void Main(string[] args)
        {
            string path = @"c:\people.xml";

            XmlDocument document = new XmlDocument();
            document.Load(path);
            XPathNavigator nav = document.CreateNavigator();
            if (nav.CanEdit)
            {
                XPathNodeIterator iter = nav.Select("/people/Harry/inform");
                while (iter.MoveNext())
                {
                    iter.Current.InsertAfter("<address>...</address>");
                }
            }
            document.Save(path);
        }
    }
}
```

运行结果如图 17.14 所示。

```xml
<?xml version="1.0" encoding="UTF-8"?>
- <people>
    - <Harry sex="男" age="13">
        <school>Hogwarts School of Witchcraft and Wizardry </school>
        - <inform>
            <name>Harry Potter</name>
          </inform>
        <address>....</address>
      </Harry>
    - <Hermione sex="女" age="13">
        <school>Hogwarts School of Witchcraft and Wizardry </school>
        - <inform>
            <name>Hermione Granger</name>
          </inform>
      </Hermione>
  </people>
```

图 17.14　运行结果（4）

17.6　使用 XML 序列化对象

序列化是把一个对象持久化到磁盘中的过程。应用程序的另一部分，甚至另一个应用程序都可以反序列化对象，使它的状态与序列化之前相同。.NET Framework 为此提供了两种方式。

本节将介绍 System.Xml.Serialization 命名空间和 NuGet 包 System.Xml.XmlSerializer。它包含的类可用于把对象序列化为 XML 文档或流。这表示把对象的公共属性和公共字段转换为 XML 元素和/或属性。

System.Xml.Serialization 命名空间中最重要的类是 XmlSerializer。要序列化对象，首先需要实例化一个 XmlSerializer 对象，指定要序列化的对象类型，然后实例化一个流写入器对象，以把文件写入流文档中。最后一步是在 XmlSerializer 上调用 Serializer()方法，给它传递流写入器对象和要序列化的对象。

被序列化的数据可以是基元类型的数据、字段、数组，以及 XmlElement 和 XmlAttribute 对象格式的内嵌 XML。为了从 XML 文档中反序列化对象，应执行上述过程的逆过程，即创建一个流读取器对象和一个 XmlSerializer 对象，然后给 Deserializer()方法传递该流读取器对象。这个方法返回反序列化的对象，尽管它需要强制转换为正确的类型。

📢 注意

XML 序列化程序不能转换私有数据，只能转换公共数据，它也不能序列化对象图表。但是，这并不是一个严格的限制。对类进行仔细设计，就很容易避免这个问题。如果需要序列化公共数据和私有数据，以及包含许多嵌套对象的对象图表，可以使用运行库或数据协定序列化机制。

17.6.1　序列化简单对象

下面介绍序列化一个简单对象的方法。Product 类的 XML 特性来自命名空间 System.Xml.Serialization，用于指定属性是应该序列化为 XML 元素还是序列化为特性。XmlElement 特性指定属性要序列化为元素，XmlAttribute 特性指定属性要序列化为特性，XmlRoot 特性指定类要序列化为根元素。

【代码示例】

```csharp
using System;
using System.Collections.Generic;
using System.Linq;
using System.Text;
using System.Threading.Tasks;
using System.Xml.Serialization;

namespace XMLAndJSON
{
    [XmlRoot]
    public class Product
    {
        [XmlAttribute(AttributeName = "Discount")]
        public int Discount { get; set; }

        [XmlElement]
        public int ProductID { get; set; }

        [XmlElement]
        public string ProductName { get; set; }

        [XmlElement]
        public int SupplierID { get; set; }

        [XmlElement]
        public int CategoryID { get; set; }

        [XmlElement]
        public string QuantityPerUnit { get; set; }

        [XmlElement]
        public Decimal UnitPrice { get; set; }

        [XmlElement]
        public short UnitsInStock { get; set; }

        [XmlElement]
        public short UnitsOnOrder { get; set; }

        [XmlElement]
        public short ReorderLevel { get; set; }

        [XmlElement]
        public bool Discontinued { get; set; }
        public override string ToString() => $"{ProductID} {ProductName}
{UnitPrice:C}";
    }
}
```

使用这些特性，可以通过使用特性类型的属性，影响要生成的名称、命名空间和类型。创建 XmlSerializer 需要通过构造函数传递要序列化的类的类型。

【代码示例】创建一个 Product 类的实例，填充其属性，并序列化为文件。

```csharp
using Newtonsoft.Json.Linq;
using System;
```

```
using System.Collections.Generic;
using System.IO;
using System.Linq;
using System.Text;
using System.Threading.Tasks;
using System.Xml;
using System.Xml.XPath;
using Newtonsoft.Json;
using System.Xml.Serialization;

namespace XMLAndJSON
{
    class Program
    {
        private const string path = @"c:\Book.xml";
        static void Main(string[] args)
        {
            SerializeProduct();
        }

        public static void SerializeProduct()
        {
            var product = new Product
            {
            ProductID = 200,
            CategoryID = 100,
            Discontinued = false,
            ProductName = "Serialize Objects",
            QuantityPerUnit = "6",
            ReorderLevel = 1,
            SupplierID = 1,
            UnitPrice = 1000,
            UnitsInStock = 10,
            UnitsOnOrder = 0
        };
            FileStream stream = File.OpenWrite(path);
            using (TextWriter writer = new StreamWriter(stream))
            {
                XmlSerializer serializer = new XmlSerializer(typeof(Product));
             serializer.Serialize(writer, product);
            }
        }
    }
}
```

运行结果为如图 17.15 所示的 XML 文件。

```
<?xml version="1.0" encoding="UTF-8"?>
<Product Discount="0" xmlns:xsd="http://www.w3.org/2001/XMLSchema" xmlns:xsi="http://www.w3.org/2001/XMLSchema-instance">
  <ProductID>200</ProductID>
  <ProductName>Serialize Objects</ProductName>
  <SupplierID>1</SupplierID>
  <CategoryID>100</CategoryID>
  <QuantityPerUnit>6</QuantityPerUnit>
  <UnitPrice>1000</UnitPrice>
  <UnitsInStock>10</UnitsInStock>
  <UnitsOnOrder>0</UnitsOnOrder>
  <ReorderLevel>1</ReorderLevel>
  <Discontinued>false</Discontinued>
</Product>
```

图 17.15 运行结果（5）

【代码示例】对上述 XML 文件进行反序列化。

```
using System.IO;
using System.Linq;
using System.Text;
using System.Threading.Tasks;
using System.Xml;
using System.Xml.XPath;
using Newtonsoft.Json;
using System.Xml.Serialization;

namespace XMLAndJSON
{
    class Program
    {
        private const string path = @"c:\Book.xml";
        static void Main(string[] args)
        {
            Product product;
            using (var stream = new FileStream(path, FileMode.Open))
            {
                var serializer = new XmlSerializer(typeof(Product));
                product = serializer.Deserialize(stream) as Product;
            }
            Console.WriteLine(product);
            Console.ReadLine();
        }
    }
}
```

【运行结果】

```
200 Serialize Objects ¥1,000.00
```

17.6.2　序列化一个对象树

如果有派生的类和可能返回一个数组的属性，则也可以使用 XmlSerializer 类。

【代码示例】BookProduct 类派生自 Product，添加了 ISBN 属性。

```
using System;
using System.Collections.Generic;
using System.Linq;
using System.Text;
using System.Threading.Tasks;
using System.Xml.Serialization;

namespace XMLAndJSON
{
    public class BookProduct : Product
    {
        [XmlAttribute("Isbn")]
        public string ISBN
        {
            get; set;
        }
    }
}
```

再创建一个 Inventory 类，包含一个库存项数组。库存项可以是一个 Product 类或 BookProduct 类。序列化器需要知道存储在数组中的所有派生类，否则就不能反序列化它们。

【代码示例】

```
using System;
using System.Collections.Generic;
using System.Linq;
using System.Text;
using System.Threading.Tasks;
using System.Xml.Serialization;

namespace XMLAndJSON
{
    class Inventory
    {
        [XmlArrayItem("Product", typeof(Product)), XmlArrayItem("Book", typeof
(BookProduct))] public Product[] InventoryItems { get; set; }
        public override string ToString()
        {
            var outText = new StringBuilder(); foreach (Product prod in InventoryItems)
            {
                outText.AppendLine(prod.ProductName);
            }
            return outText.ToString();
        }
    }
}
```

在主函数中创建 Inventory 对象，填充 Product 和 BookProduct 后，就序列化 Inventory。

【代码示例】

```
using Newtonsoft.Json.Linq;
using System;
using System.Collections.Generic;
using System.IO;
using System.Linq;
using System.Text;
using System.Threading.Tasks;
using System.Xml;
using System.Xml.XPath;
using Newtonsoft.Json;
using System.Xml.Serialization;

namespace XMLAndJSON
{
    class Program
    {
        private const string path = @"c:\Book.xml";
        static void Main(string[] args)
        {
            var product = new Product
            {
                ProductID = 100,
                ProductName = "Product Thing",
                SupplierID = 10
            };
            var book = new BookProduct
            {
```

```
                ProductID = 101,
                ProductName = "How To Use Your New Product Thing",
                SupplierID = 10,
                ISBN = "1234567890"
            };
            Product[] items = { product, book };
            var inventory = new Inventory
            {
                InventoryItems = items
            };
            using (FileStream stream = File.Create(path))
            {
                var serializer = new XmlSerializer(typeof(Inventory));
                serializer.Serialize(stream, inventory);
            }

            Console.ReadLine();
        }
    }
}
```

运行结果为如图 17.16 所示的 XML 文件。


```
<?xml version="1.0"?>
- <Inventory xmlns:xsd="http://www.w3.org/2001/XMLSchema" xmlns:xsi="http://www.w3.org/2001/XMLSchema-instance">
  - <InventoryItems>
    - <Product Discount="0">
        <ProductID>100</ProductID>
        <ProductName>Product Thing</ProductName>
        <SupplierID>10</SupplierID>
        <CategoryID>0</CategoryID>
        <UnitPrice>0</UnitPrice>
        <UnitsInStock>0</UnitsInStock>
        <UnitsOnOrder>0</UnitsOnOrder>
        <ReorderLevel>0</ReorderLevel>
        <Discontinued>false</Discontinued>
      </Product>
    - <Book Discount="0" Isbn="1234567890">
        <ProductID>101</ProductID>
        <ProductName>How To Use Your New Product Thing</ProductName>
        <SupplierID>10</SupplierID>
        <CategoryID>0</CategoryID>
        <UnitPrice>0</UnitPrice>
        <UnitsInStock>0</UnitsInStock>
        <UnitsOnOrder>0</UnitsOnOrder>
        <ReorderLevel>0</ReorderLevel>
        <Discontinued>false</Discontinued>
      </Book>
    </InventoryItems>
  </Inventory>
```


图 17.16 运行结果（6）

17.7 JSON 数据格式

花了很长时间学习了.NET Framework 的许多 XML 特性后，下面学习 JSON 数据格式。JSON.NET 提供了一个巨大的 API，在其中可以使用 JSON 完成本章使用 XML 完成的许多工作。

17.7.1 创建 JSON

为了使用 JSON.NET 手动创建 JSON 对象，Newtonsoft.Json.Linq 命名空间提供了几个类型。JObject 代表 JSON 对象。JObject 是一个字典，其键是字符串（.NET 对象的属性名），其值是 JToken。

因此，JObject 提供索引访问。JSON 对象的数组由 JArray 类型定义。JObject 和 JArray 派生自抽象基类 JContainer，其中包含了 JToken 对象的列表。在此之前要打开 Visual Studio 菜单中，进入"工具"→"NuGet 包管理器"→"管理解决方案的 NuGet 程序包"，之后选择 Newtonsoft.Json 包，如图 17.17 所示。

图 17.17　添加 NuGet 程序包

【代码示例】

```
using Newtonsoft.Json.Linq;
using System;
using System.Collections.Generic;
using System.IO;
using System.Linq;
using System.Text;
using System.Threading.Tasks;
using System.Xml;
using System.Xml.XPath;

namespace XMLAndJSON
{
    class Program
    {
        static void Main(string[] args)
        {
            var book1 = new JObject();
            book1["title"] = "Professional C# 7 and .NET Core 2.0";
            book1["publisher"] = "Wrox Press";

            var book2 = new JObject();
            book2["title"] = "Professional C# 6 and .NET Core 1.0";
            book2["publisher"] = "Wrox Press";

            var books = new JArray();
            books.Add(book1);
            books.Add(book2);

            var json = new JObject();
            json["books"] = books;
```

```
                Console.WriteLine(json);
                Console.ReadLine();
            }
        }
    }
```

【运行结果】

```
{
  "books": [
    {
      "title": "Professional C# 7 and .NET Core 2.0",
      "publisher": "Wrox Press"
    },
    {
      "title": "Professional C# 6 and .NET Core 1.0",
      "publisher": "Wrox Press"
    }
  ]
}
```

17.7.2 转换对象

除了使用 JObject 和 JArray 创建 JSON 内容之外，还可以使用 JsonConvert 类。JsonConvert 允许从对象树中创建 JSON，把 JSON 字符串转换回对象树。从辅助方法 GetInventoryObject()中创建一个 Inventory 对象方法 ConvertObject()，使用 JsonConvert.SerializeObject 检索 Inventory 对象，并将其转换为 JSON。SerializeObject()方法的第二个参数允许把格式定义为 None 或 Indented。None 最适合将空白降到最低，Indented 提供了更好的可读性。JSON 字符串写入控制台，之后使用 JsonConvert.DeserializeObject 转换回对象树。DeserializeObject()方法有几个重载版本，泛型变体返回泛型类型，而不是一个对象，所以没有必要进行类型转换。

【代码示例】

```
using Newtonsoft.Json.Linq;
using System;
using System.Collections.Generic;
using System.IO;
using System.Linq;
using System.Text;
using System.Threading.Tasks;
using System.Xml;
using System.Xml.XPath;
using Newtonsoft.Json;
using System.Xml.Serialization;

namespace XMLAndJSON
{
    class Program
    {
        private const string path = @"c:\Book.xml";
        static void Main(string[] args)
        {
            Inventory inventory = GetInventoryObject();
            string json = JsonConvert.SerializeObject(inventory, Newtonsoft.Json.
Formatting.Indented); Console.WriteLine(json);
```

```
            Console.WriteLine();
            Inventory newInventory = JsonConvert.DeserializeObject<Inventory>(json);
            foreach (var product in newInventory.InventoryItems)
            {
                Console.WriteLine(product.ProductName);
            }
            Console.ReadLine();
        }

        public static Inventory GetInventoryObject() =>
        new Inventory
        {
            InventoryItems = new Product[]
            {
                new Product
                {
                    ProductID = 100,
                    ProductName = "Product Thing",
                    SupplierID = 10
                },
                new BookProduct
                {
                    ProductID = 101,
                    ProductName = "How To Use Your New Product Thing",
                    SupplierID = 10,
                    ISBN = "1234567890"
                }
            }
        };
    }
}
```

【运行结果】

```
{
  "InventoryItems": [
    {
      "Discount": 0,
      "ProductID": 100,
      "ProductName": "Product Thing",
      "SupplierID": 10,
      "CategoryID": 0,
      "QuantityPerUnit": null,
      "UnitPrice": 0.0,
      "UnitsInStock": 0,
      "UnitsOnOrder": 0,
      "ReorderLevel": 0,
      "Discontinued": false
    },
    {
      "ISBN": "1234567890",
      "Discount": 0,
      "ProductID": 101,
      "ProductName": "How To Use Your New Product Thing",
      "SupplierID": 10,
      "CategoryID": 0,
      "QuantityPerUnit": null,
      "UnitPrice": 0.0,
      "UnitsInStock": 0,
      "UnitsOnOrder": 0,
```

```
      "ReorderLevel": 0,
      "Discontinued": false
    }
  ]
}
Product Thing
How To Use Your New Product Thing
```

17.8　总　　结

本章探讨了 System.Xml 命名空间中的许多内容，其中包括如何使用基于 XMLReader 和 XmlWriter 的类快速读/写 XML 文档，如何使用 XmlDocument 类在.NET 中实现 DOM，如何使用 DOM 的强大功能等。另外，本章还介绍了 XPath，可以把对象序列化到 XML 文档中，还可以通过两个方法的调用对其进行反序列化。除了 XML 之外，本章还简单介绍了如何使用 JSON。

17.9　习　　题

（1）什么是 XML？XML 的特点有哪些？

（2）在许多 Windows 系统中，XML 的默认查看器都是 Web 浏览器。如果使用 Internet Explorer，在其中加载 Elements.xml 文件，就会看到美观的 XML 的格式化视图。在浏览器控件（而不是文本框）中显示查询的 XML 的效果为什么不理想？

（3）使用 Newtonsoft 库将 JSON 格式的按钮转换为 XML 格式的按钮。

17

第 18 章 文 件 和 流

文件和流 I/O（输入/输出）是指在存储媒介中传入或传出数据。在.NET 中，System.IO 命名空间包含允许以异步方式和同步方式对数据流和文件进行读取与写入操作的类型。这些命名空间还包含对文件执行压缩和解压缩的类型，以及通过管道和串行端口启用通信的类型。

文件是一个由字节组成的有序的命名集合，它具有永久存储的特性。在处理文件时，将处理目录路径、磁盘存储、文件和目录名称。相反，流是一个字节序列，可用于对后备存储进行读取和写入操作，后备存储可以是多个存储媒介之一（如磁盘或内存）。正如存在除磁盘之外的多种后备存储一样，也存在除文件流之外的多种流（如网络、内存和管道流）。

本章介绍的主要内容是对文件的操作，对文件的操作是大部分应用程序所要面临的基础性工作。这些操作包括文件的创建、删除、读/写、更新等。本章将对这些内容逐一进行介绍，使读者对.NET 框架下的 I/O 操作有一个大致的了解。同时，给出相应的代码示例，使读者对文件操作有一个更直观的认识。

18.1 文　　件

文件是在应用程序和实例之间存储数据的一种便利方式，也可用于在应用程序之间传输数据。文件可以存储用户和应用程序配置，以便下次运行应用程序时检索它们。

文件与前文介绍的数组等变量不同。变量中的数据只是在程序运行时存在，随着程序的终结，变量的内容也随之丢失。而文件中的内容可以永久存储到硬盘或其他设备上，这就是通常所说的持久性数据。文件的这种特性可以使我们方便地存储应用程序配置等数据，以便在程序下一次运行时使用。.NET 对文件的操作提供了方便的工具。

本章的代码示例中如无特殊说明，将都会包含以下引用。

```
using System;
using System.IO
```

18.1.1 System.IO 类简介

System.IO 类包含了所有本章所要介绍的输入/输出类。下面先对 System.IO 类进行一个简要的介绍，使读者有一个简单的了解。表 18.1 中列出了 System.IO 下的所有类。

表 18.1　System.IO 下的所有类及说明

类　名	说　明
BinaryReader	用特定的编码将基元数据类型读作二进制值
BinaryWriter	以二进制形式将基元类型写入流，并支持用特定的编码写入字符串
BufferedStream	给另一流上的读/写操作添加一个缓冲层。无法继承此类
Directory	公开用于创建、移动和枚举目录和子目录的静态方法。无法继承此类
DirectoryInfo	公开用于创建、移动和枚举目录和子目录的实例方法。无法继承此类
DirectoryNotFoundException	当找不到文件或目录的一部分时所引发的异常
DriveInfo	提供对有关驱动器的信息的访问
DriveNotFoundException	当尝试访问的驱动器或共享不可用时引发的异常
EndOfStreamException	读操作试图超出流的末尾时引发的异常
ErrorEventArgs	为 Error 事件提供数据
File	提供用于创建、复制、删除、移动和打开文件的静态方法，并协助创建 FileStream 对象
FileInfo	提供用于创建、复制、删除、移动和打开文件的实例方法，并协助创建 FileStream 对象。无法继承此类
FileLoadException	当找到托管程序集却不能加载它时引发的异常
FileNotFoundException	试图访问磁盘上不存在的文件时引发的异常
FileStream	公开以文件为主的 Stream，既支持同步读/写操作，也支持异步读/写操作
FileSystemEventArgs	提供目录事件的数据：Changed、Created、Deleted
FileSystemInfo	为 FileInfo 和 DirectoryInfo 对象提供基类
FileSystemWatcher	侦听文件系统更改通知，在目录或目录中的文件发生更改时引发事件
InternalBufferOverflowException	内部缓冲区溢出时引发的异常
InvalidDataException	在数据流的格式无效时引发的异常
IODescriptionAttribute	设置可视化设计器在引用事件、扩展程序或属性时可显示的说明
IOException	发生 I/O 错误时引发的异常
MemoryStream	创建其支持存储区为内存的流
Path	对包含文件或目录路径信息的 String 实例执行操作。这些操作是以跨平台的方式执行的
PathTooLongException	当路径名或文件名超过系统定义的最大长度时引发的异常
RenamedEventArgs	为 Renamed 事件提供数据
Stream	提供字节序列的一般视图
StreamReader	实现一个 TextReader，使其以一种特定的编码从字节流中读取字符
StreamWriter	实现一个 TextWriter，使其以一种特定的编码向字节流中写入字符
StringReader	实现一个从字符串进行读取的 TextReader
StringWriter	实现一个用于将信息写入字符串的 TextWriter。该信息存储在基础 StringBuilder 中
TextReader	表示可读取连续字符系列的读取器
TextWriter	表示可以编写一个有序字符系列的编写器。该类为抽象类
UnmanagedMemoryStream	提供从托管代码访问非托管内存块的能力

可以看到，System.IO 命名空间下的类提供了非常强大的功能。熟练掌握这些类的使用方法可以使我们编写出功能十分强大的代码。但是对于初学者来说，常用的类有 File、Directory、Path、FileInfo、DirectoryInfo、FileStream、StreamReader、StreamWriter、FileSystemWatcher 等，这些类的功能可以满足一般应用程序的需求。下面将对这些常用类逐一进行介绍。

18.1.2　Path 类

为了访问文件和目录，需要定义文件和目录的名称，包括父文件夹。使用字符串连接操作符合并多个文件夹和文件时，很容易遗漏单个分隔符或使用太多的字符。为此，Path 类可以提供帮助，因为这个类会添加缺少的分隔符，它还可以基于 Windows 和 Unix 系统处理不同的平台需求。

Path 类不能实例化，它可以很容易地对路径名执行操作。以下代码可用于查找文件的路径。

```
Console.WriteLine(Path.Combine(@"C:\Projects","newText.txt"));
```

Path.Combine()是 Path 类最常用的一个方法，Path 类还实现了其他方法，这些方法提供路径信息，或者以要求的格式显示信息。

表 18.2 中列出了 Path 类常用的属性和方法及其说明。

表 18.2　Path 类的常用属性和方法及说明

属性或方法	说　　明
AltDirectorySeparatorChar	提供一种与平台无关的方式，指定分隔目录级别的另一个字符
DirectorySeparatorChar	提供平台特定的字符，该字符用于在反映分层文件系统组织的路径字符串中分隔目录级别
PathSeparator	用于在环境变量中分隔路径字符串的平台特定的分隔符
VolumeSeparatorChar	提供一种与平台无关的方式，指定容量分隔符，默认为冒号
GetTempPath()	返回当前用户的临时文件夹的路径
GetTempFileName()	在磁盘上创建一个唯一命名的零字节临时文件，返回该文件的完整路径
GetRandomFileName()	返回随机文件夹名或文件名

📢 注意

GetTempFileName()方法的返回值包括文件夹，而 GetRandomFileName()方法的返回值不包括文件夹，仅仅是文件名。

18.1.3　File 类

文件类 File 是本章要介绍的最重要和最基础的一个类。这个类提供了大量的公开方法，有 42 种之多，其中大部分方法为静态方法。File 类提供了用于创建、复制、删除、移动和打开文件的静态方法，并协助创建 FileStream 对象。File 类的常用方法见表 18.3。

表 18.3　File 类的常用方法及说明

方　法	说　　明
Copy()	将现有文件复制到新文件
Create()	在指定路径中创建文件
Delete()	删除指定的文件。如果指定的文件不存在，则引发异常
Exists()	确定指定的文件是否存在
Move()	将指定的文件移到新位置，并提供指定新文件名的选项
Open()	打开指定路径上的 FileStream

【代码示例】

```
using System;
using System.IO;

namespace FileAndStream
{
    class Program
    {
        const string FileName = @"C:\MyText.txt";
        static void Main(string[] args)
        {
            string fileName = Path.Combine(GetDocumentFolder(), FileName);
            if (!File.Exists(fileName))
            {
                File.Create(fileName);
            }
        }

        private static string GetDocumentFolder() => Environment.GetFolderPath
(Environment.SpecialFolder.MyDocuments);
    }
}
```

如图 18.1 所示，成功地创建了 C:\ MyText.txt。

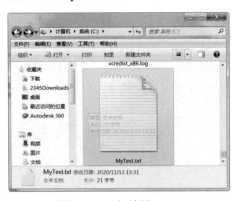

图 18.1　运行结果（1）

文件的复制、移动、删除等这些方法的用法非常直观，MSDN 文档上有详细的描述，这里就不多作解释了。下面使用 File 类执行读/写操作。

【代码示例】使用 File 类执行读/写操作。

```csharp
using System;
using System.Collections.Generic;
using System.IO;

namespace FileAndStream
{
    class Program
    {
        const string FileName = @"C:\MyText.txt";
        static void Main(string[] args)
        {
            string fileName = Path.Combine(GetDocumentFolder(), FileName);

            //写操作
            WriteAFile(fileName);

            //追加操作
            string[] moreMovies =
            {
                "This is",
                "File ",
            };
            File.AppendAllLines(fileName, moreMovies);

            //读取内容
            ReadAFile(fileName);
        }

        private static void WriteAFile(string fileName)
        {
            string[] movies =
            {
                    "Hello",
                    "And",
                    "Welcome"
            };
            File.WriteAllLines(fileName, movies);
        }

        private static void ReadAFile(string fileName)
        {
            IEnumerable<string> lines = File.ReadAllLines(fileName);
            int i = 1;
            foreach(var line in lines)
                Console.WriteLine($"{i++}.{line}");
        }

        private static string GetDocumentFolder() => Environment.GetFolderPath
(Environment.SpecialFolder.MyDocuments);
    }
}
```

【运行结果】

```
1.Hello
2.And
3.Welcome
4.This is
5.File
```

18

18.1.4 FileInfo 类

　　文件信息类 FileInfo 与 File 类不同，它虽然也提供了创建、复制、删除、移动和打开文件的方法，并且帮助创建 FileStream 对象，但是它提供的仅仅是实例方法。因此，要使用 FileInfo 类，必须先实例化一个 FileInfo 对象。FileInfo 类的常用方法与 File 类基本相同，此处介绍一下 FileInfo 类的常用属性，见表 18.4。

表 18.4　FileInfo 类的常用属性及说明

属　　性	说　　明
Attributes	获取或设置当前 FileSystemInfo 的 FileAttributes
CreationTime	获取或设置当前 FileSystemInfo 对象的创建时间
Directory	获取父目录的实例
DirectoryName	获取表示目录的完整路径的字符串
Exists	获取指示文件是否存在的值
Extension	获取表示文件扩展名部分的字符串
FullName	获取目录或文件的完整路径
IsReadOnly	确定当前文件是否为只读
Length	获取当前文件的大小
Name	获取文件名

【代码示例】

```
using System;
using System.Collections.Generic;
using System.IO;

namespace FileAndStream
{
    class Program
    {
        const string FileName = @"C:\MyText.txt";
        static void Main(string[] args)
        {
            string fileName = Path.Combine(GetDocumentFolder(), FileName);

            FileInfo fileInfo =new FileInfo(fileName);
            if (fileInfo.Exists)
                Console.WriteLine("File Exists!");

            else
                Console.WriteLine("File Not Exists!");

            Console.ReadLine();
        }

 private static string GetDocumentFolder() => Environment.GetFolderPath
(Environment.SpecialFolder.MyDocuments);
```

```
            }
    }
```

【运行结果】

```
File Exists!
```

由于 18.1.3 小节中曾经创建过该文件，所以显示该文件已存在。

【代码示例】使用 FileInfo 类检索多个文件并修改其中某些信息。

```csharp
using System;
using System.Collections.Generic;
using System.IO;

namespace FileAndStream
{
    class Program
    {
        const string FileName = @"C:\MyText.txt";
        static void Main(string[] args)
        {
            string fileName = Path.Combine(GetDocumentFolder(), FileName);
            FileInformation(fileName);

            Console.ReadLine();
        }

        private static void FileInformation(string fileName)
        {
            FileInfo fileInfo = new FileInfo(fileName);
            Console.WriteLine($"Name:{fileInfo.Name}");
            Console.WriteLine($"Directory:{fileInfo.DirectoryName}");
            Console.WriteLine($"ReadOnly:{fileInfo.IsReadOnly}");
            Console.WriteLine($"Extension:{fileInfo.Extension}");
            Console.WriteLine($"Length:{fileInfo.Length}");
            Console.WriteLine($"CreationTime:{fileInfo.CreationTime}");
            Console.WriteLine($"LastAccessTime:{fileInfo.LastAccessTime}");
            Console.WriteLine($"Attributes:{fileInfo.Attributes}");

            //修改属性
            ChangeFileProperties(fileInfo);
        }

        private static void ChangeFileProperties(FileInfo file)
        {
            Console.WriteLine($"改变创建时间");
            file.CreationTime = new DateTime(2021, 1, 1, 1, 1, 1);
            Console.WriteLine($"CreationTime:{file.CreationTime}");
        }

    private static string GetDocumentFolder() => Environment.GetFolderPath
(Environment.SpecialFolder.MyDocuments);
    }
}
```

【运行结果】

```
Name:MyText.txt
Directory:C:\
ReadOnly:False
```

```
Extension:.txt
Length:37
CreationTime:2020/11/13 14:21:47
LastAccessTime:2020/11/13 14:21:47
Attributes:Archive
改变创建时间
CreationTime:2021/1/1 1:01:01
```

18.1.5　Directory 类

读者对 Windows 系统的文件管理方式应该并不陌生，其采用的是一种树形管理模式，文件的上层通常还存在若干层文件夹。本小节将要向读者介绍 C#中文件夹类 Directory 的内容。Directory 类与 File 类相似，公开了用于创建、移动目录和子目录等静态方法，方法非常多，此处介绍一些常用方法，见表 18.5。

表 18.5　Directory 类的常用方法及说明

方　　法	说　　明
CreateDirectory()	创建指定路径中的所有目录
Delete()	删除指定的目录
Exists()	确定给定路径是否引用磁盘上的现有目录
GetCurrentDirectory()	获取应用程序的当前工作目录
GetDirectories()	获取指定目录中子目录的名称
GetFiles()	返回指定目录中的文件的名称
GetLogicalDrives()	检索此计算机上格式为 "<驱动器号>:\" 的逻辑驱动器的名称
GetParent()	检索指定路径的父目录，包括绝对路径和相对路径
Move()	将文件或目录及其内容移到新位置

【代码示例】创建两个文件夹。

```
using System;
using System.IO;

public class DirectoryTest
{
    public static void Main()
    {
        Directory.CreateDirectory(@"C:\tempFiles");
        Directory.CreateDirectory(@"C:\tempArchiveFiles");
    }
}
```

运行结果如图 18.2 所示，成功地创建了 C:\tempFiles 和 C:\tempArchiveFiles 文件夹。

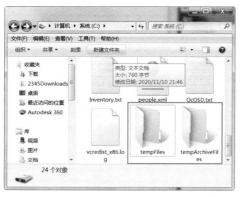

图 18.2 运行结果（2）

【代码示例】演示如何从目录中检索所有文本文件，并将其移动到新目录。文件移动后，它们将不再存在于原始目录中。

```csharp
using System;
using System.Collections.Generic;
using System.IO;

namespace FileAndStream
{
    class Program
    {
        static void Main(string[] args)
        {
            string sourceDirectory = @"C:\tempFiles";
            string archiveDirectory = @"C:\tempArchiveFiles";
            try
            {
                //得到 tempFiles 中的所有文件
                string[] files = Directory.GetFiles(sourceDirectory);
                Console.WriteLine($"tempFiles 中的所有文件");
                foreach(var item in files)
                {
                    Console.WriteLine(item);
                }

                //得到 tempFiles 中的文本文件之后将其移动到 tempArchiveFiles 文件夹中
                var txtFiles = Directory.EnumerateFiles(sourceDirectory, "*.txt");

                foreach (string currentFile in txtFiles)
                {
                    string fileName = currentFile.Substring(sourceDirectory.Length + 1);
                    Directory.Move(currentFile, Path.Combine(archiveDirectory,
fileName));
                }

                //得到 tempArchiveFiles 中的所有文件
                string[] archivefiles = Directory.GetFiles(archiveDirectory);
                Console.WriteLine($"移动之后 tempArchiveFiles 中的所有文件");
                foreach (var item in archivefiles)
                {
                    Console.WriteLine(item);
```

```
                }
            }
            catch (Exception e)
            {
                Console.WriteLine(e.Message);
            }
        }
    }
}
```

```
tempFiles 中的所有文件
C:\tempFiles\16.doc
C:\tempFiles\17.xml
C:\tempFiles\temp.txt
C:\tempFiles\text.txt
移动之后 tempArchiveFiles 中的所有文件
C:\tempArchiveFiles\temp.txt
C:\tempArchiveFiles\text.txt
```

18.1.6 DirectoryInfo 类

文件夹信息类 DirectoryInfo 与 FileInfo 类相似。它是一个实例类，同样提供了 Directory 类中的大部分方法。与 FileInfo 类一样，使用 DirectoryInfo 类之前必须实例化一个 DirectoryInfo 对象。DirectoryInfo 类拥有和 FileInfo 类几乎相同的属性，其常用属性见表 18.6。

表 18.6　DirectoryInfo 类的常用属性及说明

属　　性	说　　明
Attributes	获取或设置当前 FileSystemInfo 的 FileAttributes
CreationTime	获取或设置当前 FileSystemInfo 对象的创建时间
Exists	获取指示目录是否存在的值
Extension	获取表示文件扩展名部分的字符串
Name	获取此 DirectoryInfo 实例的名称
Parent	获取指定子目录的父目录
Root	获取路径的根部分

【代码示例】实现创建和删除文件夹的功能。

```
using System;
using System.Collections.Generic;
using System.IO;

namespace FileAndStream
{
    class Program
    {
        static void Main(string[] args)
        {
            DirectoryInfo di = new DirectoryInfo(@"c:\MyDir");
            try
```

```
        {
            if (di.Exists)
            {
                Console.WriteLine("That path exists already.");
                return;
            }

            di.Create();
            Console.WriteLine("The directory was created successfully.");

            di.Delete();
            Console.WriteLine("The directory was deleted successfully.");
        }
        catch (Exception e)
        {
            Console.WriteLine("The process failed: {0}", e.ToString());
        }
    }
}
```

【运行结果】

```
The directory was created successfully.
The directory was deleted successfully.
```

18.1.7 FileInfo 类与 DirectoryInfo 类的用法

FileInfo 类和 DirectoryInfo 类具有 File 类和 Directory 类的大部分功能。读者在实际应用中应当注意选择使用不同的实现。

（1）File 类和 Directory 类适用于在对象上单一的方法调用。此种情况下，静态方法的调用在速度上的效率比较高，因为此种方法省去了实例化新对象的过程。

（2）FileInfo 类和 DirectoryInfo 类适用于对同一文件或文件夹进行多种操作的情况。此种情况下，实例化的对象不需要每次都寻找文件，只需调用该实例化的方法，比较节省时间。

读者可以根据实际需求应用不同的方法。

18.2 流

流是一个用于传输数据的对象。.NET Framework 中对文件的输入/输出工作都要用到流。流分为输入流和输出流。通常，输入流用于读取数据，最常见的输入流莫过于键盘输入。此前应用的大部分输入都来源于键盘，其实输入流可以来源于很多设备，本节主要讨论的输入流形式是磁盘文件。输出流则用于向外部目标写入数据，本节主要讨论的输出流形式也仅限于磁盘文件。

18.2.1　流操作类介绍

.NET Framework 提供了 5 种常见的流操作类，用于提供文件的读取、写入等常见操作，简单说明见表 18.7。

表 18.7　常见的流操作类及说明

类	说　　明
BinaryReader	用特定的编码将基元数据类型读作二进制值
BinaryWriter	以二进制的形式将基元数据类型写入流，并支持用特定的编码写入字符串
FileStream	公开以文件为主的 Stream，既支持同步读/写操作，也支持异步读/写操作
StreamReader	实现一个 TextReader，使其以一种特定的编码从字节流中读取字符
StreamWriter	实现一个 TextWriter，使其以一种特定的编码向字节流中写入字符

下面将对其中一些常用的类进行详细讲解，此处读者只需有一个简单的了解。

18.2.2　FileStream 类

FileStream 类公开了以文件为主的 Stream，既支持同步读/写操作，也支持异步读/写操作。FileStream 类的特点是操作字节和字节数组。这种方式不适合以字符数据构成的文本文件等类似文件的操作，但对随机文件操作等比较有效。FileStream 类提供了对文件的低级而复杂的操作，却可以实现更多高级的功能。FileStream 类的构造函数有 15 种，此处仅对两种作简要介绍，详见表 18.8。

表 18.8　FileStream 类的构造函数

构造函数	说　　明
FileStream(String,FileMode)	使用指定的路径和创建模式初始化 FileStream 类的新实例
FileStream(String,FileMode,FileAccess)	使用指定的路径、创建模式和读/写权限初始化 FileStream 类的新实例

两种构造函数中都要求提供一个 FileMode 参数，这是.NET 中定义的一个枚举，限定类打开文件的方式，其成员简介见表 18.9。

表 18.9　FileMode 枚举参数及说明

成　　员	说　　明
Append	打开现有文件并查找到文件尾，或创建新文件。FileMode.Append 只能同 FileAccess.Write 一起使用。任何读尝试都将失败并引发 ArgumentException 异常
Create	指定操作系统应创建新文件。如果文件已存在，它将被改写。这需要<FileIOPermissionAccess.Write>。System.IO.FileMode.Create 等效于这样的请求：如果文件不存在，则使用<CreateNew>；否则使用<Truncate>
CreateNew	指定操作系统应创建新文件。此操作需要<FileIOPermissionAccess.Write>。如果文件已存在，则将引发 IOException 异常
Open	指定操作系统应打开现有文件。打开文件的能力取决于 FileAccess 所指定的值。如果该文件不存在，则引发 System.IO.FileNotFoundException 异常
OpenOrCreate	指定操作系统应打开文件（如果文件存在）；否则，应创建新文件。如果用 FileAccess.Read 打开文件，则需要<FileIOPermissionAccess.Read>。如果文件访问为 FileAccess.Write 或 FileAccess.ReadWrite，则需要<FileIOPermissionAccess.Write>。如果文件访问为 FileAccess.Append，则需要<FileIOPermissionAccess.Append>

成　员	说　明
Truncate	指定操作系统应打开现有文件。文件一旦打开，就将被截断为 0 字节大小。此操作需要 <FileIOPermissionAccess.Write>。试图从使用 Truncate 打开的文件中进行读取将导致异常

以下代码调用第一种构造函数。

```
FileStream m_FileStream = new FileStream(@"c:\file.txt",FileMode.OpenOrCreate);
```

这种构造函数默认以只读方式打开文件。若需要规定不同的访问级别，则需要使用第二种构造函数。第二种构造函数中需要 FileAccess 枚举参数，其成员简介见表 18.10。

表 18.10　FileAccess 枚举参数及说明

成　员	说　明
Read	对文件的读访问。可从文件中读取数据。同 Write 组合即构成读/写访问权
ReadWrite	对文件的读访问和写访问。可从文件读取数据和将数据写入文件
Write	文件的写访问。可将数据写入文件。同 Read 组合即构成读/写访问权

以下代码调用第二种构造函数。

```
FileStream m_FileStream = new FileStream(@"c:\file.txt",FileMode.OpenOrCreate,
FileAccess.ReadWrite);
```

此处将打开文件进行读/写操作，也可以利用 FileAccess.Read 和 FileAccess.Write 限定对文件只进行读操作或写操作。事实上，利用 18.1 节中介绍过的 File 类和 FileInfo 类，我们可以通过另一种更简洁的方式获得 FileStream 的实例。这两个类同时提供了 OpenRead()和 OpenWrite()方法，详见表 18.11。

表 18.11　FileStream 类的两种方法及说明

方　法	说　明
OpenRead()	打开现有文件以进行读取
OpenWrite()	打开现有文件以进行写入

以下代码实现打开用于只读的文件。

```
FileStream m_FileStream = File.OpenRead(@"c:\file.txt");
```

以下代码同样实现以上功能。

```
FileInfo m_FileInfo = new FileInfo(@"c:\file.txt");
FileStream m_FileStream = m_FileInfo.OpenRead();
```

【代码示例】FileStream 类对文件的写入功能。

```
using System;
using System.Collections.Generic;
using System.IO;
using System.Text;

namespace FileAndStream
{
    class Program
    {
```

```
        static void Main(string[] args)
        {
            byte[] byteWrite = new byte[200];
            char[] charWrite = new char[200];

            try
            {
                //创建 C:\temp.txt 的 FileStream 对象
                using (FileStream fileStream = new FileStream(@"C:\temp.txt",
                        FileMode.OpenOrCreate, FileAccess.ReadWrite,
FileShare.ReadWrite))
                {
                    //将要写入的字符串转换为字符数组
                    charWrite = "My First File Operation".ToCharArray();
                    byteWrite = new byte[charWrite.Length];

                    //通过 UTF-8 编码方法将字符数组转换为字节数组
                    Encoder enc = Encoding.UTF8.GetEncoder();
                    enc.GetBytes(charWrite, 0, charWrite.Length, byteWrite, 0, true);

                    //设置流的当前位置为文件开始位置
                    fileStream.Seek(0, SeekOrigin.Begin);

                    //将字节数组中的内容写入文件
                    fileStream.Write(byteWrite, 0, byteWrite.Length);
                }
            }
            catch (IOException ex)
            {
                Console.WriteLine("There is an IOException");
                Console.WriteLine(ex.Message);
                Console.ReadLine();
                return;
            }

            Console.WriteLine("Write to File Succeed!");
            Console.ReadLine();
        }
    }
}
```

运行结果如图 18.3 所示。查看 C:\temp.txt，如图 18.4 所示。

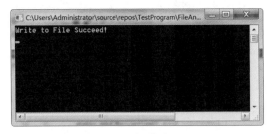

图 18.3　运行结果（3）

图 18.4　文件内容（1）

上面的示例中通过 FileStream 类成功地向文件中写入了 My First File Operation 的内容。下面通过另一个示例演示 FileStream 类对文件的读取功能。

【代码示例】FileStream 类对文件的读取功能。

```
using System;
using System.Collections.Generic;
using System.IO;
using System.Text;

namespace FileAndStream
{
    class Program
    {
        static void Main(string[] args)
        {
            char[] charRead = new char[200];
            try
            {
                //创建 C:\temp.txt 的 FileStream 对象
                using (FileStream fileStream = new FileStream(@"C:\temp.txt",
FileMode.Open,FileAccess.Read,FileShare.Read))
                {
                    byte[] byteRead = new byte[fileStream.Length];
                    //设置流的当前位置为文件开始位置
                    fileStream.Seek(0, SeekOrigin.Begin);
                    //将文件的内容读入字节数组中
                    fileStream.Read(byteRead, 0, byteRead.Length);

                    //通过 UTF-8 编码方法将字节数组转换为字符数组
                    Decoder dec = Encoding.UTF8.GetDecoder();
                    charRead = Encoding.UTF8.GetChars(byteRead);
                    dec.GetChars(byteRead, 0, byteRead.Length, charRead, 0);
                }
            }

            catch (IOException ex)
            {
                Console.WriteLine("There is an IOException");
                Console.WriteLine(ex.Message);
                Console.ReadLine();
                return;
            }

            Console.WriteLine("Read From File Succed!");
            Console.WriteLine(charRead);
            Console.ReadLine();
        }
    }
}
```

【运行结果】

```
Read From File Succed!
My First File Operation
```

18.2.3　StreamWriter 类

应用 FileStream 类需要许多额外的数据类型转换操作，十分影响效率。本小节介绍另外一种更为简单实用的写入方法，即流写入类 StreamWriter。StreamWriter 类允许直接将字符和字符串写入文件。StreamWriter 类的构造方法一共有 7 种，此处只介绍常用的 3 种，见表 18.12。StreamWriter 类的常用方法见表 18.13。

表 18.12　StreamWriter 类的构造函数及说明

构造函数	说　　明
StreamWriter(Stream)	使用 UTF-8 编码和默认缓冲区大小，为指定的流初始化 StreamWriter 类的一个新实例
StreamWriter(String)	使用默认编码和缓冲区大小，为指定路径上的指定文件初始化 StreamWriter 类的新实例
StreamWriter(String, Boolean)	使用默认编码和缓冲区大小，为指定路径上的指定文件初始化 StreamWriter 类的新实例。如果该文件存在，则可以将其改写或向其追加；如果该文件不存在，则此构造函数将创建一个新文件

表 18.13　StreamWriter 类的常用方法及说明

方　　法	说　　明
Close()	关闭当前的 StreamWriter 对象和基础流
Write()	写入流
WriteLine()	写入重载参数指定的某些数据，后跟行结束符

【代码示例】采用 StreamWriter 类提供的方法操作现有的 C:\temp.txt 文件。

```
using System;
using System.Collections.Generic;
using System.IO;
using System.Text;

namespace FileAndStream
{
    class Program
    {
        static void Main(string[] args)
        {
            try
            {
                //保留文件中的现有数据，以追加写入的方式打开 C:\temp.txt 文件
                StreamWriter sw = new StreamWriter(@"C:\temp.txt", true);

                //向文件中写入新字符串，并关闭 StreamWriter
                sw.WriteLine("Another File Operation Method");
                sw.Close();
            }
            catch (IOException ex)
            {
                Console.WriteLine("There is an IO exception!");
                Console.WriteLine(ex.Message);
                Console.ReadLine();
            }

            Console.WriteLine("Write to File Succeed!");
            Console.ReadLine();
        }
    }
}
```

运行结果如图 18.5 所示。查看 C:\temp.txt，如图 18.6 所示。

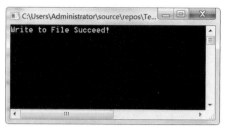

图 18.5 运行结果（4）

图 18.6 文件内容（2）

18.2.4 StreamReader 类

相对于 StreamWriter 类，流读取类 StreamReader 提供了另一种从文件中读取数据的方法。StreamReader 类的应用方式与 StreamWriter 类非常相似，此处直接介绍 StreamReader 类的构造函数。其常见构造方法见表 18.14。其常用方法见表 18.15。

表 18.14 StreamReader 类的构造函数及说明

构造函数	说 明
StreamReader(Stream)	为指定的流初始化 StreamReader 类的新实例
StreamReader(String)	为指定的文件名初始化 StreamReader 类的新实例

表 18.15 StreamReader 类的常用方法及说明

方 法	说 明
Close()	关闭 StreamReader 对象和基础流，并释放与读取器关联的所有系统资源
Read()	读取输入流中的下一个字符或下一组字符
ReadLine()	从当前流中读取一行字符并将数据作为字符串返回
ReadToEnd()	从流的当前位置到末尾读取流

【代码示例】从 C:\temp.txt 文件中读取所有数据。

```
using System;
using System.Collections.Generic;
using System.IO;
using System.Text;

namespace FileAndStream
{
    class Program
    {
        static void Main(string[] args)
        {
            try
            {
                //以绝对路径的方式构造新的 StreamReader 对象
                StreamReader sw = new StreamReader(@"C:\temp.txt");
```

```
        //用 ReadToEnd()方法将 C:\temp.txt 文件中的数据全部读入字符串 data 中，并关
闭 StreamReader
            string data = sw.ReadToEnd();
            Console.WriteLine(data);
            sw.Close();
        }
        catch (IOException ex)
        {
            Console.WriteLine("There is an IO exception!");
            Console.WriteLine(ex.Message);
            Console.ReadLine();
        }

        Console.ReadLine();
    }
  }
}
```

运行结果如图 18.7 所示。

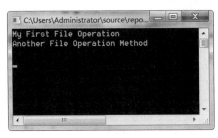

图 18.7　运行结果（5）

对于二进制文件的读/写操作，感兴趣的读者可自行查看 MSDN 文档。

18.3　总　　结

至此，本章已经讲解了在.NET 中操作文件进行输入/输出操作的大部分方法。本章介绍了
System.IO 命名空间下的 File 类、Directory 类、FileInfo 类、DirectoryInfo 类等基础类；还介绍了
FileStream 类、StreamReader 类、StreamWriter 类等常用操作类。并且通过代码示例，使读者了
解了这些类的用法。

本章的最后还实现了一个较为复杂的应用程序。它巩固和加深了读者对输入/输出的了解，以及
对文件操作的认识。对本章内容感兴趣的读者，还可以尝试以下内容。

（1）文件的加密与解密：File.Encrypt()方法和 File.Decrypt()方法。

（2）文件的压缩与解压缩：System.IO.Compression 命名空间。

（3）驱动器信息类：DriveInfo 类。

（4）文件系统监控类：FileSystemWatcher 类。

（5）路径类：Path 类。

18.4 习　　题

（1）只有导入哪个命名空间才允许应用程序使用文件？

（2）何时使用 FileStream 对象，而不是使用 StreamWriter 对象写入文件？

（3）哪个类可使用 Deflate 算法压缩流？

扫一扫，看视频

第 19 章　数据访问技术

数据库是一门复杂的技术，在当前的软件开发中得到了广泛的应用。.NET 为应用程序对数据库的访问提供了友好且强大的支持。本章将带领读者熟悉数据库的相关基础知识，并在此基础上，向读者介绍在 C#中访问数据库的技巧。

19.1　数据库基本知识

数据库的出现为数据存储技术带来了新的方向，也产生了一门复杂的学问。本节将简要介绍数据库的相关知识，使读者对数据库有一个基本的了解。

19.1.1　数据库简介

数据库可以被认为是能够进行自动查询和修改的数据集。数据库有很多种类型，从最简单的存储各种数据的表格到能够进行海量数据存储的大型数据库系统，在各方面都得到了广泛的应用。

数据库负责将实际存在的物理数据转化为开发人员以及用户头脑中的逻辑数据。众所周知，计算机系统只能存储 0 和 1，即二进制数据，而数据的存在形式却是多样的。数据库负责将这些多样的数据转化为 0、1 这些计算机能够识别的数据并存储到计算机上，并提供反向的过程，将存储在数据库中的二进制数据以合理的方式转化为人们可以识别的逻辑数据。为了能够更为合理有效地组织大量、多样化的数据，数据库系统提供了关系、层次等方法。通常数据库提供了一些方法用于支持将数据库中的数据取出，或者将外部数据存储到数据库中。

综上所述，数据库为用户和开发人员提供了数据的集中管理工具，并且有效地保障了数据共享。数据库系统对保证数据的一致性、完整性和安全性也有着很重要的作用。

随着数据库技术的发展，为了进一步为用户提供高效安全的数据存储工具，因此产生了关系型数据库。

简言之，数据库就是存储数据的一种方案。关系型数据库由许多数据表（Table）组成，数据表由许多条记录（Record）组成，而记录由许多的字段（Field）组成。假设需要记录公司的用户数据，那么就有可能需要记录用户的姓名、密码、账号、邮编、性别和通信地址等数据。这些所要记录的项目，每个项目就是一个字段。所以，可以将这些字段进行整理，分析出这些字段的长度、数据形态、是否必须要存储数据之后，就可以得到一些数据表的设计需求。

对得到的需求进行实现后，就可以在数据库中相应地存取数据了。当然，数据库设计的技术非常复杂，此处只是简单地描述了这个过程。

数据库系统为了保证存储在其中的数据的安全性和一致性，通常由一系列的软件完成相应的管理任务，这组软件就是数据库管理系统（Database Management System，DBMS）。DBMS 随系统的不同而不同，但是一般来说，它应该包括以下几方面的内容。

（1）数据库描述功能：定义数据库的全局逻辑结构、局部逻辑结构和其他各种数据库对象。

（2）数据库管理功能：包括系统配置与管理、数据存取与更新管理、数据完整性管理和数据安全性管理。

（3）数据库的查询和操纵功能：包括数据库检索和修改。

（4）数据库维护功能：包括数据引入引出管理、数据库结构维护、数据恢复功能和性能监测。

为了提高数据库系统的开发效率，现代数据库系统除了 DBMS 之外，还提供了各种支持应用开发的工具。

19.1.2　SQL 简介

SQL 是一种数据库查询和程序设计语言，用于存取数据以及查询、更新和管理关系型数据库系统。美国国家标准学会（ANSI）与国际标准化组织（ISO）已经制定了相应的 SQL 标准。SQL 包括两种主要程序设计语言类别的表达式：数据定义语言（DDL）与数据操作语言（DML）。

1. DDL

DDL 用于定义和管理对象，如数据库、数据表和视图。DDL 陈述式通常包括每个对象的 CREATE、ALTER 和 DROP 命令。举例来说，CREATE TABLE、ALTER TABLE 和 DROP TABLE 这些表达式可以用来建立新数据表、修改其属性、删除数据表等，后面会一一介绍。

2. DML

DML 利用 INSERT、SELECT、UPDATE 和 DELETE 等表达式操作数据库所包含的数据，分别用于处理数据的新增、查询、更新和删除等操作。这些操作后面会一一介绍。

19.1.3　Visual Studio 2022 对数据库的支持

SQL Server 是微软旗下的数据库，localDB 是 SQL Server 的超级简化版，只是集成了数据库管理图形界面，所以只有数据库的一些基础功能，而且不支持联网。所以，如果是初学者，使用 Visual Studio 2022 中提供的 SQL Server 完全够用。如果想深入研究数据库，建议单独安装 SQL Server。接下来将简单介绍 Visual Studio 2022 中数据库的用法。首先，如果在安装 Visual Studio 2022 时选择了默认安装，那么在 Visual Studio 2022 中的项目模板中就有数据库，如图 19.1 所示。

如果没有安装，可以到微软的官方网站中下载该软件的最新版本。

在 Visual Studio 2022 中直接创建新的数据库，步骤如下。首先创建一个控制台应用程序，如图 19.2 所示。

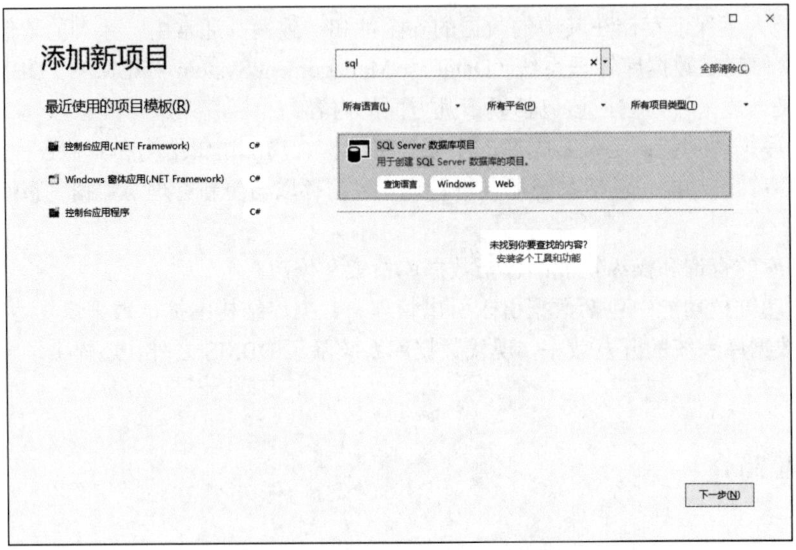

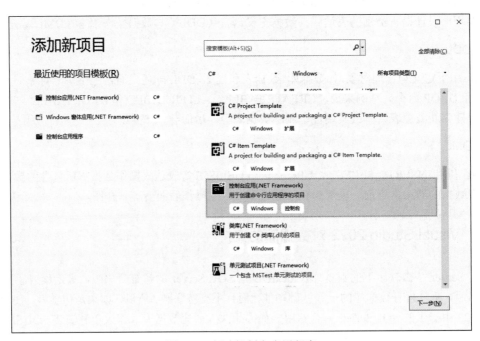

图 19.1 Visual Studio 2022 中的 SQL Server

图 19.2 创建控制台应用程序

　　然后单击"下一步"按钮，在弹出的对话框中输入适合的项目名称，如 SQLText，位置可以是默认的，也可以自行放置，如 D:\work。然后，单击"创建"按钮，弹出 Visual Studio 2022 编程界面，如图 19.3 所示。

　　在界面左侧可以看到 SQL Server 对象资源管理器，如图 19.4 所示。

　　如果没有，可以单击菜单栏中的"视图"选项，打开"视图"菜单，如图 19.5 所示。

图 19.3　编程界面

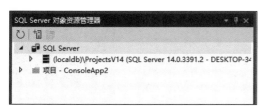

图 19.4　SQL Server 对象资源管理器

图 19.5　"视图"菜单

选择"SQL Server 对象资源管理器"选项，之后 SQL Server 对象资源管理器会出现在 Visual Studio 2022 界面左侧面板中。

在 SQL Server 对象资源管理器面板中右击 SQL Server，在弹出的快捷菜单中选择"添加 SQL Server"，如图 19.6 所示。随即会弹出"连接"窗口，如图 19.7 所示。

图 19.6　添加 SQL Server

图 19.7　连接数据库

单击"本地"选项，展开数据库列表，可任意选择其中一个，如选择 MSSQLLocalDB 后，系统会自动填写服务器名称，然后单击"连接"按钮，如图 19.8 所示。

主界面左侧面板 SQL Server 下面就会出现一个本地数据选项，右击"数据库"，选择"添加新数据库"选项，如图 19.9 所示。随即会弹出如图 19.10 所示的"创建数据库"对话框，输入适合的数据库名称，如 StudentManager。然后单击"确定"按钮。

图 19.8　连接数据库配置

图 19.9　添加新数据库

图 19.10　创建数据库

19.1.4　定义、删除与修改数据表

展开 StudentManager 列表，右击"表"，在弹出的快捷菜单中选择"添加新表"选项，如图 19.11 所示。

Visual Studio 2022 将自动转入创建数据表的界面，如图 19.12 所示。

在该界面中可以输入列名，选择数据类型，选择是否允许该列为空等。尝试建立一个表示学生的表，表中包括三列，一列为学生学号（Id），一列为学生姓名（Name），一列为学生年龄（Age），如图 19.13 所示。

图 19.11　添加数据表

图 19.12　数据表设计

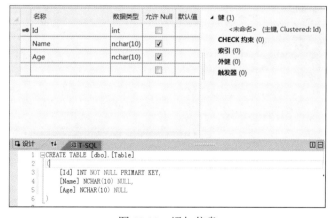

图 19.13　添加信息

其中，Id 默认设置为主键，主键就是表中的唯一索引，主键不允许重复，通过主键可以唯一地查找到整条数据记录。设置主键的方法为：右击相应列，在弹出的快捷菜单中选择"设置主键"选项。数据表添加、修改或删除列名的同时，下方的代码部分会自动作出调整。

如果要修改表名，如创建一个名为 Student 的表，只需在代码部分作出修改，然后单击"更新"按钮即可，如图 19.14 所示。

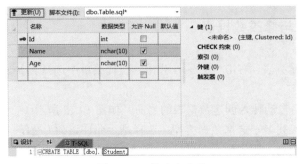

图 19.14　修改表名称

其中，以下代码建立了 Student 表。

```sql
CREATE TABLE [dbo].[Student]
(
    [Id] INT NOT NULL PRIMARY KEY,
    [Name] NCHAR(10) NULL,
    [Age] NCHAR(10) NULL
)
```

CREATE TABLE 关键字用于表示建立表，后面跟的是表名。小括号中的内容是列的详细信息，包括列名、数据类型和是否允许为空。

PRIMARY KEY 关键字用于表示建立主键。

单击"更新"按钮，会弹出如图 19.15 所示的对话框。

图 19.15　更新数据库

单击【更新数据库】按钮，添加表完成，如图 19.16 所示。

图 19.16 更新成功

此时，在 Visual Studio 2022 中添加表到数据库的步骤就完成了。添加完毕后，SQL Server 对象资源管理器如图 19.17 所示。

图 19.17 新数据表添加完毕

列表中出现了刚刚添加的两个列。选中 Student 表后直接按 Delete 键即可将其删除。

19.1.5 显示数据

右击 Student 表，在弹出的快捷菜单中选择"查看数据"选项，如图 19.18 所示。Visual Studio 2022 将自动打开显示数据界面，如图 19.19 所示。

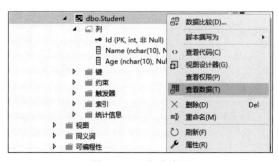

图 19.18 查看数据

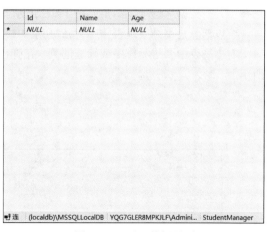

图 19.19 显示数据界面

由于 Student 表是一个新表，其中没有任何数据，直接在 Id、Name 和 Age 列的下方输入相应数据即可添加数据至 Student 表中，如图 19.20 所示。

可以看到，当输入数据后，Visual Studio 2022 会提示数据未保存，并显示一个红色底色的感叹号标志。输入完毕后，按回车键即可保存数据。

至此，已经成功地向数据表中添加了几条数据。要想将数据保存到数据库中，一定要单击 Visual Studio 2022 中的"全部保存"按钮，即 📖。

SQL 用 INSERT INTO 表示插入数据，表名为 Student。小括号中指出了要向哪些列中插入数据，Values 表示要插入的数据，其中数据在后面的小括号中指明。

同样，可以在此界面中对已有的数据进行更改，如将刚才输入的数据修改为 8 和"小海"，如图 19.21 所示。

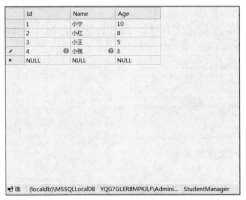

图 19.20　添加数据

图 19.21　修改数据

19.1.6　查询

可以在 Visual Studio 2022 中进行数据查询工作，在相应的数据表上右击，在弹出的快捷菜单中选择"查看数据"选项，结果如图 19.22 所示。

可以选择查询结果是否排序、按哪列排序等，其中筛选器是最重要的一个参数。

右击列表中要进行排序或筛选的列，在弹出的快捷菜单中选择"排序和筛选"选项，如图 19.23 所示。

图 19.22　查询结果

图 19.23　排序和筛选

随即会弹出"筛选和排序"对话框，如图 19.24 所示。

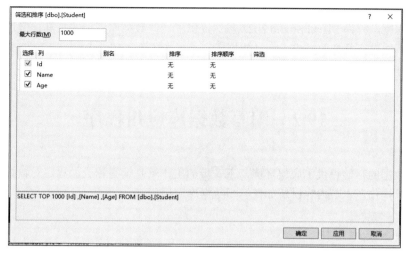

图 19.24 "排序和筛选"对话框

以上是查询 Id 为 4 的数据记录，在筛选器中输入 4 即可。

在下方的 SQL 窗口中会即时显示变化，此次查询对应的 SQL 语句如下。

```
SELECT TOP 1000 [Id] ,[Name] ,[Age] FROM [dbo].[Student] WHERE [Id] = 4
```

SELECT 关键字用于表示查询，后面跟的是列名，From 关键字表示从哪个表中查询。WHERE 子句表示查询的条件，如此处查询 Id 为 4 的记录，单击"确定"按钮。执行查询，结果如图 19.25 所示。

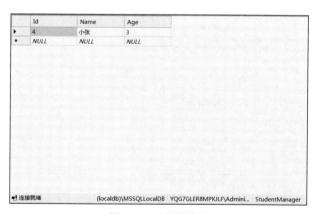

图 19.25 查询结果

19.1.7 小结

由于数据库技术涉及的知识非常多，此处无法一一进行介绍，只是通过这些简单的操作让读者了解数据库技术的一些基础知识。

SQL 虽然有国际标准,但在每个数据库产品的实现中都不尽相同,请读者注意。尽管 Visual Studio 2022 提供了很多易用的工具，但还是建议感兴趣的读者尽可能地学习一些 SQL 的知识，最好能达到熟练掌握的程度。因为 Visual Studio 2022 虽然提供了一些数据库管理的工具，但这些工具相对功能比较单一，不能进行复杂的操作。而且数据库产品多如牛毛，Visual Studio 2022 并不能对每款产品都能提供良好、完备的支持。

19.2　编写数据库应用程序

数据库为数据的存储提供了底层环境，下一步的工作就是编写相应的程序对数据库中的数据进行访问、修改等操作。本节内容讲解如何编写数据库应用程序。

19.2.1　简单数据库应用

下面介绍在应用程序中访问数据库的方法。

（1）创建 Windows 窗体应用程序，如图 19.26 所示。

（2）在"工具箱"面板中找到"数据"组，双击其中的 BindingSource 控件，将其添加到窗体中，如图 19.27 所示。

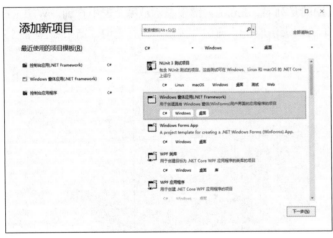

图 19.26　新建项目　　　　　　　　图 19.27　添加 BindingSource 控件

（3）编辑 BindingSource 控件的 DataSource 属性，如图 19.28 所示。

（4）选择"添加项目数据源"选项，弹出如图 19.29 所示的对话框。

（5）选择数据库，单击"下一步"按钮，如图 19.30 所示。

（6）如果读者根据本章前面的步骤添加了数据库，那么此处将会自动识别并显示，直接单击"下一步"按钮，如图 19.31 所示。

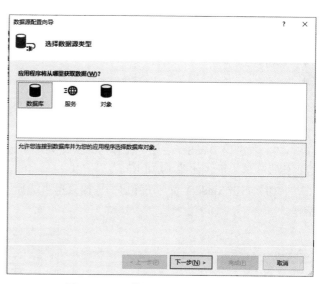

图 19.28　属性窗口　　　　　　　　　　图 19.29　"数据源配置向导"对话框

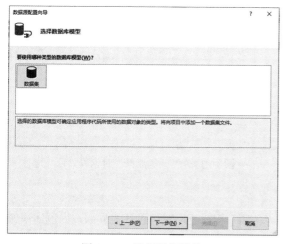

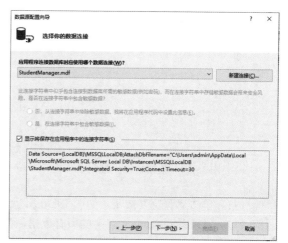

图 19.30　选择数据连接　　　　　　　　　图 19.31　保存连接字符串

（7）可以将连接字符串保存在程序中，单击"下一步"按钮，如图 19.32 所示。

（8）在列表中选择需要程序中访问的表、视图、存储过程或函数，此处选择之前建立的 Student
数据表。单击"完成"按钮，将自动为项目添加一个 DataSet 控件，如图 19.33 所示。

图 19.32　选择数据库对象

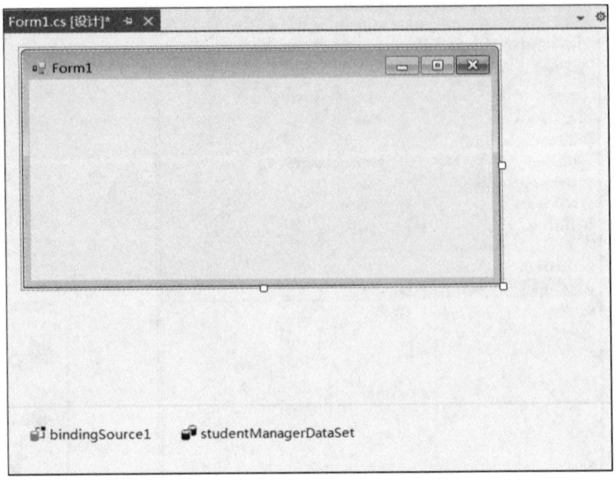

图 19.33　添加 DataSet 控件

（9）右击该 DataSet 控件，在弹出的快捷菜单中选择"在数据集设计器中编辑"选项，将转入数据集设计器界面，如图 19.34 所示。

（10）右击 Student 表，在弹出的快捷菜单中选择"预览数据"选项，弹出如图 19.35 所示的对话框。

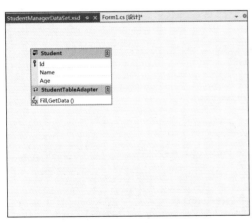

图 19.34　数据集设计器

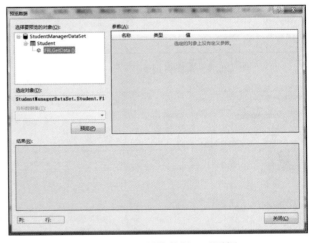

图 19.35　"预览数据"对话框

（11）单击"预览"按钮，如图 19.36 所示。

（12）可以看到 Student 表中的所有数据，单击"关闭"按钮返回窗体设计器界面，为窗体添加两个 TextBox 控件，如图 19.37 所示。

（13）修改 TextBox 的 DataBindings 属性，如图 19.38 所示，使其分别绑定到 Student 数据表的 Id、Name 和 Age 列上。

（14）运行程序，结果如图 19.39 所示。

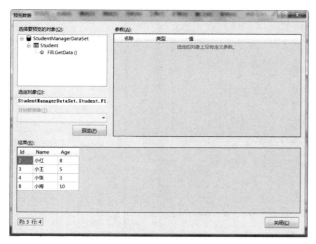

图 19.36　显示数据

图 19.37　添加 TextBox 控件

图 19.38　绑定数据

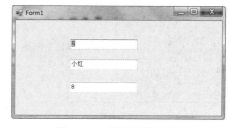

图 19.39　运行结果（1）

可以看到，程序在两个 TextBox 控件上分别显示了 Student 数据表中的内容，但是只显示了第一条记录，其他记录并不能显示。

19.2.2　数据导航

本小节将解决多条数据的显示问题。

（1）打开上一小节中创建的项目，为窗体添加一个 BindingNavigator 控件，如图 19.40 所示。

（2）设置 BindingNavigator 控件的 BindingSource 属性，使其与窗体上的两个 TextBox 控件的 BindingSource 属性相同，如图 19.41 所示。

（3）运行程序，结果如图 19.42 所示。

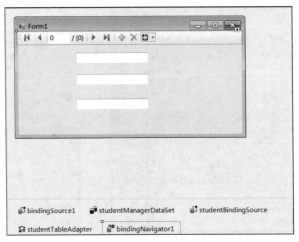

图 19.40　添加 BindingNavigator 控件

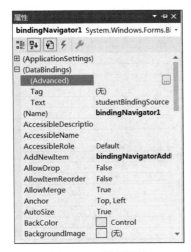

图 19.41　设置属性

图 19.42　运行结果（2）

　　可以看到，通过窗体上方的数据导航条，可以按顺序浏览 Student 数据表中的数据。该导航条与大多数常见导航条相似，提供了"第一条记录""上一条记录""下一条记录"和"最后一条记录"等功能按钮。

19.3　ADO.NET

　　ADO.NET 是一组向.NET 程序员公开数据访问服务的类。ADO.NET 为创建分布式数据共享应用程序提供了一组丰富的组件。它提供了对关系数据、XML 和应用程序数据的访问，因此是.NET Framework 中不可缺少的一部分。ADO.NET 支持多种开发需求，包括创建由应用程序、工具、语言或 Internet 浏览器使用的前端数据库客户端和中间层业务对象。

19

19.3.1　ADO.NET 简介

ADO.NET 提供了一系列的方法，用于支持对 Microsoft SQL Server 和 XML 等数据源进行访问，还提供了通过 OLE DB 和 XML 公开的数据源提供一致的访问的方法。数据客户端应用程序可以使用 ADO.NET 连接到这些数据源，并查询、添加、删除和更新所包含的数据。

ADO.NET 通过数据处理将数据访问分解为多个可以单独使用或顺序使用的不连续组件。ADO.NET 通常包括用于连接到数据库、执行命令和检索结果的.NET Framework 数据提供程序，使其得以直接处理检索到的结果，或将其放入 ADO.NET 的 DataSet 对象，以便与来自多个数据源的或在若干层之间进行远程处理的数据组合在一起，以特殊方式向用户公开。ADO.NET 的 DataSet 对象也可以独立于.NET Framework 数据提供程序使用，以管理应用程序本地的数据或源自 XML 的数据。

ADO.NET 类在 System.Data.dll 中，并且与 System.Xml.dll 中的 XML 类集成。当编译使用 System.Data 命名空间的代码时，必须引用 System.Data.dll 和 System.Xml.dll。

ADO.NET 向编写托管代码的开发人员提供了类似于 ActiveX 数据对象（ADO）为本机组件对象模块（COM）开发人员提供的功能。

19.3.2　ADO.NET 数据提供程序

.NET Framework 数据提供程序是轻量的，它在数据源和代码之间创建了一个最小层，以便在不以功能为代价的前提下提高性能。

下面列出了 ADO.NET 支持的数据访问方式。

（1）SQL Server .NET Framework 数据提供程序：提供对 Microsoft SQL Server 7.0 或更高版本的数据访问。使用 System.Data.SqlClient 命名空间。

（2）OLE DB .NET Framework 数据提供程序：适合于使用 OLE DB 公开的数据源。使用 System.Data.OleDb 命名空间。

（3）ODBC .NET Framework 数据提供程序：适合于使用 ODBC 公开的数据源。使用 System.Data.Odbc 命名空间。

（4）Oracle .NET Framework 数据提供程序：适用于 Oracle 数据源。Oracle .NET Framework 数据提供程序支持 Oracle 客户端软件 8.1.7 版和更高版本，使用 System.Data.OracleClient 命名空间。

19.3.3　使用 ADO.NET 访问数据库

本小节通过一个示例演示如何使用 ADO.NET 访问数据库。

（1）新建一个控制台应用程序。

（2）本示例将使用本章前面建立的数据库，因此需要在程序中引入 System.Data.SqlClient 命名空间。如果没有，则需要在项目中右击"依赖项"，在弹出的快捷菜单中选择"管理 NuGet 程序包"选项，如图 19.43 所示。

弹出主界面后，搜索 System.Data.SqlClient，如图 19.44 所示。

图 19.43　管理 NuGet 程序包　　　　　　　　图 19.44　搜索程序包

同时，还需以下连接字符串访问该数据库。

右击数据库选项，在弹出的快捷菜单中选择"属性"选项，如图 19.45 所示，复制"连接字符串"。

图 19.45　数据表的属性面板

```
connectionString = @"Data Source=WWW-B00188F39CA\SQLEXPRESS;Initial Catalog=
Chap18;Integrated Security=True;Pooling=False";
```

（3）需要通过 SqlConnection 类建立到 SQL Server 1805 Express 的连接。此处简要介绍一下。
SqlConnection 类表示 SQL Server 数据库的一个打开的连接，其常用属性见表 19.1。

表 19.1　SqlConnection 类的常用属性

名　称	说　明
ConnectionString	获取或设置用于打开 SQL Server 数据库的字符串
ConnectionTimeout	获取在尝试建立连接时终止尝试并生成错误之前所等待的时间
Container	获取 IContainer，它包含 Component
Database	获取当前数据库或连接打开后要使用的数据库的名称
DataSource	获取要连接的 SQL Server 实例的名称
FireInfoMessageEventOnUserErrors	获取或设置 FireInfoMessageEventOnUserErrors 属性
PacketSize	获取用来与 SQL Server 的实例通信的网络数据包的大小（以字节为单位）
ServerVersion	获取包含客户端连接的 SQL Server 实例的版本的字符串
Site	获取或设置 Component 的 ISite（继承自 Component）
State	指示 SqlConnection 的状态
StatisticsEnabled	如果设置为 true，则对当前连接启用统计信息收集功能
WorkstationId	获取标识数据库客户端的一个字符串

以下代码可以建立一个数据库连接。

```
private static readonly string connString = @"Data Source=(localdb)\
        MSSQLLocalDB;Initial Catalog=Student;Integrated Security=True";
SqlConnection sqlConnection = new SqlConnection(connString);
```

（4）通过 ADO.NET 访问数据库通常使用 SQL 语句，SQL 语句在 ADO.NET 中对应为一个名为 SqlCommand 的类。表示要对 SQL Server 数据库执行的一个 Transact-SQL 语句或存储过程。

（5）通过 ADO.NET 访问数据库得到的结果通常储存在 DataReader 中，对于 SQL Server 1805 Express 来说，为 SqlDataReader 类。可以通过 SqlDataReader[列名]的方式访问所得的数据。

下面继续编写该示例演示通过以上各个类访问数据库。

【代码示例】修改 Program.cs 文件。

```
using System;
using System.Data.SqlClient;

namespace SqlText
{
    class Program
    {
        //链接字符串——用于连接数据库
        private static readonly string connString = @"Data Source=(localdb)\
            MSSQLLocalDB;Initial Catalog=Student;Integrated Security=True";
        static void Main(string[] args)
        {
            //SQL 语句
            string sqlText = "select Name from Student where Id=2";

            //链接数据库查询
            SqlConnection sqlConnection = new SqlConnection(connString);//连接数据
            SqlCommand sqlCommand = new SqlCommand(sqlText, sqlConnection);

            //发送 SQL 命令
            sqlConnection.Open();//打开链接
```

```
            object result = sqlCommand.ExecuteScalar();
            sqlConnection.Close();

            //展示数据
            Console.WriteLine("学号为 2 的学生的名字: " + result.ToString());
            Console.ReadLine();
        }
    }
}
```

【运行结果】

学号为 2 的学生的名字: 小红

注意，使用 DataReader 对象时（包括 SqlDataReader、OleDbDataReader 等），首先需要执行其 Read()方法才能使其获取数据，此后每执行一次 Read()方法，获取下一条记录。

另外，注意在获取数据之后及时将 DataReader 对象和 Connection 对象（包括 SqlConnection、OleDbConnection 等）关闭。

19.3.4　说明

ADO.NET 的用法并不仅限于控制台应用程序，而是可以应用在任何应用程序中，只是由于用法差别不大，本节以控制台应用程序为例进行说明。

由于 ADO.NET 的应用需要用到很多的 SQL 指示，相信大部分初学者对此并不了解，所以本节只是简单地介绍了 ADO.NET 的基础知识。ADO.NET 还有很多强大的功能和值得读者研究的技术，感兴趣的读者可以继续阅读相关资料。

19.4　其他数据库介绍

除了 SQL Server 系列的数据库软件之外，还有许多其他的数据库软件。下面简要介绍其他的数据库软件。

19.4.1　MySQL

MySQL 是一款非常著名的数据库软件，它是一个真正的多用户、多线程 SQL 数据库服务器。MySQL 以一个客户机/服务器结构的实现，由一个服务器守护程序 mysqld 及很多不同的客户程序和库组成。

MySQL 最大的优点就是它的开源免费特性，读者可以尝试安装 MySQL 并进行学习。MySQL 并不像 SQL Express 版本一样和正式版本有功能上的差别，它虽然免费，但功能齐全。

MySQL 提供了很好的 SQL 支持，这点和所有的大型数据库软件都一样。MySQL 的缺点是应对超大型服务力不从心，而且配套软件不够完善。但随着开源社区的不断努力，目前一款名为

phpMyAdmin 的 MySQL 管理软件逐渐成为主流。

phpMyAdmin 运行界面如图 19.46 所示。

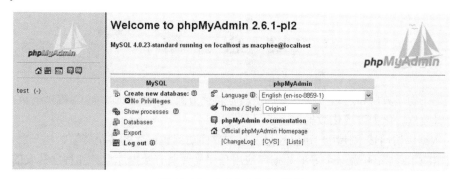

图 19.46　phpMyAdmin 界面

这是一款基于 B/S 模式的管理软件，使用非常方便，功能也比较强大和完善。

19.4.2　Oracle

Oracle 是以 SQL 为基础的大型关系数据库，通俗地讲，它是用方便逻辑管理的语言操纵大量有规律的数据的集合，是目前最流行的客户机/服务器（Client/Server）体系结构的数据库之一。它的数据库记录条数远超 SQL Server 和 MySQL，大型软件经常采用 Oracle 作为后台数据库系统。

Oracle 是一款大型数据库软件，而且是一款商业软件。Oracle 软件比较完善，有很好的支持系统，而且文档资料也比较完善。其配套的 Oracle Enterprise Manager 有非常强大的数据库管理功能，其运行时的界面如图 19.47 所示。

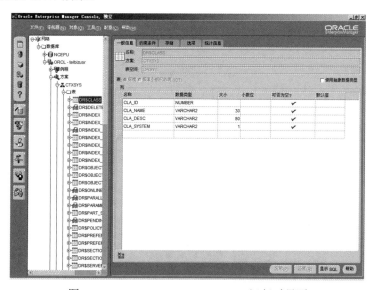

图 19.47　Oracle Enterprise Manager 运行时界面

总之，数据库软件还有很多，每种数据库软件都有自己的特性，读者需要根据自己的实际需要针对某种数据库进行系统的学习。

19.5 总　　结

数据库是在物理数据和逻辑数据之间提供相互转化方式的一种机制，而 C#提供的数据库访问技术将这些逻辑数据转化为可视化数据，便于用户使用。

C#中的数据库访问技术使用户可以通过友好的界面访问数据库的各个资源，使开发人员能开发出强大的数据应用程序。开发一个好的数据库应用程序需要兼有数据库设计和程序开发的优良技术，建议读者详细阅读数据库的入门文档。本章仅介绍了 C#数据库应用程序设计的基础知识，希望能起到一个抛砖引玉的作用。

19.6 习　　题

（1）ADO.NET 中常用的对象有哪些？请分别进行描述。

（2）为维护数据库的完整性、一致性，你喜欢用触发器还是自写业务逻辑？为什么？

第 20 章　Web 应用

C#不仅提供了强大的窗体应用程序和命令行应用程序的开发支持，还支持 B/S 模式的 Web 应用开发。ASP.NET 是.NET Framework 的一部分。在通过 HTTP 请求建立文档时，它可以在 Web 服务器上动态地创建文档。本章将介绍 Web 应用程序开发的基础知识。

20.1　Web 技术

本节先介绍 Web 开发的基础知识：HTML、CSS、JavaScript 和脚本库。

20.1.1　HTML

HTML（hypertext markup language，超文本标记语言）是一种用于制作超文本文档的简单标记语言，也就是用于制作通常所说的网页。超文本传输协议（HTTP）规定了浏览器在浏览 HTML 文档时所必须遵循的规则，以及需要进行的对应操作，制定 HTTP 最大的优点就是使浏览器在运行超文本时有了统一的规则和可用标准。使用 HTML 编写的超文本文档称为 HTML 文档，它独立于各种操作系统平台，具有平台无关性。自发布以来，HTML 就一直被用作 WWW（World Wide Web，也可简写为 Web，中文叫作万维网）的信息表示语言，使用 HTML 描述的文件，需要通过 Web 浏览器显示出效果。

所谓超文本，是因为其可以加入图片、声音、动画、影视等非单一文本内容，HTML 并不是一种程序语言，而是一种排版网页中显示资料的结构语言，方便学习，而且使用简单。HTML 的普遍应用就是由于使用了超文本的技术，即通过单击从一个链接跳转到另一个链接，与全球各地主机的文件链接，直接获取相关的主题。

下面给出一个简单的 HTML 示例。

【代码示例】打开 Windows 自带的记事本，输入以下代码。

```
<html>

<head>
<title> 我的网页 </title>
</head>

<body>
<center>
<h1>hello world</h1>
<br>
<hr>
```

```
<font size= 7 color= red>
我的网页
</font>
</center>
</body>
</html>
```

保存为 Hello.html 文件，双击该文件，如图 20.1 所示。

图 20.1　运行结果（1）

20.1.2　CSS

HTML 定义了 Web 页面的内容，CSS 定义了其外观。例如，在 HTML 的早期，列表项标记<li>定义列表元素在显示时是否应带有圆、圆盘或方框。目前，这些内容在 HTML 中完全删除，转而放在 CSS 中。

在 CSS 样式中，HTML 元素可以使用灵活的选择器进行选择，还可以为这些元素定义样式。元素可以通过其 ID 或名称进行选择，也可以定义 CSS 类，从 HTML 代码中引用。在 CSS 的新版本中，可以定义相当复杂的规则，以选择特定的 HTML 元素。

20.1.3　JavaScript

并不是所有的平台和浏览器都能使用.NET 代码，但是几乎所有的浏览器都能理解 JavaScript。对 JavaScript 的一个常见误解是它与 Java 有关。实际上，它们只是名称相似，而且 Java 和 JavaScript 有相同的根。JavaScript 是一种函数式编程语言，不是面向对象的，但它添加了面向对象的功能。

JavaScript 允许从 HTML 页面访问 DOM（文档对象模型），因此可以在客户端动态地改变元素。

20.1.4　脚本库

除了 JavaScript 编程语言外，还需要脚本库简化编程工作。脚本库可以与 ASP.NET 的服务器端功能一起使用。

20

（1）JQuery 是一个库，它抽象了访问 DOM 元素和响应事件时的浏览器的差异。

（2）Angular 是谷歌中一个基于 MVC 模式的库，用单页面的 Web 应用程序简化了开发和测试。

（3）React 是来自 Facebook 的一个库，提供的功能便于在数据改变时在后台更新用户界面。

20.2　HTML 页面简介

HTML 不是一门编程语言，而是一种用于告知浏览器如何组织页面的标记语言。HTML 可复杂，可简单，一切取决于开发者。它由一系列的元素（Elements）组成，这些元素可以用于包围不同部分的内容，使其以某种方式呈现或工作。一对标签（Tags）可以为一段文字或一张图片添加超链接、将文字设置为斜体、改变字号，等等。

元素的主要内容如下。

（1）开始标签（Opening tag）：包含元素的名称，被左、右尖括号所包围，表示元素从这里开始或开始起作用。

（2）结束标签（Closing tag）：与开始标签相似，只是其在元素名之前包含一个斜杠，表示元素的结尾。

（3）内容（Content）：元素的内容。

（4）元素（Element）：开始标签、结束标签与内容相结合，便是一个完整的元素。

但是，不是所有元素都拥有开始标签、内容、结束标签。一些元素只有一个标签，通常用于在此元素所在位置插入/嵌入一些东西。例如，元素<img>用于在其所在位置插入一张指定的图片。这样的元素称为空元素。

📢 注意

HTML 标签不区分大小写。也就是说，输入标签时既可以使用大写字母，也可以使用小写字母。例如，<title>标签写作<title>、<TITLE>、<Title>、<TiTlE>等都可以正常工作。不过，从一致性、可读性等各方面来说，最好仅使用小写字母。

元素还可以包含属性，属性包含元素的额外信息，这些信息不会出现在实际的内容中。

一个属性必须包含以下内容。

（1）一个空格，在属性和元素名称之间（如果已经有一个或多个属性，就与前一个属性之间有一个空格）。

（2）属性名称，后面跟着一个等号。

（3）一个属性值，由一对引号引起来。

20.2.1　HTML 文档

上一小节介绍了一些 HTML 元素的基础知识，但这些元素单独存在时是没有意义的。现在来学习这些特定元素是如何结合起来，从而形成一个完整的 HTML 页面的。

【代码示例】一个简单的 HTML 文档。

```
<!DOCTYPE html>
<html>
<head>
    <meta charset="utf-8" />
    <title>测试点</title>
</head>
<body>
    <p>这是我的页面</p>
</body>
</html>
```

示例说明：

（1）<!DOCTYPE html>：声明文档类型。

（2）<html></html>：<html>标签。这个标签包裹了整个完整的页面，是一个根元素。

（3）<head></head>：<head>标签。这个标签是一个容器，它包含了所有想包含在 HTML 页面中但不想在 HTML 页面中显示的内容。这些内容包括想在搜索结果中出现的关键字和页面描述、CSS 样式、字符集声明等。

（4）<meta charset="utf-8">：这个标签设置文档使用 utf-8 字符集编码，utf-8 字符集包含了大部分的文字。基本上能识别输入的所有文本内容。毫无疑问要使用它，并且它能在以后避免很多其他问题。

（5）<title></title>：设置页面标题，出现在浏览器标签上，当标记/收藏页面时，它可用于描述页面。

（6）<body></body>：<body>标签。包含了访问页面时所有显示在页面上的内容、文本、图片、音频、游戏等。

HTML 常用标签见表 20.1。

表 20.1　HTML 常用标签

内容	标　签	说　　明
格式设置	<p></p>	创建一个段落，在此标记对之间加入的文本将按照段落的格式显示在浏览器上
	 	没有结束标记，因为它用于创建一个回车换行
	<blockquote></blockquote>	对之间加入的文本将会在浏览器中按两边缩进的方式显示出来
	<dl></dl>	创建一个普通的列表
	<dt></dt>	创建列表中的上层项目，放在<dl></dl>之间
	<dd></dd>	创建列表中最下层项目，放在<dl></dl>之间
	<div></div>	排版大块 HTML 段落，也用于格式化表
文本标记	<pre></pre>	对文本进行预处理操作
	<h1></h1>…<h6></h6>	HTML 提供了一系列对文本中的标题进行操作的标记对，一共有 6 对标题的标记对。<h1></h1>是最大的标题，而<h6></h6>则是最小的标题
	<b></b>	使文本以黑体的形式输出

内容	标 签	说 明
文本标记	`<i></i>`	使文本以斜体的形式输出
	`<u></u>`	使文本以加下划线的形式输出
	`<tt></tt>`	输出打字机风格字体的文本
	`<cite></cite>`	输出引用方式的字体，通常是斜体
	`<em></em>`	输出需要强调的文本（通常是斜体加黑体）
	`<strong></strong>`	输出加重文本（通常也是斜体加黑体）
	`<font></font>`	这是一对很有用的标记对，它可以对输出文本的字体大小、颜色进行随意的改变，这些改变主要通过它的两个属性 size 和 color 实现
图像	`<img>`	该标记并不是真正地把图像加入 HTML 文档中，而是将标记对的 src 属性赋值。这个值是图形文件的文件名，当然包括路径，该路径可以是相对路径，也可以是网址
	`<hr>`	该标记是在 HTML 文档中加入一条水平线，可以直接使用，具有 size、color、width 和 noshade 属性
表格	`<table></table>`	创建一个表格，具有 bgcolor、border、bordercolor、bordercolorlight、bordercolordark、cellspacing、cellpadding、width 属性
	`<tr></tr>`	创建表格中的每一行
	`<td></td>`	创建表格中一行中的每个格子。此标记对只有放在`<tr></tr>`标记对之间才是有效的，输入的文本也只有放在`<td></td>`标记对中才有效
	`<th></th>`	设置表格头，通常是黑体居中文字
链接	`<a href=""></a>`	本标记对的 href 属性是无论如何都不可缺少的，标记对之间加入需要链接的文本或图像
	`<a name=""></a>`	本标记对要结合`<a href=""></a>`标记对使用才有效果。`<a name=""></a>`标记对用于在 HTML 文档中创建一个标签（即做一个记号），name 属性是不可缺少的，它的值也即是标签名
表单	`<form></form>`	创建一个表单，即定义表单的开始和结束位置，在标记对之间的一切都属于表单的内容
	`<input type="">`	定义一个用户输入区，用户可在其中输入信息。此标记必须放在`<form></form>`标记对之间
	`<select></select>`	创建一个下拉列表框或可以复选的列表框。此标记对用于`<form></form>`标记对之间。`<select>`具有 multiple、name 和 size 属性
	`<option>`	指定列表框中的一个选项，它放在`<select></select>`标记对之间。此标记具有 selected 和 value 属性
	`<textarea></textarea>`	创建一个可以输入多行的文本框，此标记对用于`<form></form>`标记对之间。`<textarea>`具有 name、cols 和 rows 属性

下面通过代码简单创建一个网页。

【代码示例】

```
<!DOCTYPE html PUBLIC "-//W3C//DTD XHTML 1.0 Transitional//EN"
<html>
<head>
    <meta http-equiv="Content-Type" content="text/html; charset=utf-8" />
    <title>学生信息注册页面</title>
</head>
<body>
    <h3>学生信息注册</h3>
    <form name="stu" action="">
        <table>
            <tr><td>姓名:</td><td><input type="text" name="stuName" /></td></tr>
            <tr>
                <td>性别:</td>
                <td>
```

```
                    <input type="radio" name="stuSex" checked="checked">男
                    <input type="radio" name="stuSex">女
                </td>
            </tr>
            <tr>
                <td>出生日期</td>
                <td><input type="text" name="stuBirthday"></td>
                <td>按格式 yyyy-mm-dd</td>
            </tr>
            <tr><td>学校:</td><td><input type="text" name="stuSchool"></td></tr>
            <tr>
                <td>专业:</td>
                <td>
                    <select name="stuSelect2">
                        <option selected>计算机科学与技术</option>
                        <option>网络工程</option>
                        <option>物联网工程</option>
                        <option>应用数学</option>
                    </select>
                </td>
            </tr>
            <tr>
                <td>体育特长:</td>
                <td colspan="2">
                    <input type="checkbox" name="stuCheck">篮球
                    <input type="checkbox" name="stuCheck">足球
                    <input type="checkbox" name="stuCheck">排球
                    <input type="checkbox" name="stuCheck">游泳
                </td>
            </tr>
            <tr><td>上传照片:</td><td colspan="2"><input type="file"></td></tr>
            <tr><td>密码:</td><td><input type="password" name="stuPwd"></td></tr>
            <tr>
                <td>个人介绍:</td>
                <td colspan="2"><textarea name="Letter" rows="4" cols="40">
</textarea></td>
            </tr>
            <tr>
                <td><input type="submit" value="提交"><input type="reset" value="取
消"></td>
            </tr>
        </table>
    </form>
</body>
</html>
```

运行结果如图 20.2 所示。

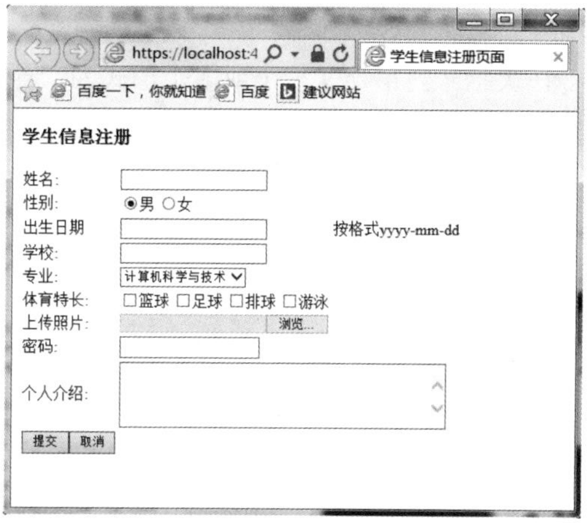

图 20.2　运行结果（2）

20.2.2　HTML 注释

如同大部分的编程语言一样，在 HTML 中有一种可用的机制在代码中书写注释——注释是被浏览器所忽略的，而且对用户是不可见的，它们的目的是允许描述代码是如何工作的和不同部分的代码做了什么，等等。如果经过长时间后重新返回代码库，而且不能记起所做的事情，或者当你处理别人的代码时，那么注释是很有用的。

为了将一段 HTML 中的内容设置为注释，需要将其用特殊的记号 "<!--" 和 "-->" 包括起来，代码如下。

```
<!--注释部分-->
```

20.3　CSS 简介

CSS 可以用于给文档添加样式，如改变标题和链接的颜色及大小。CSS 也可用于创建布局，如将一个单列文本变成包含主要内容区域和存放相关信息的侧边栏区域的布局。CSS 甚至还可以用来做一些特效，如动画。

20.3.1　CSS 语法

CSS 是一门基于规则的语言，可以定义用于网页中特定元素样式的一组规则。代码如下。

```
h1 {
    color: red;
    font-size: 5em;
}
```

语法由一个选择器（Selector）起头。它选择了将要用于添加样式的 HTML 元素。上面的代码为一级标题（主标题<h1>）添加了样式。

接着输入一对大括号{}。在大括号内部定义一个或多个形式为"属性(property):值(value);"的声明（Declarations）。每个声明都指定了所选择元素的一个属性，之后跟一个想赋给这个属性的值。冒号之前是属性，冒号之后是值。不同的 CSS 属性对应不同的合法值。在上述例子中，指定了 color 属性，它可以接收许多颜色值；还有 font-size 属性，它可以接收许多 size units 值。

20.3.2 CSS 规范

所有的标准 Web 技术（HTML、CSS、JavaScript 等）都被定义在一个巨大的文档中，称为规范（Specifications，或者简称为 specs），它是由 W3C、WHATWG、ECMA 或 Khronos 等规范化组织所发布的，其中还定义了各种技术是如何工作的。

CSS 也不例外，它是由 W3C（万维网联盟）中的一个名为 CSS Working Group 的团体发展起来的。这个团体是由浏览器厂商和其他公司中对 CSS 感兴趣的人作为代表组成的。

20.3.3 CSS 注释

与任何的代码工作一样，在编写 CSS 过程中，最好的练习方式就是添加注释。这样做可以帮助开发人员在过了几个月后回来修改或优化代码时了解它们是如何工作的，同时也便于其他人理解代码。

CSS 中的注释以/*开头，以*/结尾。在下面的代码块中，注释标记了不同代码节的开始。当代码库变得更大时，这对于导航代码库非常有用，在代码编辑器中搜索注释可以高效地定位代码节。

```
h1 {font-size: 1.5em;}

/* Handle specific elements nested in the DOM */
/* ---------------------------------------------------------------------- */
div p, #id:first-line {
  background-color: red;
  border-radius: 3px;
}
```

20.4　ASP.NET 简介

本节介绍 ASP .NET 的基本知识。

20.4.1　ASP.NET 概述

ASP.NET 使用 Internet Information Server（互联网信息服务，IIS）传送内容，以响应 HTTP 请求。

在 ASP.NET 处理过程中，可以访问所有的.NET 类、C#或其他语言创建的定制组件、数据库等。实际上，这与运行 C#应用程序一样，在 ASP.NET 中使用 C#就是在运行 C#程序。

ASP.NET 文件可以包含以下内容：

（1）服务器的处理指令。

（2）C#、VB.NET、JScript.NET 代码或.NET Framework 支持的其他语言的代码。

（3）对应已生成资源的窗体内容，如 HTML。

（4）客户端的脚本代码。

（5）内嵌的 ASP.NET 服务器控件。

20.4.2 第一个 ASP.NET 程序

接下来以新建一个 ASP.NET 程序为例，介绍如何进行 ASP.NET 程序开发。

（1）执行"文件"→"新建"→"项目"菜单命令，弹出对话框，选择"ASP.NET Web 应用程序（.NET Framework）"选项，如图 20.3 所示。

（2）单击"下一步"按钮，填写项目名称，如图 20.4 所示。

图 20.3　新建 Web 应用程序

图 20.4　配置新项目界面

（3）单击"创建"按钮，弹出对话框，选择"空"，如图 20.5 所示。

（4）单击"创建"按钮，Visual Studio 2022 将自动开启一个 Web 服务器，如图 20.6 所示。

（5）在解决方案资源管理器中右击解决方案名称，弹出如图 20.7 所示的快捷菜单，选择"添加"选项，可以根据需要添加所要创建的类型。

图 20.5　选择空白应用程序

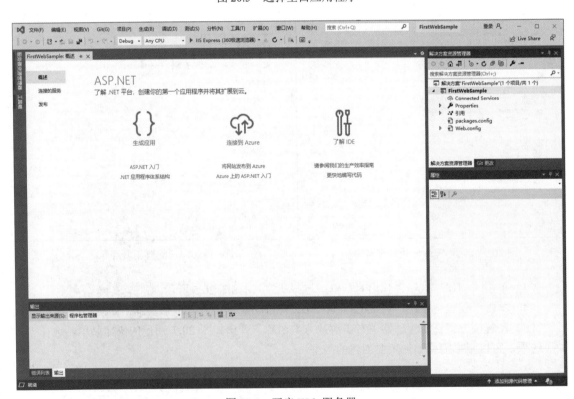

图 20.6　开启 Web 服务器

图 20.7　选择要创建的类型

（6）创建一个 Web Forms 应用程序，其主界面分为上、下两部分，如图 20.8 所示。

图 20.8　Web Form 应用程序主界面

如果只想显示源代码，可以单击下半部分的 <u>源</u> 按钮。可以看到，页面的源代码显示如下。

```
<%@ Page Language="C#" AutoEventWireup="true" CodeBehind="TestForm.aspx.cs"
Inherits="FirstWebSample.TestForm" %>

<!DOCTYPE html>

<html>
<head runat="server">
<meta http-equiv="Content-Type" content="text/html; charset=utf-8"/>
    <title></title>
</head>
<body>
    <form id="form1" runat="server">
        <div>
        </div>
    </form>
</body>
</html>
```

当打开 Default.aspx 文件时，第一行文本的开头是<%@Page...%>指令，该指令中包含许多参数。

（1）Title：在浏览器标签中显示的文本。

（2）Language：页面的代码使用的.NET 语言。

（3）MasterPageFile：对包含网站样式配置的文件的引用，将网站样式代码放在相同位置，这样在不同页面之间导航时，可实现一致的外观和结构化体验。

（4）CodeBehind：包含表示层.aspx 文件源代码的文件名称，代码隐藏文件通常是.aspx.cs 文件。

（5）Inherits：定义表示层.aspx 文件的代码隐藏文件中的命名空间和类。

这里列出了 HTML 页面中遵循 XHTML 模式的基本代码，并包含几行额外的代码。最重要的元素是<form>，它的 id 属性是 form1，包含了 ASP.NET 代码。这是一个用 Visual Studio 2022 开发 Web 应用程序的过程，没有用到 ASP.NET 的相关技术，此处只是为了让读者熟悉网站的建立过程。

20.5　开发 ASP.NET 应用程序

ASP.NET 程序的开发非常复杂，开发的过程类似于 Windows 窗体应用程序，本节将介绍 ASP.NET 应用程序开发中用到的控件以及其他相关知识。

20.5.1　ASP.NET 代码模型

在 ASP.NET 中，布局（HTML）代码、ASP.NET 控件和 C#代码用于生成用户看到的 HTML 页面。布局和 ASP.NET 代码存储在.aspx 文件中。用于定制窗体操作的 C#代码存储在.aspx 文件中，也可以单独存储在.aspx.cs 文件中，通常称为后台编码文件。

在处理 ASP.NET Web 窗体时，一般在用户请求页面时，预编译站点，此时会发生以下几个事件：

（1）ASP.NET 处理器执行页面，确定必须创建什么对象，以实例化页面对象模型。

（2）动态创建页面的基类，包括页面上的控件成员和这些控件的事件处理程序。

（3）包含.aspx 页面中的其他代码，与这个基类合并，构成完整的对象模型。

（4）编译所有的代码，并高速缓存起来，以备处理以后的请求。

（5）生成 HTML，返回给用户。

下面是需要在 Web 页面上使用的默认命名空间引用的集合。

```
using System;
using System.Collections.Generic;
using System.Linq;
using System.Web;
using System.Web.UI;
using System.Web.UI.WebControls;
```

在这些引用下面，部分类的定义几乎是空的。

```
public partial class TestForm : System.Web.UI.Page
    {
        protected void Page_Load(object sender, EventArgs e)
        {
    }
}
```

这里可以使用 Page_Load()事件处理程序添加加载页面时需要的代码。在加载事件处理程序时，这个类文件会包含越来越多的代码。这里没有把这个事件处理程序关联到页面的代码上，这是由 ASP.NET 运行库处理的。这要归功于 AutoEventWireup 属性，把它设置为 false，表示必须在代码中把事件处理程序与事件关联起来。

20.5.2　服务器控件

本小节将介绍 ASP.NET 页面框架提供的服务器控件。这些控件的设计目的是编写 Web 应用程序提供结构化的、事件驱动的、面向对象的模型。本小节介绍的可用控件，把它们组合到一个更加丰富、有趣的应用程序中。本小节内容对应于编辑 ASP.NET 页面时工具箱中的类别，如图 20.9 所示。

图 20.9　工具箱

1．主要标准 Web 服务器控件

ASP.NET 中可用的主要标准 Web 服务器控件及说明见表 20.2。

表 20.2　Web 服务器控件及说明

控件	说明
Lable	显示简单文本，使用 Text 属性设置和编程修改显示的文本
TextBox	提供一个用户可以编辑的文本框。使用 Text 属性访问输入的数据
Button	用户的单机的标准按钮
LinkButton	与 Button 相同，但把按钮显示为超链接
ImageButton	显示一个图像，该图像放大一倍作为一个可单击的按钮
DropDownList	允许用户选择一个列表项，可以直接从列表中选择，也可以输入前面的一个或两个字母来选择
ListBox	允许用户从列表中选择一个或多个选项
CheckBox	显示复选框
CheckBoxList	创建一组复选框
RadioButton	显示一个单选按钮
RadioButtonList	创建一组单选按钮
Image	显示一个图像
ImageMap	类似于 Image，但在用户单击图像中的一个或多个热区时，可以指定要触发的动作
Table	指定一个表
BulletedList	把一个选项表格化为一个项目符号列表
HiddenField	用于提供隐藏的字段，以存储不显示的值
Calendar	允许用户从图像日历中选择一个日期
AdRotator	顺序显示几个图像
FileUpload	显示一个文本框和一个 Browse 按钮，以选择要上传的文件
Wizard	高级控件，用于简化用户在几个页面中输入数据的常见任务
Xml	复杂的文本显示控件
MultiView	包含一个或多个 View 控件，每次只显示一个 View 控件
Panel	添加其他控件的容器
View	控件的容器，主要用于 MultiView 的子控件

2. 数据 Web 服务器控件

数据 Web 服务器控件分为两类：数据源控件和数据显示控件。

数据源控件及说明见表 20.3。

表 20.3　数据源控件及说明

控件	说明
SqlDataSource	用作 SQL Server 数据库中存储的数据管道
AccessDataSource	与 SqlDataSource 相同，但用于处理存储在 Microsoft Access 数据库中的数据
LinqDataSource	处理支持 LINQ 数据模型的对象
ObjectDataSource	处理存储在自己创建的对象中的数据，这些对象可能组合在一个集合类中
XmlDataSource	可以绑定到 XML 数据上
SiteMapDataSource	可以绑定到层次站点地图数据上

数据显示控件及说明见表 20.4。

表 20.4　数据显示控件及说明

控　件	说　明
GridView	以数据行的格式显示多个数据项，其中每行包含表示数据字段的列
DataList	显示多个数据项，可以为每项提供模板，以任意指定的方式显示数据字段
DetailsView	以表格形式显示一个数据项，表中的每行都与一个数据字段相关
FormView	使用模板显示一个数据项
Repeater	与 DataList 相同，但不能选择和编辑数据
RepeaterViewer	显示报表服务数据的高级控件

3. 验证 Web 服务器控件

验证控件可以在不编写任何代码的前提下验证用户的输入。只要有回送，每个验证控件就会检查控件是否有效，并相应地改变 IsValid 属性的值。如果这个属性是 false，被验证的用户输入就没有通过验证。包含所有控件的页面也有一个 IsValid 属性，如果页面中任意的有效性验证控件 IsValid 属性为 false，该页面的 IsValid 属性就是 false。可以在服务器端的代码上检查这个属性，并对它进行操作。

验证控件不仅可以在运行期间验证控件的有效性，还可以自动给用户输出有帮助的提示，将 ErrorMessage 属性设置为希望输出的文本，在用户试图回送无效数据时，就会看到此文本。

所有的验证控件都继承自 BaseValidator，它们共享几个重要属性，最重要的是 ErrorMessage 属性；ControlToValidator 属性也很重要，它指定要验证的控件的编程 ID。各个验证控件及说明见表 20.5。

表 20.5　验证控件及说明

控　件	说　明
RequiredFieldValidator	如果用户在 TextBox 等控件中输入数据，就验证这些数据
CompareValidator	用于检查输入的数据是否满足要求。利用一个运算符集合，通过 Operator 和 ValueToCompare 属性进行验证
RangeValidator	验证控件中的数据。看其值是否在 MaximumValue 和 MinimumValue 属性值之间，其 Type 属性对应于每个 CompareValidator
RegularExpressionValidator	根据存储在 ValidationExpression 中的正则表达式验证字段的内容，可以用于验证邮编、电话号码、IP 号码等
CustomValidator	使用定制函数验证控件中的数据。ClientValidationFunction 指定用于验证一个控件的客户端函数，这个函数返回一个布尔值，表示验证是否成功。还可以用 ServerValidate 事件指定用于验证数据的服务端函数。这个函数是一个布尔型的事件处理程序，其参数是一个包含要验证数据的字符串，而不是 EventArgs 参数。如果验证成功，返回 true，否则返回 false
ValidationSummary	为所有设置了 ErrorMessage 的验证控件显示验证错误

20.5.3　服务器控件示例

本示例主要是为一个 Web 应用程序创建构架，并简单地实现一个前端页面和事件处理程序。

（1）打开 Visual Studio 2022，根据 20.4.2 小节的步骤创建一个 Web Forms 应用程序。前端代码如下。

【代码示例】会议室登记工具。

```
<%@ Page Language="C#" AutoEventWireup="true" CodeBehind="TestForm.aspx.cs"
Inherits="FirstWebSample.TestForm" %>

<!DOCTYPE html>

<html>
<head runat="server">
<meta http-equiv="Content-Type" content="text/html; charset=utf-8"/>
    <title>会议室登记</title>
</head>
<body>
    <form id="form1" runat="server">
        <div>
            <h1 style="text-align:center;">
                日常会议室登记工具
            </h1>
        </div>
        <div style="text-align:center;">
        <table style="text-align:left;border-color:azure;border-width:2px;
background-color:antiquewhite;">
            <tr>
                <td >姓名：</td>
                <td>
                    <asp:TextBox ID="nameBox" runat="server" Width="160px"></asp:TextBox>
                    <asp:RequiredFieldValidator ID="validatorName" runat="server"
ErrorMessage="请必须输入姓名" ControlToValidate="nameBox"></asp:RequiredFieldValidator>
                </td>
                <td  rowspan="4">
                    <asp:Calendar ID="Calendar" runat="server" BackColor="White">
</asp:Calendar>
                </td>
            </tr>
            <tr>
                <td >会议登记</td>
                <td >
                    <asp:TextBox ID="eventBox" runat="server" Width="160px"/>
                    <asp:RequiredFieldValidator ID="validatorEvent" runat="server"
ErrorMessage="请必须输入会议登记" ControlToValidate="eventBox"></asp:RequiredFieldValidator>
                </td>
            </tr>
            <tr>
                <td >会议室：</td>
                <td >
                    <asp:DropDownList ID="roomList" runat="server" Width="160px">
                        <asp:ListItem Value="1">娱乐室</asp:ListItem>
                        <asp:ListItem Value="2">讨论室</asp:ListItem>
                        <asp:ListItem Value="3">休息室</asp:ListItem>
                        <asp:ListItem Value="4">吃饭室</asp:ListItem>
                        <asp:ListItem Value="5">资料室</asp:ListItem>
                    </asp:DropDownList>
                    <asp:RequiredFieldValidator ID="validatorRoom" runat="server"
ErrorMessage="请选择一个会议室" ControlToValidate="roomList" Display="None">
</asp:RequiredFieldValidator>
                </td>
            </tr>

            <tr>
```

```
                <td >参会人: </td>
                <td >
                    <asp:DropDownList ID="attendeesList" runat="server"
Width="160px" SelectionMode="Muliple" Rows="5">
                        <asp:ListItem Value="1">张三</asp:ListItem>
                        <asp:ListItem Value="2">李四</asp:ListItem>
                        <asp:ListItem Value="3">王五</asp:ListItem>
                        <asp:ListItem Value="4">赵六</asp:ListItem>
                        <asp:ListItem Value="5">周八</asp:ListItem>
                    </asp:DropDownList>

                    <asp:RequiredFieldValidator ID="validatorAttendees" runat=
"server" ErrorMessage="请至少选择一位参会人" ControlToValidate="attendeesList"
Display="None"></asp:RequiredFieldValidator>
                </td>
            </tr>
            <tr>
                <td colspan="3">
                    <asp:Button ID="submitButton" runat="server" width="100%"
Text="提交会议室申请" OnClick="submitButton_Click" />
                </td>
            </tr>
        </table>
    </div>
    <div>
        <p>
            结果:
            <asp:Label ID="resultLabel" runat="server" Text="无"/>
        </p>
    </div>
  </form>
</body>
</html>
```

（2）在设计图上，创建的窗体如图 20.10 所示。这是一个功能全面的 UI，它可以在服务器请求之间维护它自己的状态，并验证用户的输入。

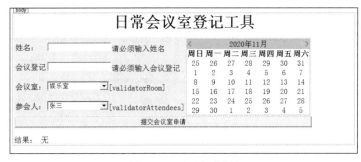

图 20.10　主界面设计

（3）设置日历控件，并赋给它一个初始值。在页面的 Page_Load()事件处理程序中可以设置该值，代码如下。

```
protected void Page_Load(object sender, EventArgs e)
    {
```

```
        if (!this.IsPostBack)
            Calendar.SelectedDate = System.DateTime.Now;
    }
```

（4）添加按钮单击处理程序，双击该按钮，并添加如下代码。

```
protected void submitButton_Click(object sender, EventArgs e)
    {
        if (this.IsValid)
        {
            resultLabel.Text = roomList.SelectedItem.Text + "登记于" +
Calendar.SelectedDate.ToLongDateString() + "通过" + nameBox.Text + "为了" +
eventBox.Text + "使用。";
        }
        foreach(ListItem item in attendeesList.Items)
        {
            if (item.Selected)
                resultLabel.Text += item.Text + ",";
        }
        resultLabel.Text += "和" + nameBox.Text + "将会参加。";
    }
```

（5）按 F5 或 Ctrl+F5 组合键，在 IIS Express 中运行此 ASP.NET Web Forms 应用程序。运行结果如图 20.11 所示。

（6）填写内容，最后在"结果"处会显示记录，如图 20.12 所示。

图 20.11 运行结果（3）

图 20.12 结果显示

下面研究可能出现的错误。

（1）"/"应用程序中的服务器错误，如图 20.13 所示。

对于这个错误，在 Page_Load()事件处理程序中添加如下代码即可解决。

```
UnobtrusiveValidationMode = UnobtrusiveValidationMode.None;
```

（2）HTTP Error 403-14 Forbidden，如图 20.14 所示。

图 20.13　错误提示

图 20.14　错误内容

对于这个错误，应先确认网站或应用程序配置文件中的 configuration/system.webServer/
directoryBrowse@enabled 属性是否已设置为 true。

按照给出的提示配置 web.config 文件。配置代码如下。

```xml
<?xml version="1.0" encoding="utf-8"?>

<configuration>
  <system.web>
    <compilation debug="true" targetFramework="4.8"/>
    <httpRuntime targetFramework="4.8"/>
  </system.web>
    <system.webServer>
      <validation validateIntegratedModeConfiguration="false" />
      <modules runAllManagedModulesForAllRequests="true" />
      <directoryBrowse enabled="true"/>
    </system.webServer>
  <system.codedom>
    <compilers>
      <compiler language="c#;cs;csharp" extension=".cs"
      type="Microsoft.CodeDom.Providers.DotNetCompilerPlatform.
CSharpCodeProvider, Microsoft.CodeDom.Providers.DotNetCompilerPlatform,
Version=2.0.1.0, Culture=neutral, PublicKeyToken=31bf3856ad364e35"
      warningLevel="4" compilerOptions="/langversion:default
/nowarn:1659;1699;1701"/>
```

```
    <compiler language="vb;vbs;visualbasic;vbscript" extension=".vb"
      type="Microsoft.CodeDom.Providers.DotNetCompilerPlatform.VBCodeProvider,
Microsoft.CodeDom.Providers.DotNetCompilerPlatform, Version=2.0.1.0,
Culture=neutral, PublicKeyToken=31bf3856ad364e35"
      warningLevel="4" compilerOptions="/langversion:default /nowarn:41008
/define:_MYTYPE=\&quot;Web\&quot; /optionInfer+"/>
    </compilers>
  </system.codedom>

</configuration>
```

如果运行依然不成功，可以单击错误页面下方的 View more information 链接查看具体解决方法。

20.5.4　ASP.NET 中的状态管理

ASP.NET 页面的一个重要属性就是它们是无状态的。在默认情况下，在用户的请求之间，并没有信息存储在服务器上，但是当管理客户端有多个请求时，就要存储和重用关于客户端的一些信息。与其他 ASP.NET 风格一样，使用 HTTP 时，可采用多种方式管理状态信息。表 20.6 中列出了一些状态管理技术，以及状态的有效时间。

表 20.6　状态管理技术及有效时间

状态类型	客户端/服务器端资源	有　效　时　间
视图状态	客户端	仅在单个页面内有效
会话	服务器	会话状态与浏览器会话关联在一起。经过设定的超时时间（默认为 20 分钟）后，会话将失效
Cookie	客户端	浏览器关闭时将删除临时 Cookie；永久 Cookie 将存储到客户端系统的磁盘上
应用程序	服务器	应用程序状态被所有客户端共享。在服务器重启之前，这个状态是有效的
缓存	服务器	类似于应用程序状态，缓存也是共享的。开发人员能控制缓存何时失效

20.5.5　选择合适的 ASP.NET

当程序员认定该程序的最好平台是网站后，下一步是决定使用哪种风格的 ASP.NET。Microsoft 的第一代 Web 开发平台是 ASP（Active Server Pages，动态服务器页面）。ASP 在.asp 文件中使用与 Razor 类似的语法，且常包含一个嵌入的 VB COM，该 VB COM 是使用 Service.CreateObject()方法初始化的，以便能引用 API 中公开的方法。

下面介绍如何在 ASP.NET 的框架中找出最适合我们的框架。

1．ASP.NET Web Forms

选择 ASP.NET Web Forms 的原因如下。

（1）对于中小型开发团队和开发项目而言，Web Forms 是最理想的选择。

（2）对于需要在 HTTP 通信中维护会话和状态的 Web 应用程序而言，Web Forms 很有用。

（3）Web Forms 基于非常直观的一组请求管道事件。

相对于其他 ASP.NET 风格，ASP.NET Web Forms 是快速开发和部署功能丰富、性能良好的 Web

应用程序的最好、最简单的方法；表示逻辑和业务逻辑分离，与前端用户界面开发人员和后台编码人员的技能集很好地对应起来。

此外，在 ASP.NET Web Forms 执行请求时会发生一些事件。这一点很重要，当程序员想采取一些特殊操作验证客户端的身份，或在完成请求之前清理数据时，很容易判断在什么地方添加代码。

2. ASP.NET MVC

选择 ASP.NET MVC 的原因如下。

（1）ASP.NET MVC 非常适合较大的、较复杂的 Web 应用程序。

（2）ASP.NET MVC 与 Entity Framework（EF）和模型绑定紧密结合在一起。

（3）ASP.NET MVC 与测试驱动开发（test-driven development，TDD）紧密结合在一起。

ASP.NET MVC 分为三个单独的模块：模型、视图、控制器，如图 20.15 所示。模块分离时可以按专长分组，同时开发应用程序的不同方面，从而加快开发速度。

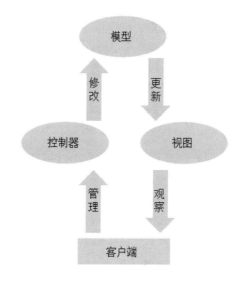

图 20.15　MVC 模块关系

EF 是一种对象关系模型（ORM）技术。它与 ASP.NET MVC 架构和模型绑定紧密结合在一起。ORM 以及 EF 使开发人员能以面向对象的方式设计数据库。设计好数据模型后，开发人员可将模型部署到数据库和数据结构。数据库表以及主键和外键是使用 C# 类中的描述生成的。当在 Visual Studio 中创建一个 ASP.NET MVC 应用程序后，默认解决方案会包含一个 Models 文件夹，数据库表的 C# 类表示就放在这个文件夹中。这些类用于存储内存中的数据库数据，供更新视图的控制器修改。在默认的 ASP.NET MVC 应用程序中，有一个名为 Controllers 和 Views 的文件夹。

在控制器中，开发人员添加代码，通过使用绑定的 Model 对象和 EF 逻辑创建、读取、更新和删除数据库的内容。控制器也是执行任何业务逻辑、身份验证或应用程序需要的其他任何活动的地方。视图是表示层，由客户端触发，在控制器中使用面向对象模型执行的动作的输出将在这里呈现给客户端。

ASP.NET MVC 与测试驱动开发技术紧密结合在一起，与 Web Forms 相比，更容易进行测试。

3. ASP.NET Web API

选择 ASP.NET Web API 的原因与选择 ASP.NET MVC 应用程序的原因类似，这种应用程序类型与 EF 和 TDD 概念紧密结合在一起，非常适用于开发较复杂的大型 Web 应用程序。主要区别在于，ASP.NET Web API Visual Studio 项目中没有 View 组件或 Views 文件夹。

ASP.NET Web API 就像是一个公开了 API 的动态链接库，没有表示层，只能调用公开的 API 方法，并传入必要的参数。API 方法调用的结果是一个数据字符串，在 ASP.NET Web API 中，这个字符串采用 JSON 格式。之后，发出调用的客户端需要解析并以可用的形式呈现 JSON 数据。

20.5.6 应用程序配置

应用程序都包含网页和配置设置。这很重要，必须掌握。

首先介绍一些术语和应用程序的生命周期。应用程序定义为项目中的所有文件，由 web.config 文件配置。在第一次创建应用程序时，将创建一个 Application 对象，即收到的第一个 HTTP 请求是创建该对象。此时还会触发 Application_Start 事件，创建一个 HttpApplication 实例池。每个输入的请求都会接收到这样一个实例，执行请求的处理过程。所有 HttpApplication 实例完成任务后，就触发 Application_End 事件，应用程序终止执行，消除 Application 对象。

📢 注意

HttpApplication 对象不需要处理同步访问，与全局 Application 对象不同。

在单个用户使用 Web 应用程序时，会启动一个会话。与应用程序类似，会话将创建一个用户特定的 Session 对象，并触发 Session_Start 事件。在一个会话中，每个请求都将触发 Application_BeginRequest 和 Application_EndRequest 事件。在一个会话中可以多次触发这两个事件，因为这些事件会访问应用程序中的不同资源。会话可以手动终止，如果没有接收到更多的请求，会话也会因超时而停止。会话终止将触发 Session_End 事件，消除 Session 对象。

也可以使用另一个技巧，即存储会话级别的信息，以备单个用户在跨请求时使用。这些信息包括用户第一次连接时从数据库中提取的用户的特定信息，在会话终止后，才能使用这些信息。

下面来看看 web.config 文件。Web 站点通常在其根目录下，在其子目录下也有这个文件，用于配置与该子目录相关的设置，代码如下。

```
<configuration>

  <system.web>
    <compilation debug="true" targetFramework="4.8"/>
    <httpRuntime targetFramework="4.8"/>
  </system.web>

  <system.codedom>
    <compilers>
      <compiler language="c#;cs;csharp" extension=".cs"
type="Microsoft.CodeDom.Providers.DotNetCompilerPlatform.CSharpCodeProvider,
 Microsoft.CodeDom.Providers.DotNetCompilerPlatform, Version=2.0.1.0, Culture=
```

```
neutral, PublicKeyToken=31bf3856ad364e35"
        warningLevel="4" compilerOptions="/langversion:default
/nowarn:1659;1699;1701"/>
        <compiler language="vb;vbs;visualbasic;vbscript" extension=".vb"
            type="Microsoft.CodeDom.Providers.DotNetCompilerPlatform.VBCodeProvider,
Microsoft.CodeDom.Providers.DotNetCompilerPlatform, Version=2.0.1.0, Culture=
neutral, PublicKeyToken=31bf3856ad364e35"
            warningLevel="4" compilerOptions="/langversion:default /nowarn:41008
/define:_MYTYPE=\&quot;Web\&quot; /optionInfer+"/>
    </compilers>
  </system.codedom>

</configuration>
```

20.6　ASP.NET 服务端支持

尽管 Visual Studio 2022 为开发人员提供了可用的调试环境，但 ASP.NET 应用程序的运行不可能依赖于 Visual Studio 2022。微软所提供的 IIS 提供了一个可以使用的 ASP.NET 环境。下面先介绍 IIS 的安装。

（1）进入"控制面板"，选择"程序"，如图 20.16 所示。在弹出的窗口中选择"启用或关闭 Windows 功能"。

（2）如果屏幕弹出"用户账户控制"提示，选择"是"。

（3）在"启用或关闭 Windows 功能"中，找到需要的添加组件，如图 20.17 中的"Telnet 客户端"，勾选该选项，然后单击"确定"即可。

图 20.16　控制面板

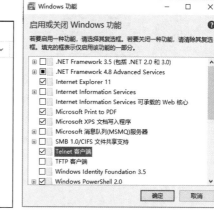

图 20.17　Windows 功能对话框

（4）之后，在"计算机管理"实用程序中会显示图 20.18 所示的结果。

除了 IIS 之外，还有其他的支持 ASP.NET 应用程序的服务器软件，此处就不一一介绍了。

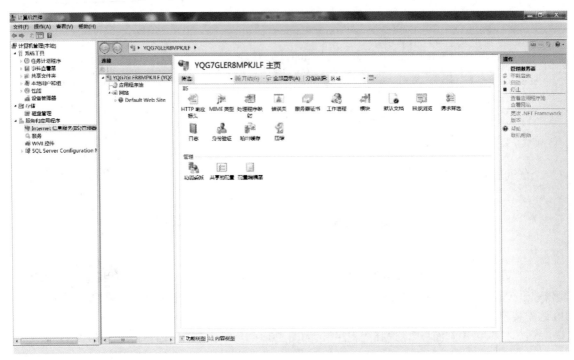

图 20.18　"计算机管理"实用程序

20.7　总　　结

ASP.NET 是一个已编译的基于.NET 的环境，可以用 C#创建应用程序。另外，任何 ASP.NET 应用程序都可以使用整个.NET Framework。这些技术有很多优点，包括托管的公共语言运行库环境、类型安全、继承等，开发人员可以很方便地使用。

本章从 Web 基础知识入手，先介绍了 HTML、CSS、JavaScript 和脚本库。有了这些基本的知识，读者已经可以应用 ASP.NET 技术编写部分实用的网站应用程序了。ASP.NET 的内容非常复杂，由于本书以 C#语言为主，不可能将 ASP.NET 的知识介绍得面面俱到，感兴趣的读者可以参阅其他文档。

20.8　习　　题

（1）什么是 Web 控件？使用 Web 控件有哪些优势？

（2）Web 控件和 HTML 服务端控件能否调用客户端方法？如果能，请解释如何调用。

（3）请解释 ASP.NET 中的 Web 页面与其隐藏类之间的关系。